W0318083

Vorwort

Erfolg von Anfang an

Das vorliegende Übungsbuch ist speziell auf den Lehrplan aller beruflichen Gymnasien in Baden-Württenberg abgestimmt. Es enthält viele Aufgaben, die die Grundkompetenzen in Mathematik – vom einfachen Rechnen und Formelanwenden bis zum Verstehen von gedanklichen Zusammenhängen – fördern. Das Übungsbuch ist eine Hilfe zum Selbstlernen (learning by doing) und bietet die Möglichkeit, sich intensiv auf die Prüfung vorzubereiten und gezielt Themen zu vertiefen. Hat man Erfolg bei den grundlegenden Aufgaben, machen Mathematik und das Lernen wieder mehr Spaß.

Der blaue Tippteil

Manchmal hat man keine Idee, wie man eine Aufgabe angehen soll bzw. es fehlt der Lösungsansatz. Hier hilft der blaue Tippteil in der Mitte des Buches weiter: Zu jeder Aufgabe gibt es dort Tipps, die helfen, einen Ansatz zu finden, ohne die Lösung vorwegzunehmen.

Wie arbeitet man mit diesem Buch

Am Anfang jedes Kapitels finden Sie eine kurze Übersicht über die jeweiligen Themen. Die einzelnen Kapitel bauen zwar aufeinander auf, doch ist es nicht zwingend notwendig, das Buch der Reihe nach durchzuarbeiten. Die Aufgaben sind in der Regel in ihrer Schwierigkeit gestaffelt. Von fast jeder Aufgabe gibt es mehrere Variationen zum Vertiefen.
Die Lösungen für Gleichungssysteme sind in der Regel für das Rechnen «mit der Hand» angegeben, sie können aber selbstverständlich auch mit dem GTR gelöst werden.

Der Lehrplan des Technischen Gymnasiums (TG) unterscheidet sich in der Linearen Algebra von dem der anderen beruflichen Gymnasien. Die entsprechenden Kapitel sind in der Kopfzeile entsprechend gekennzeichnet.

In der Mitte des Buches finden Sie den blauen Tippteil mit Denk- und Lösungshilfen.
Die Lösungen mit ausführlichen verständlichen Lösungswegen bilden den dritten Teil des Übungsbuchs. Hier finden Sie die notwendigen Formeln, Rechenverfahren und Denkschritte sowie alternative Lösungswege.

Lehrplanübersicht über die Jahrgangsstufen 1 und 2

Analysis

- Funktionenklassen:
  Potenzfunktionen, Polynomfunktionen, Exponentialfunktionen, trigonometrische Funktionen, abschnittsweise definierte Funktionen (beim Modellieren realer Vorgänge)
- Ableitungen, Ermittlung von Stammfunktionen, Zusammenhang von f,f' und f'', Kurven und Kurvenscharen, Tangenten und Normalen, Ortskurven, Aufstellen von Funktionen
- Optimierungsprobleme (Extremwertaufgaben)
- Integralrechnung (Flächen- und Volumenberechnung)

Lineare Algebra (AG, BTG, EG, SG, WG)

Agrarwissenschaftliches-, Ernährungswissenschaftliches-, Sozialpädagogisches- und Wirtschaftswissenschaftliches Gymnasium.

- Gleichungssysteme
- Schwerpunktthema, je nach Schulart / Klasse wird ein Thema behandelt:
  - Wirtschaftliche Anwendungen
    Matrizen, Mehrstufige Produktionsprozesse, das Leontief-Modell
  - Vektorielle Geometrie
    Geraden und Ebenen, Lagebeziehungen, Schnitt- und Abstandsberechnungen
  - Lineare Optimierung
    Zielfunktion, Nebenbedingungen, grafische Lösung, der Simplex-Algorithmus.

Lineare Algebra (TG)

Technisches Gymnasium

- Gleichungssysteme
- Geraden und Ebenen, Spurpunkte, Lagebeziehungen, Schnittprobleme
- Skalarprodukt: Länge, Winkel, Orthogonalität

Stochastik

- Zufallsexperimente, Baumdiagramme, Ereignisse, Bedingte Wahrscheinlichkeiten, Unabhängigkeit von Ereignissen
- Zufallsvariablen, Erwartungswert, Standardabweichung.

Gruber I Neumann

Erfolg im Mathe-Abi

Baden-Württemberg
Berufliche Gymnasien

Übungsbuch für das
Basiswissen in Analysis,
Geometrie und Stochastik
mit Tipps und Lösungen

Freiburger Verlag

Gedruckt auf chlorfrei gebleichtem Papier
mit umweltfreundlichem Strom der EWS Schönau
* Printed in Germany *

Der Aufbau des Mathematik-Abiturs für das AG, BTG, EG, SG, WG

In der Prüfung sind **drei** Aufgaben zu bearbeiten, je eine aus jeder der drei Stoffgruppen.

Gruppe	Gebiet	Aufgaben	Auswahl	Punkte	Zeit
I	Analysis	A und B	Lehrer	45	120
II	Lineare Algebra und Stochastik • wirtschaftliche Anwendungen • Vektorielle Geometrie • Lineare Optimierung	A und B	Schüler	30	80
III	Anwendungsorientierte Aufgaben	A, B und C	Schüler	15	40

Der Aufbau des Mathematik-Abiturs für das TG

In der Prüfung sind **drei** Aufgaben zu bearbeiten, je eine aus jeder der drei Stoffgruppen.

Gruppe	Gebiet	Aufgaben	Auswahl	Punkte	Zeit
I	Analysis	A und B	Lehrer	45	120
II	Lineare Algebra und Stochastik	A und B	Schüler	30	80
III	Anwendungsorientierte Aufgaben	A, B und C	Schüler	15	40

Allgemeine Hinweise

Die Aufgaben für das TG unterscheiden sich also nur in der Gruppe II (Lineare Algebra und Stochastik) von den anderen beruflichen Gymnasien.

Die gesamte Prüfungszeit beträgt 270 Minuten, davon sind 30 Minuten Einlesezeit.

Allen Schülern, die sich auf das Abitur vorbereiten, wünschen wir viel Erfolg.

Helmut Gruber, Robert Neumann

Inhaltsverzeichnis

Analysis

1 Von der Gleichung zur Kurve ... 9
2 Aufstellen von Funktionen mit Randbedingungen ... 11
3 Von der Kurve zur Gleichung ... 14
4 Differenzieren ... 17
5 Gleichungslehre ... 19
6 Eigenschaften von Kurven ... 23
7 Kurvendiskussion ... 30
8 Integralrechnung ... 36
9 Extremwertaufgaben / Wachstumsprozesse ... 39
10 Anwendungsorientierte Aufgaben ... 41

Lineare Algebra AG, EG, SG, WG

11 Rechnen mit Vektoren ... 44
12 Geraden ... 47
13 Ebenen ... 50
14 Gegenseitige Lage von Geraden und Ebenen ... 53
15 Gegenseitige Lage zweier Ebenen ... 54
16 Schwerpunkt Wirtschaftliche Anwendungen ... 55
17 Schwerpunkt Lineare Optimierung ... 58

Lineare Algebra TG

18 Rechnen mit Vektoren ... 60
19 Geraden ... 63
20 Ebenen ... 66
21 Gegenseitige Lage von Geraden und Ebenen ... 67
22 Gegenseitige Lage zweier Ebenen ... 68

Stochastik

23 Grundlegende Begriffe ... 69
24 Berechnung von Wahrscheinlichkeiten ... 72
25 Kombinatorische Zählprobleme ... 75
26 Wahrscheinlichkeitsverteilung von Zufallsgrößen ... 78

Tipps 81

Lösungen 113

Stichwortverzeichnis 237

Analysis

1 Von der Gleichung zur Kurve

Tipps ab Seite 81, Lösungen ab Seite 113

In diesem Kapitel geht es um die Grundfunktionen und ihre Verschiebung, Streckung und Spiegelung. Dazu sollten Sie die Schaubilder der wichtigsten Grundfunktionen kennen. Es handelt sich um:

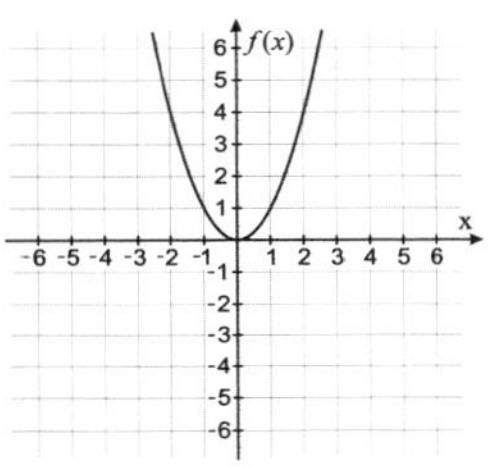

$f(x) = x^2$

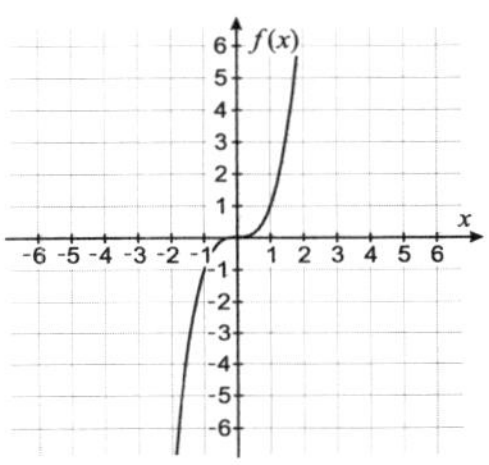

$f(x) = x^3$

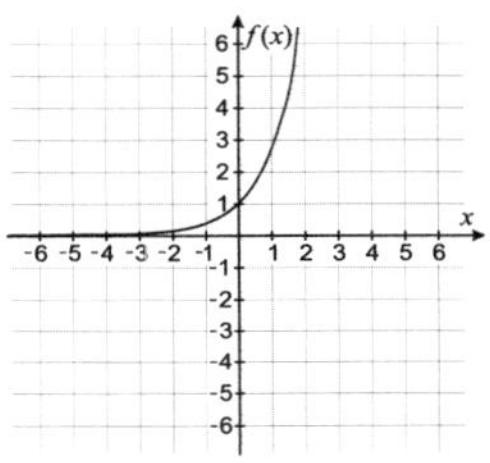

$f(x) = e^x$

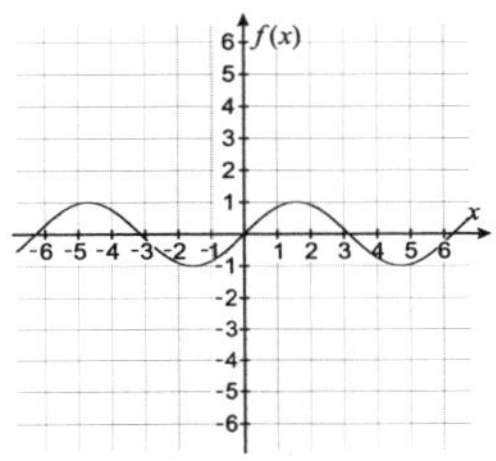

$f(x) = \sin x$

Diese Grundfunktionen lassen sich verschieben und strecken:

Beispiel: Die Parabel $f(x) = x^2$

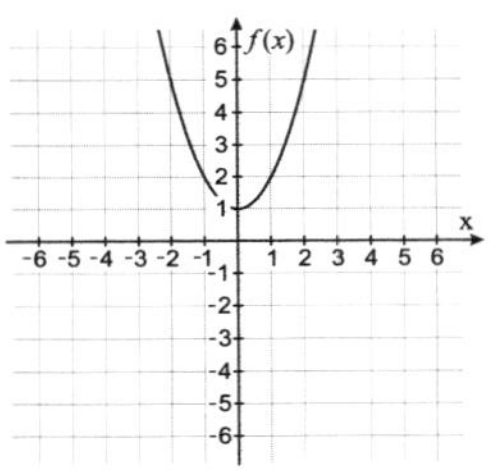

$f(x) = x^2 + 1$

Verschiebung um 1 LE in y-Richtung: das absolute Glied ist 1.

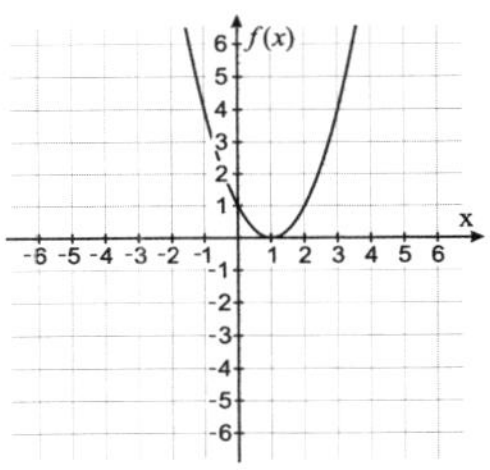

$f(x) = (x-1)^2$

Verschiebung um 1 LE in y-Richtung: x wird ersetzt durch $(x-1)$

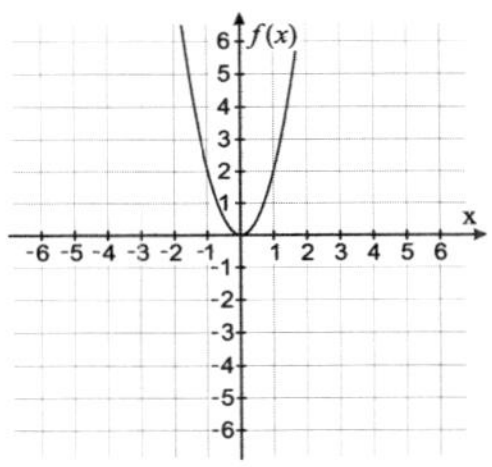

$f(x) = 2 \cdot x^2$

Streckung in y-Richtung um den Faktor 2. Die Funktionsgleichung wird mit 2 multipliziert.

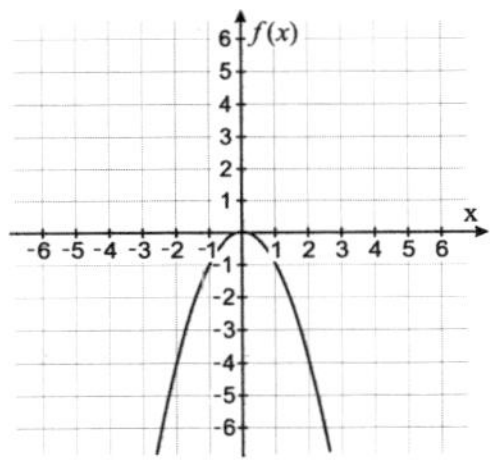

$f(x) = -x^2$

Spiegelung an der x-Achse: Die Funktionsgleichung wird mit -1 multipliziert.

Weitere Variationen können sein:

- Spiegelung an der y-Achse: Hierzu wird x ersetzt durch $(-x)$
- Stauchen in x-Richtung: Hierzu wird x ersetzt durch $a \cdot x$. Das Schaubild wird bei einem Faktor, der größer als 1 ist, gestaucht, d.h. in x-Richtung «kürzer» und bei einem Faktor, der kleiner als 1 ist, gestreckt, d.h. in x-Richtung «länger».

Tipp: Skizzieren Sie zuerst das Schaubild der zugehörigen Grundfunktion und anschließend schrittweise eine eventuelle Spiegelung, Streckung/Stauchung sowie die Verschiebungen in x-bzw. y-Richtung.

1.1 Ganzrationale Funktionen

Skizzieren Sie die Schaubilder folgender Funktionen und bestimmen Sie die Schnittpunkte mit den Koordinatenachsen.

a) $f(x) = \frac{1}{2}x + 1$ b) $f(x) = -\frac{3}{4}x$ c) $f(x) = -x + 1$

d) $f(x) = (x-1)^2 - 4$ e) $f(x) = -x^2 + 4$ f) $f(x) = -(x+1)^2 + 1$

g) $f(x) = (x-1)^3 + 1$ h) $f(x) = -(x+1)^3$ i) $f(x) = 2x^3 - 2$

1.2 Trigonometrische Funktionen

Skizzieren Sie die Schaubilder folgender Funktionen und geben Sie jeweils die Periode an.

a) $f(x) = 2\sin x$ b) $f(x) = \frac{1}{2}\cos x$ c) $f(x) = \sin(2x)$

d) $f(x) = -\sin(2x) + 1$ e) $f(x) = \sin(x+1)$ f) $f(x) = \frac{1}{2}\sin(2x) + \frac{3}{2}$

1.3 Exponentialfunktionen

Skizzieren Sie das Schaubild folgender Funktionen und bestimmen Sie jeweils die Asymptote.

a) $f(x) = e^{x-1} + 1$ b) $f(x) = -e^{x-1} + 1$ c) $f(x) = e^{-(x-1)} + 2$

d) $f(x) = -e^{-x+1} + 1$

2 Aufstellen von Funktionen mit Randbedingungen

Tipps ab Seite 81, Lösungen ab Seite 119

Hier geht es darum, eine Funktion so aufzustellen, dass sie bestimmte vorgegebene Bedingungen erfüllt. Dazu wird die gesuchte Funktion zuerst in ihrer allgemeinen Form aufgeschrieben. Aus dieser können Sie die Anzahl der benötigten Parameter ablesen. Für jeden dieser Parameter brauchen Sie eine «Information» aus der Aufgabenstellung. Aus jeder «Information» ergibt sich eine Gleichung. Damit erhalten Sie eine Gleichungssystem, welches Sie mit dem Gaußschen Eliminationsverfahren lösen können.

Beispiel:

Gesucht ist die Gleichung einer Parabel mit Tiefpunkt $(1 \mid -4)$, die durch den Punkt $(0 \mid -3)$ geht.

Die allgemeine Parabelgleichung lautet: $f(x) = ax^2 + bx + c$, die Ableitung ist $f'(x) = 2ax + b$. Es sind also drei Parameter zu bestimmen. Folgende Bedingungen müssen gelten:
$f(1) = a \cdot 1^2 + b \cdot 1 + c = -4$,
$f'(1) = 2a \cdot 1 + b = 0$ (weil es sich um einen Tiefpunkt mit Steigung Null handelt) und
$f(0) = a \cdot 0^2 + b \cdot 0 + c = -3$. Daraus ergibt sich folgendes Gleichungssystem:

$$\begin{array}{lrcrcrcr} \text{I} & a & + & b & + & c & = & -4 \\ \text{II} & 2a & + & b & & & = & 0 \\ \text{III} & & & & & c & = & -3 \end{array}$$

Aus Gleichung III liest man $c = -3$ ab. Damit erhält man:

$$\begin{array}{lrcrcrcr} \text{Ia} & a & + & b & & & = & -1 \\ \text{II} & 2a & + & b & & & = & 0 \\ \text{III} & & & & & c & = & -3 \end{array}$$

Subtrahiert man Gleichung Ia von Gleichung II, erhält man $a = 1$ und durch Einsetzen $b = -2$. Damit lautet die Gleichung der gesuchten Parabel $f(x) = x^2 - 2x - 3$.

Für andere Funktionenklassen (e-Funktionen, etc.) ist die Vorgehensweise analog: Immer müssen Sie zuerst die allgemeine Funktionsgleichung aufstellen, anschließend bestimmen Sie die Parameter. Zur konkreten Vorgehensweise können Sie im Tippteil nachsehen.

2.1 Ganzrationale Funktionen

a) Eine Parabel geht durch $P_1(0 \mid 4)$, $P_2(1 \mid 0)$ und $P_3(2 \mid 18)$. Bestimmen Sie die Gleichung dieser Parabel.

b) Eine Parabel hat den Hochpunkt $M(1 \mid 3)$ und geht durch $Q(0 \mid 2)$. Bestimmen Sie die Gleichung der Parabel.

c) Eine zur y-Achse symmetrische Parabel hat in $P(1 \mid 6)$ die Steigung 2. Bestimmen Sie die Gleichung der Parabel.

d) Eine zur y-Achse symmetrische Parabel schneidet die x-Achse an der Stelle $x = \sqrt{3}$ und geht durch $T(0 \mid -3)$. Bestimmen Sie die Gleichung der dazugehörigen Funktion.

e) Das Schaubild einer ganzrationalen Funktion 3. Grades hat den Wendepunkt $W(0 \mid 0)$ und den Hochpunkt $H(2 \mid 2)$. Bestimmen Sie die Gleichung der Funktion.

f) Eine Parabel dritten Grades (kubische Parabel) hat im Punkt $P(0 \mid 1)$ die Steigung $m_P = -1$; ihr Wendepunkt ist $W(-1 \mid 4)$. Bestimmen Sie die Gleichung dieser Parabel.

g) Bestimmen Sie a und b so, dass das Schaubild der Funktion f mit $f(x) = ax^4 + bx^2$ den Wendepunkt $W(1 \mid -2{,}5)$ hat.

2.2 Exponentialfunktionen

Die allgemeine e-Funktion für natürliches exponentielles Wachstum hat die Gestalt: $f(x) = a \cdot e^{kx}$. Bestimmen Sie bei den folgenden Aufgaben jeweils die Parameter a und k.

a) Eine e-Funktion geht durch die Punkte $P(0 \mid 2)$ und $Q\left(4 \mid 2e^{12}\right)$.

b) Eine e-Funktion geht durch die Punkte $A(0 \mid 3)$ und $B\left(2 \mid 3e^{8}\right)$.

c) Bei einer e-Funktion ist $f'(0) = 6$ und $f(0) = 3$.

d) Bei einer e-Funktion ist $f'(0) = 4$ und $f(0) = 2$.

e) Eine e-Funktion hat den Anfangswert $f(0) = 5$ und für $x = 0$ die Steigung 10.

2.3 Trigonometrische Funktionen

Tipp: Eine verallgemeinerte Sinusfunktion hat die Gleichung:
$f(x) = a \cdot \sin(b \cdot (x - c)) + d$.

a) Das Schaubild der Sinusfunktion g mit $g(x) = \sin x$ ist um 3 LE nach oben verschoben und hat die Periode $p = \pi$. Bestimmen Sie die Funktionsgleichung der modifizierten Funktion.

b) Das Schaubild der Sinusfunktion g mit $g(x) = \sin x$ ist um den Faktor 2,5 in y-Richtung gestreckt, hat die Periode $p = \frac{\pi}{2}$ und ist um 3 LE nach rechts und sowie 1,5 LE nach unten verschoben. Bestimmen Sie die Funktionsgleichung der modifizierten Funktion.

c) Das Schaubild der Sinusfunktion g mit $g(x) = \sin x$ ist um 2 LE nach links und um 4 LE nach oben verschoben, um den Faktor 0,8 in y-Richtung gestaucht und der Abstand zwischen zwei Hochpunkten beträgt 3π LE. Bestimmen Sie die Funktionsgleichung der modifizierten Funktion.

d) Das Schaubild der Sinusfunktion g mit $g(x) = \sin x$ ist um 1 LE nach rechts und um 2 LE nach unten verschoben, um den Faktor 1,7 in y-Richtung gestreckt und der Abstand zwischen zwei Wendepunkten beträgt $\frac{\pi}{2}$ LE. Bestimmen Sie die Funktionsgleichung der modifizierten Funktion.

e) Das Schaubild der Sinusfunktion g mit $g(x) = \sin x$ ist um den Faktor 2 in y-Richtung gestreckt und um 3 LE nach unten verschoben. Wie ist die Periode zu wählen, damit der Punkt $P(1 \mid -1)$ auf der modifizierten Kurve liegt?

3 Von der Kurve zur Gleichung

Tipps ab Seite 82, Lösungen ab Seite 123

Wenn das Schaubild einer Funktion gegeben ist und die Funktionsgleichung gesucht ist, gibt es zwei Möglichkeiten, diese aufzustellen:

1. Man erkennt, dass es sich um das Schaubild einer verschobene, gestreckte oder gespiegelte Grundfunktion handelt. Dann beginnen Sie mit einer Gleichung der Grundfunktion und verändern sie so, wie es im Kapitel 1 beschrieben ist, bis die abgebildete Funktion entsteht.

2. Der teilweise etwas aufwändigere Ansatz, der aber immer funktioniert, besteht darin, Punkte und deren Steigung am gegebenen Schaubild abzulesen und die Funktionsgleichung analog wie im Kapitel 2 beschrieben zu bestimmen.

3.1 Ganzrationale Funktionen

Nachfolgend sind die Schaubilder einiger Funktionen angegeben. Bestimmen Sie einen möglichen Funktionsterm.

a)

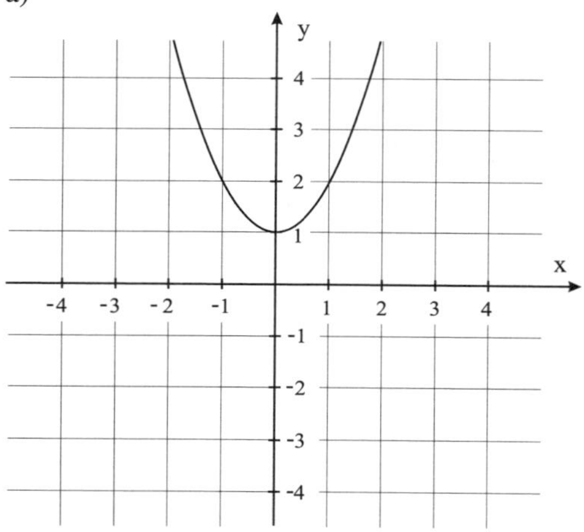

b)

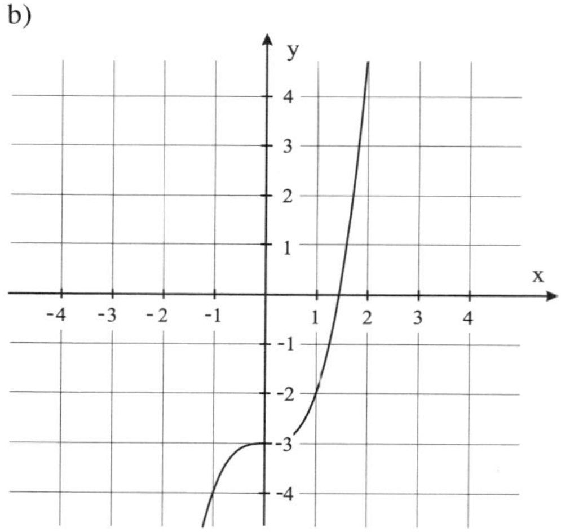

c)

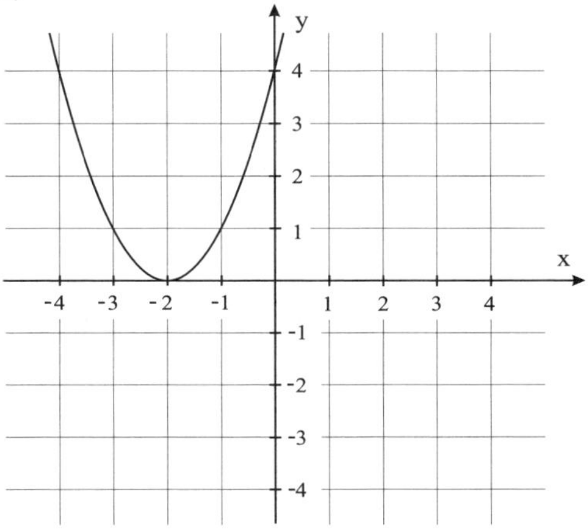
y
x
-4 -3 -2 -1 1 2 3 4
4 3 2 1 -1 -2 -3 -4

d)

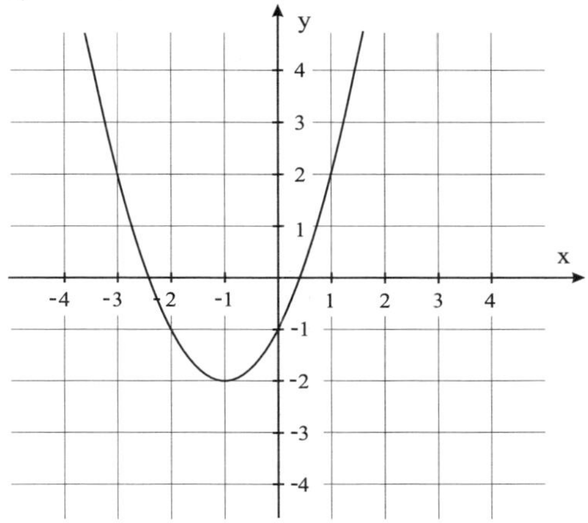
y
x
-4 -3 -2 -1 1 2 3 4
4 3 2 1 -1 -2 -3 -4

e)

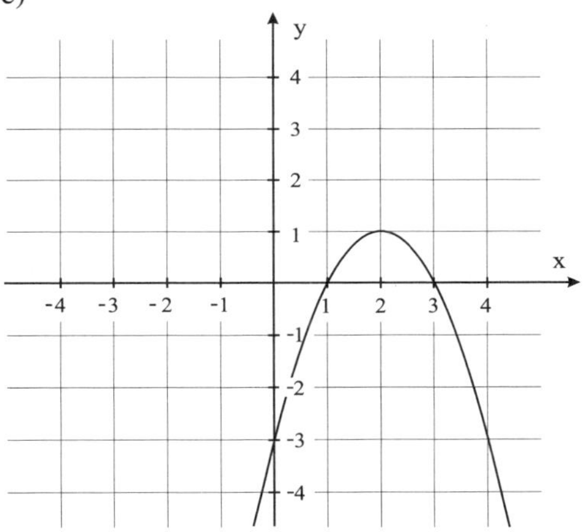
y
x
-4 -3 -2 -1 1 2 3 4
4 3 2 1 -1 -2 -3 -4

f)

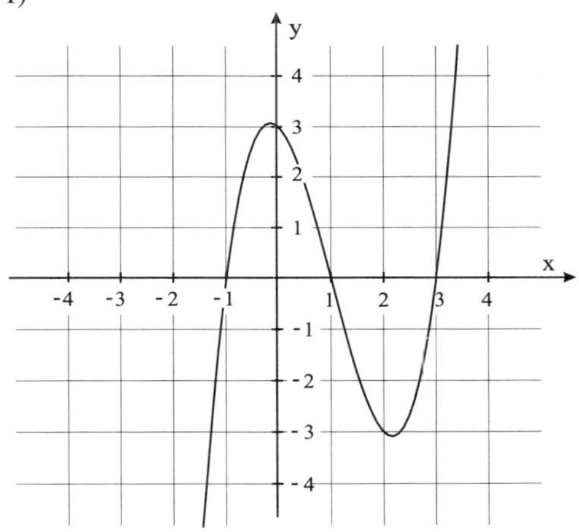
y
x
-4 -3 -2 -1 1 2 3 4
4 3 2 1 -1 -2 -3 -4

g)

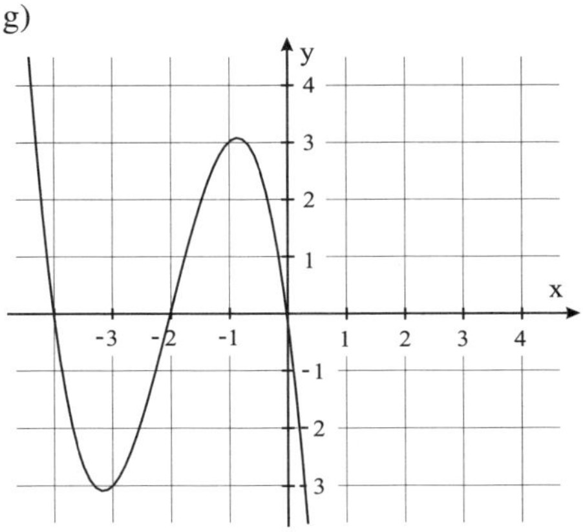
y
x
-3 -2 -1 1 2 3 4
4 3 2 1 -1 -2 -3

h)

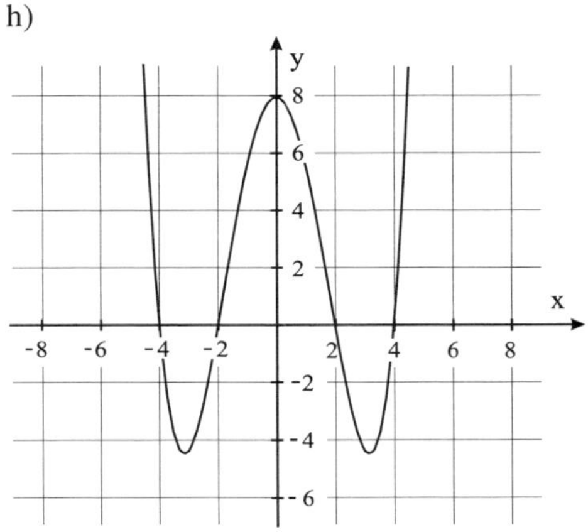
y
x
-8 -6 -4 -2 2 4 6 8
8 6 4 2 -2 -4 -6

3.2 Trigonometrische Funktionen

Nachfolgend sind die Schaubilder einiger Funktionen angegeben. Bestimmen Sie einen möglichen Funktionsterm.

a)

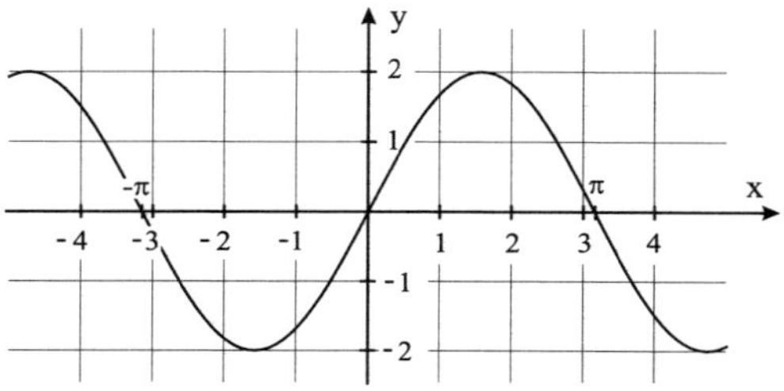

b)

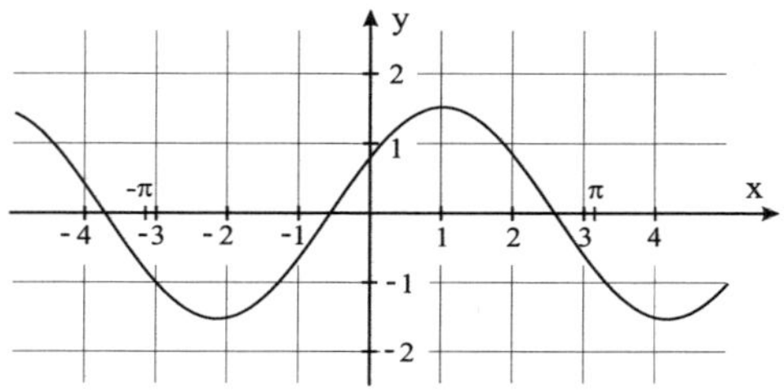

c)

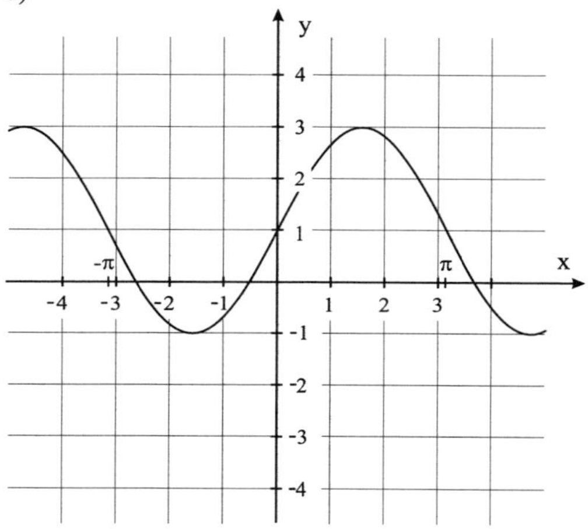

d)

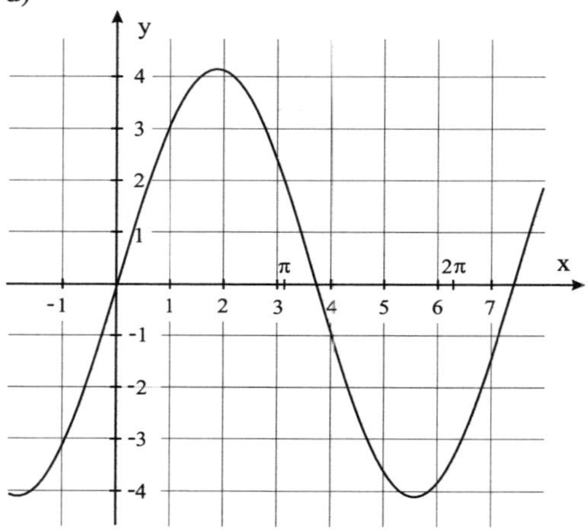

4 Differenzieren

Tipps ab Seite 83, Lösungen ab Seite 127

Die wichtigsten Ableitungsregeln sind:

Name	$f(x)$	$f'(x)$	Bemerkungen
Potenzregel	$a \cdot x^n$	$n \cdot a \cdot x^{n-1}$	Die Potenzregel gilt auch für negative Exponenten
Kettenregel	$u(v(x))$	$u'(v(x)) \cdot v'(x)$	«äußere Ableitung mal innere Ableitung»
Produktregel	$u(x) \cdot v(x)$	$u'(x) \cdot v(x) + u(x) \cdot v'(x)$	«u-Strich mal v plus u mal v-Strich»
e-Funktion	e^x	e^x	Die Ableitung ist gleich der Funktion
verkettete e-Funktion	$a \cdot e^{k \cdot x + c}$	$a \cdot k \cdot e^{k \cdot x + c}$	Es gilt die Kettenregel
Sinusfunktion	$\sin x$	$\cos x$	
Kosinusfunktion	$\cos x$	$-\sin x$	

4.1 Ganzrationale Funktionen

Leiten Sie alle angegebenen Funktionen einmal ab:

a) $f(x) = 4x^5 - 2x^3$ b) $f(x) = 2ax^3 - 6a^2x^2$ c) $f(x) = t^2x^4 - 3t^3x^2 + 4t^2$

d) $f(x) = (4x+1)^3$ e) $f(x) = \left(2x^2 + a\right)^4$ f) $f(x) = \left(2ax^3 + 3\right)^3$

g) $f(x) = (x-1) \cdot (x-k)^2$ h) $f(x) = 2ax \cdot (x-a)^2$

4.2 Exponentialfunktionen

Leiten Sie alle angegebenen Funktionen einmal ab:

a) $f(x) = 3x^2 \cdot e^{-4x}$ b) $f(x) = \frac{1}{2}x^3 \cdot e^{2x}$ c) $f(x) = (2x+5)e^{-x}$

d) $f(x) = (x+k)e^{-kx}$ e) $f(x) = (4x + e^{-x})^2$ f) $f(x) = \left(x^2 + e^{2x}\right)^2$

g) $f(x) = (e^x + e^{-x})^2$ h) $f(x) = \left(2k + e^{-2x}\right)^2$

4.3 Trigonometrische Funktionen

Leiten Sie alle angegebenen Funktionen einmal ab:

a) $f(x) = 2x \cdot \cos\left(\frac{1}{2}x^2 + 4\right)$ b) $f(x) = x^2 \cdot \sin(4x + 3)$ c) $f(x) = (x^2 - 4) \cdot \sin\left(\frac{1}{3}x^2 + 2\right)$

d) $f(x) = x^2 \cdot \cos\left(\frac{1}{2}x - 1\right)$ e) $f(x) = (x + \cos x)^2$ f) $f(x) = (\sin x + \cos x)^2$

g) $f(x) = \left(x^2 - \sin x\right)^3$ h) $f(x) = (ax - \sin(ax))^2$

4.4 Exponentialfunktionen und trigonometrische Funktionen

Leiten Sie alle angegebenen Funktionen einmal ab:

a) $f(x) = \sin(e^x + 1)$ b) $f(x) = \cos(2e^{-x} + 1)$ c) $f(x) = \sin(2e^x + 3)$

d) $f(x) = e^x \cdot \sin x$ e) $f(x) = \frac{1}{2}e^{-x} \cdot \cos(2x)$ f) $f(x) = e^{3x} \cdot \sin(e^{2x})$

5 Gleichungslehre

Tipps ab Seite 84, Lösungen ab Seite 129

Bei den meisten Gleichungsaufgaben geht es darum, die Gleichung nach einer Unbekannten aufzulösen. Je nach Gleichungstyp wird dabei unterschiedlich vorgegangen.

5.1 Quadratische, biquadratische und nichtlineare Gleichungen

Bei Gleichungen, in denen x als Quadrat oder höhere Potenz vorliegt, sollten Sie zuerst versuchen, auszuklammern. Geht das nicht, z.B. weil ein absolutes Glied vorliegt, so hilft entweder die pq- oder die abc-Formel weiter. Sie sollten eine dieser beiden Formeln auswendig können.
Oft hilft der Satz vom Nullprodukt: «Ein Produkt ist genau dann gleich Null, wenn (mindestens) einer der Faktoren gleich Null ist.» Hierzu setzt man die einzelnen Faktoren gleich Null.

Beispiel:

Gesucht sind die Lösungen der Gleichung $x^3 - 5x^2 + 4x = 0$
Zuerst wird ausgeklammert: $x\left(x^2 - 5x + 4\right) = 0$. Also ist entweder $x_1 = 0$ oder $x^2 - 5x + 4 = 0$. Die Gleichung lässt sich mit der pq- bzw. der abc-Formel lösen. Man erhält $x_2 = 1$ und $x_3 = 4$. Die Lösungen der Ausgangsgleichung sind damit $x_1 = 0$, $x_2 = 1$ und $x_3 = 4$.
Lösen Sie die angegebenen Gleichungen:

a) $x^2 + 3x - 4 = 0$ b) $x^2 + x - 56 = 0$ c) $x^2 + \frac{2}{5}x - \frac{3}{5} = 0$

d) $(2x-5) \cdot (2x+5) + 1 = (x-3)^2 + 2x \cdot (x-1)$

e) $(x-2) \cdot (x+3) - 2(x-1)^2 = 2 \cdot (2-x)$

f) $(x-1) \cdot (x-a)^2 = 0$ g) $x^2 \cdot (ax - 4a) = 0$

h) $2x^4 - 3x^3 = 0$ i) $x^4 - 3x^3 + 2x^2 = 0$ j) $x^3 - 4x = 0$

k) $x^4 - 2x^2 = 0$ l) $x^3 - 5x^2 + 6x = 0$ m) $x^4 - 4x^2 + 3 = 0$

n) $x^4 - 13x^2 + 36 = 0$

5.2 Exponentialgleichungen

Beim Lösen von Exponentialgleichung gelten die gleichen Regeln, die oben schon erwähnt wurden. Zusätzlich ist zu beachten:

- Der Satz vom Nullprodukt hilft oft weiter, beachten Sie, dass $e^x \neq 0$ ist.
- Es gilt $e^{2x} = (e^x)^2$, sowie $e^0 = 1$ und $\ln 1 = 0$.

- Um e^x nach x aufzulösen, wird die Gleichung auf beiden Seiten «logarithmiert», da $\ln e^x = x$ ist.
  Beispiel:
  $$e^{2x} = 3 \mid \ln$$
  $$2x = \ln 3$$
  $$x = \frac{\ln 3}{2}$$

  Um $\ln x$ nach x aufzulösen, wird die Gleichung auf beiden Seiten «exponiert», da $e^{\ln x} = x$ ist.
  Beispiel:
  $$\ln(x-2) = 0 \mid e^{\cdots}$$
  $$(x-2) = e^0$$
  $$x-2 = 1$$
  $$x = 3$$

Lösen Sie die angegebenen Gleichungen:

a) $(2x-5)e^{-x} = 0$ b) $\left(x^2-4\right)e^{0,5x} = 0$ c) $xe^x = 0$

d) $(x-t)\,e^{-x} = 0$ e) $(2x-4k)\,e^{2kx} = 0$ f) $\left(kx^2-k\right)e^{-kx} = 0$

g) $e^{2x} - 6e^x + 5 = 0$ h) $e^{4x} - 5e^{2x} + 6 = 0$ i) $2\cdot(1-\ln x) = 1$

j) $\ln(3-x) = 0$ k) $\ln(2x-3) = 0$

5.3 Bruchgleichungen

Beim Lösen von Bruchgleichungen sind folgende Besondernheiten zu beachten:

- Ein Bruch ist gleich Null, wenn der Zähler Null ist. Es reicht also, wenn Sie den Zähler gleich Null setzen und nach x auflösen.
- Zuerst sollten Sie die Definitionsmenge der Bruchgleichung bestimmen. Das sind alle Zahlen, die in die Gleichung eingesetzt werden dürfen.
  Da man nicht durch Null teilen darf, ist eine Bruchgleichung an den Nullstellen des Nenners nicht definiert. Also werden zuerst die Nullstellen des Nenners gesucht, um die Definitionsmenge zu bestimmen.

Beispiel:

Gesucht sind die Lösungen der Gleichung $\frac{x^2-9}{x-5} = 0$.
Nullstelle des Nenners: $x-5=0 \Rightarrow x=5$. Also ist die Definitionsmenge $\mathbb{R}\setminus\{5\}$.
Nun wird die «Zählergleichung» gelöst: $x^2-9=0 \Rightarrow x^2=9$.
Die Lösungen der Ausgangsgleichung sind also $x_1=-3$ und $x_2=3$.

Lösen Sie die angegebenen Gleichungen:

a) $\frac{150x-50}{(x-50)^2} = 0$ b) $\frac{x^2-4}{(x-3)^2} = 0$ c) $\frac{ax^2-4x}{(a+x)^2} = 0;\ a>0$

5.4 Trigonometrische Gleichungen

Bei trigonometrischen Gleichungen ist das angegebene Intervall zu beachten.
In jedem Fall ist es hilfreich, sich eine Skizze der Sinusfunktion (bzw. Kosinusfunktion) zu machen. Steht im Argument des Sinus bzw. Kosinus mehr als nur x, geht man wie folgt vor:
Zuerst wird substituiert, dann die entsprechende Gleichung gelöst und zum Schluss wieder resubstituiert. Diese Lösungen der Gleichung müssen im angegebenen Intervall liegen.

Beispiel:

Gesucht ist die Lösungsmenge der Gleichung $\sin(2x) = 1;\ x \in [0; 2\pi]$.

Die Substitution $2x = z$ führt zu $\sin z = 1$. Um diese Gleichung zu lösen, ist eine Skizze hilfreich:

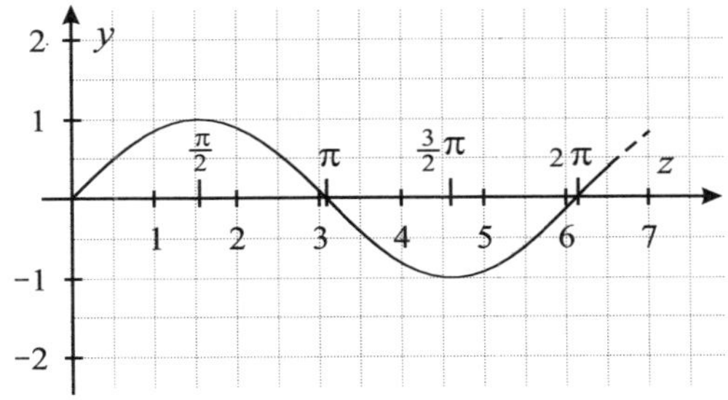

Die Lösungen sind $z = \frac{\pi}{2} + k \cdot 2\pi;\ k \in \mathbb{Z}$, da $\sin z$ die Periode 2π besitzt.
Also sind $z_1 = \frac{\pi}{2}$, $z_2 = \frac{5}{2}\pi$, $z_3 = \frac{9}{2}\pi, \ldots$ mögliche Lösungen.
Die Resubstitution $z_1 = \frac{\pi}{2} = 2x_1$ ergibt $x_1 = \frac{\pi}{4}$, $z_2 = \frac{5}{2}\pi = 2x_2$ ergibt $x_2 = \frac{5}{4}\pi$, $z_3 = \frac{9}{2}\pi = 2x_3$ ergibt $x_3 = \frac{9}{4}\pi = 2{,}25\pi$, diese Lösung liegt aber nicht mehr im angegebenen Intervall $[0; 2\pi]$.
Als Lösungsmenge erhält man also $\mathrm{L} = \left\{ \frac{1}{6}\pi; \frac{5}{6}\pi \right\}$.

Bestimmen Sie für das angegebene Intervall jeweils die Lösungsmenge der Gleichung:

a) $\sin(3x) = 1;\ x \in [0; 2\pi]$

b) $\sin(4x) = 0;\ x \in [0; \pi]$

c) $\cos(2x) = -1;\ x \in [0; 2\pi]$

d) $\cos(3x) = 0;\ x \in [0; \pi]$

e) $\sin(x - \pi) = 0;\ x \in [0; 2\pi]$

f) $\sin(2x - \pi) = 1;\ x \in [0; 2\pi]$

g) $\cos(2x + \pi) = -1;\ x \in [0; 2\pi]$

h) $\cos(2x + \pi) = 0;\ x \in [0; \pi]$

5.5 Lineare Gleichungssysteme

Geben Sie die Lösungsmengen der folgenden linearen Gleichungssysteme an:

Tipp: Prüfen Sie immer zuerst, ob zwei Gleichungen ein Vielfaches voneinander sind. In diesem Fall wird eine der beiden Gleichungen gestrichen. Ein Gleichungssystem mit drei Variablen und zwei Gleichungen besitzt unendlich viele Lösungen (falls kein Widerspruch auftritt). Man setzt zuerst eine Variable als Parameter t fest und rechnet dann die anderen Variablen aus.

a)
$$\begin{array}{rcrcrcr} x_1 & + & 2x_2 & - & x_3 & = & 8 \\ -x_1 & + & x_2 & + & 2x_3 & = & 0 \\ -x_1 & - & 5x_2 & - & 4x_3 & = & -12 \end{array}$$

b)
$$\begin{array}{rcrcrcr} x_1 & + & 2x_2 & - & 2x_3 & = & 7 \\ x_1 & - & x_2 & - & 4x_3 & = & -9 \\ x_1 & + & 4x_2 & + & 3x_3 & = & 25 \end{array}$$

c)
$$\begin{array}{rcrcrcr} x_1 & + & x_2 & + & 7x_3 & = & 2 \\ 2x_1 & - & x_2 & - & 3x_3 & = & -5 \\ 4x_1 & - & x_2 & + & 4x_3 & = & -7 \end{array}$$

d)
$$\begin{array}{rcrcrcr} x_1 & + & 2x_2 & - & x_3 & = & 4 \\ -x_1 & + & 2x_2 & - & 3x_3 & = & 6 \\ 2x_1 & + & 4x_2 & - & 2x_3 & = & 8 \end{array}$$

e)
$$\begin{array}{rcrcrcr} x & + & 2y & + & z & = & 4 \\ -x & - & 4y & + & z & = & 7 \\ 2x & + & 8y & - & 2z & = & 18 \end{array}$$

f)
$$\begin{array}{rcrcrcr} x & - & y & + & 2z & = & 6 \\ -2x & + & 2y & - & 4z & = & -12 \\ 2x & + & y & + & z & = & 3 \end{array}$$

6 Eigenschaften von Kurven

Tipps ab Seite 85, Lösungen ab Seite 137

In diesem Kapitel geht es darum, Eigenschaften von Kurven zu erkennen. Man kann sowohl die Ableitung zeichnen, als auch Aussagen über die Funktion und ihre Ableitung treffen, ohne dass der Funktionsterm bekannt sein muss.

Schaubild der Ableitungsfunktion

Man kann das Schaubild einer Funktion zeichnen, ohne den Funktionsterm zu kennen.

Dabei gilt, dass die Steigungswerte der Tangente der Funktion in jedem Punkt genau die Werte der Ableitung sind. Verläuft die Funktion flach, sind die Werte der Ableitung nahe Null, verläuft die Funktion steil, besitzt die Ableitung große Funktionswerte.

Für die charakteristischen Punkte der Kurve gilt:

Funktion	**Ableitung**
Hochpunkt	Nullstelle mit VZW von $+$ nach $-$
Tiefpunkt	Nullstelle mit VZW von $-$ nach $+$
Wendepunkt mit Drehsinnänderung von rechts nach links	Tiefpunkt
Wendepunkt mit Drehsinnänderung von links nach rechts	Hochpunkt

Um das Schaubild der Ableitungsfunktion zu skizzieren, ist es nötig, den wesentlichen Verlauf der Steigung der Funktion zu erfassen. Dazu betrachten Sie die

- Lage der Extrem- und Wendepunkte
- Die «Steigungsentwicklung» für $x \to -\infty$ und $x \to +\infty$

Beispiel:

Gesucht ist das Schaubild der Ableitungsfunktion der linken Kurve (siehe nächste Seite).
An der linken Zeichnung liest man ab:

- Hochpunkt bei $x = 1$, also Nullstelle der Ableitung mit VZW von + nach $-$ bei $x = 1$
- Wendepunkt bei $x \approx 2$ mit Drehsinnänderung von rechts nach links, also Tiefpunkt der Ableitung bei $x \approx 2$
- Für $x \to -\infty$ gehen die Funktionswerte gegen $-\infty$, also werden die Steigungswerte immer größer, die Werte der Ableitung müssen also auch immer größer werden.

- Für $x \longrightarrow +\infty$ gehen die Funktionswerte gegen Null, also werden die Steigungswerte immer kleiner, die Werte der Ableitung müssen also auch immer kleiner werden.

In der rechten Zeichnung ist dann der ungefähre Verlauf der Ableitungsfunktion gezeichnet.

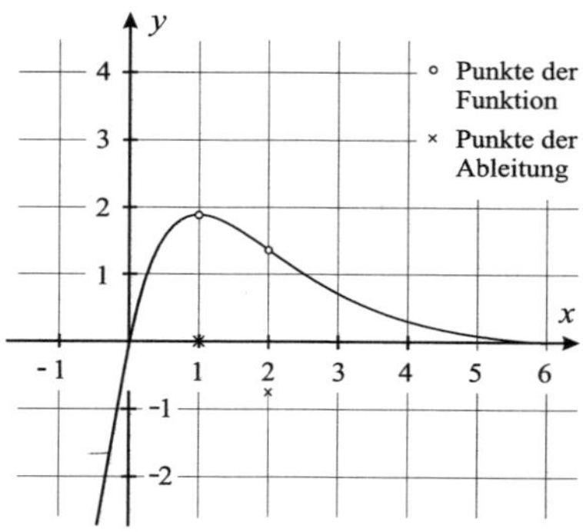

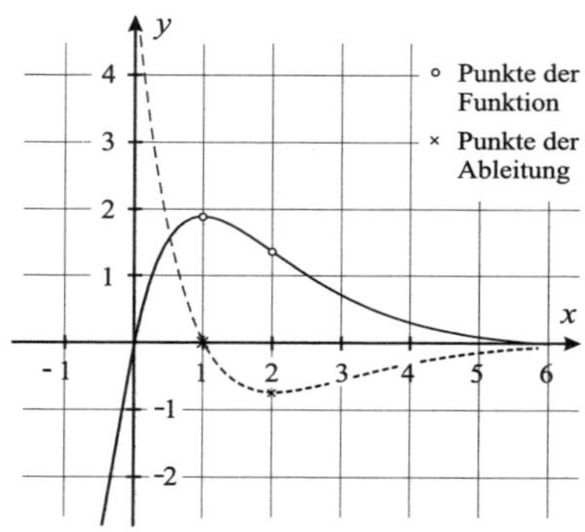

6.1 Schaubild der Ableitungsfunktion, Aussagen bewerten

Nachfolgend finden Sie Schaubilder von Funktionen. Skizzieren Sie zu jeder Funktion das Schaubild der Ableitungsfunktion in das Koordinatensystem und bewerten Sie die angegebenen Aussagen (Aufgaben auf der folgenden Seite).

6.1.1 f_1 bis f_4

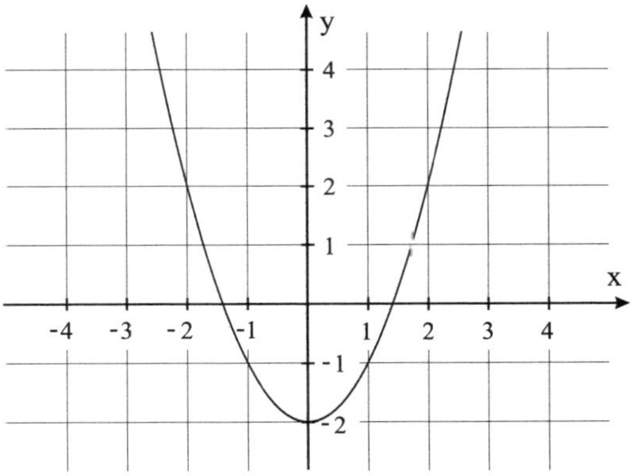

f_1

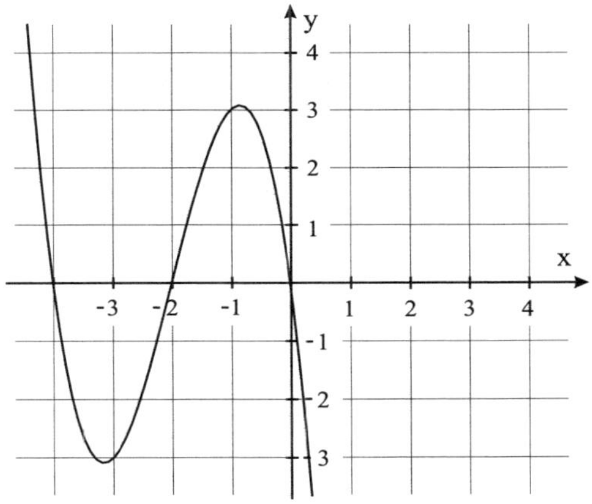

f_2

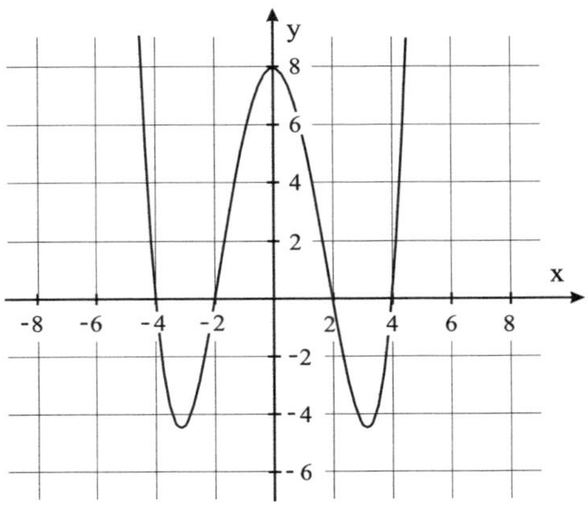

f_3

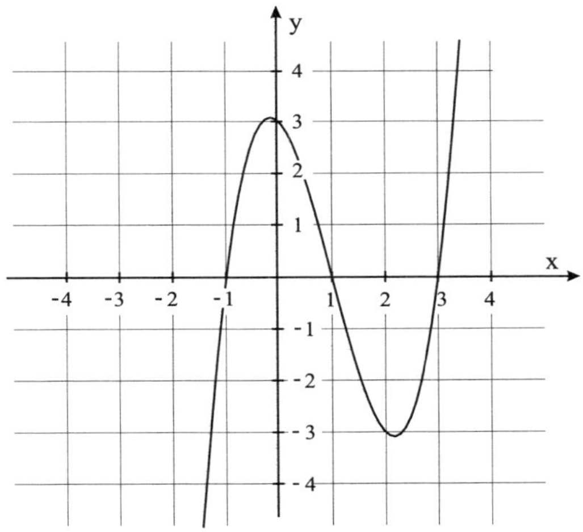

f_4

a) Skizzieren Sie die Schaubilder der ersten Ableitung in das Koordinatensystem.

b) Nebenstehend finden Sie mehrere Aussagen. Streichen Sie die Funktionen aus, auf die die Aussagen nicht zutreffen.

$f'(1) \geqslant 0$	f_1	f_2	f_3	f_4
$f'(0) = 0$	f_1	f_2	f_3	f_4
$f''(1) = 0$	f_1	f_2	f_3	f_4

6.1.2 f_5 bis f_8

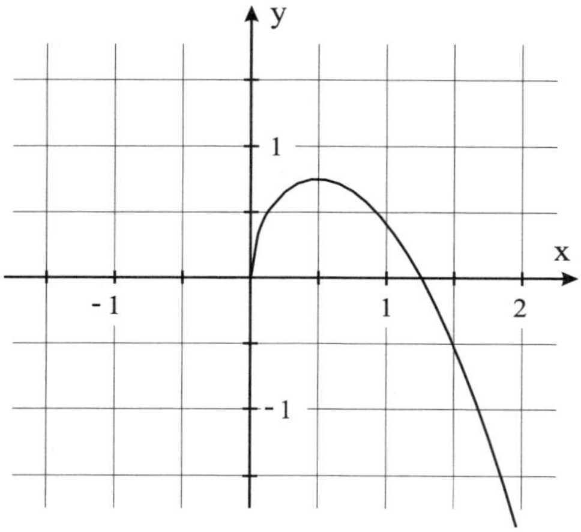

f_5

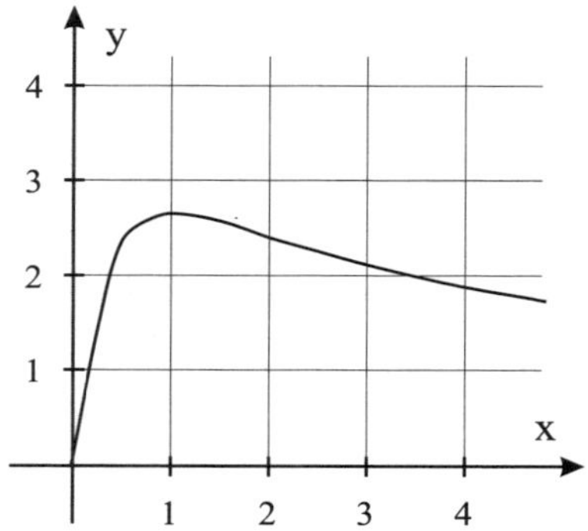

f_6

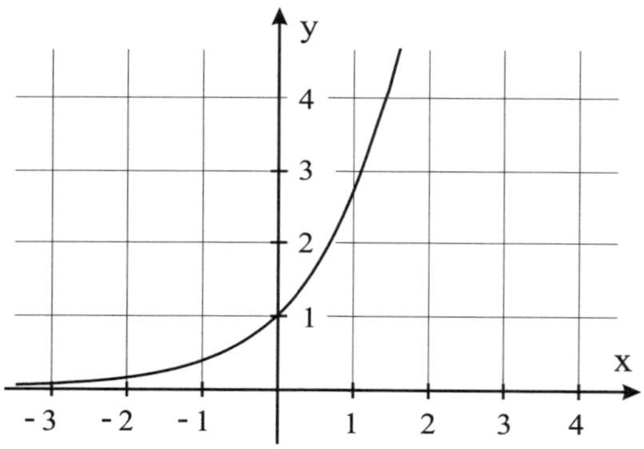

f_7

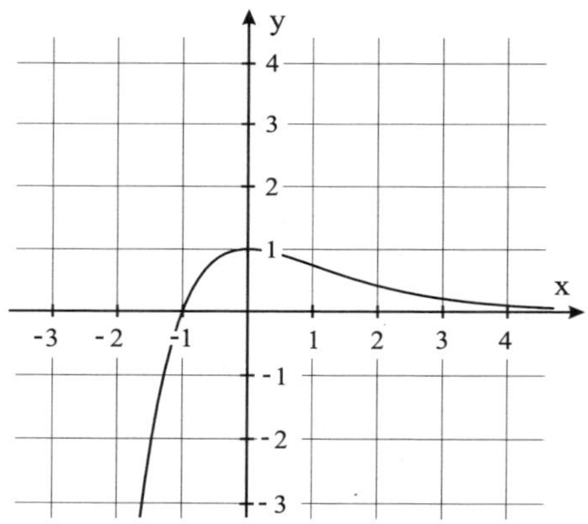

f_8

a) Skizzieren Sie die Schaubilder der ersten Ableitung in das Koordinatensystem.

b) Nebenstehend finden Sie mehrere Aussagen. Streichen Sie die Funktionen aus, auf die die Aussagen nicht zutreffen.

f' hat für $x = 1$ ein relatives Maximum	f_5	f_6	f_7	f_8
f' ist für $x > 0$ monoton fallend	f_5	f_6	f_7	f_8
f' ist für $x > 0$ monoton steigend	f_5	f_6	f_7	f_8
f' ist für $x > 1$ negativ	f_5	f_6	f_7	f_8

6.2 Stamm- und Ableitungsfunktionen

Tipp: Zu einer Funktion gibt es unendlich viele Stammfunktionen, die sich durch eine Konstante (das «absolute Glied») unterscheiden. Erst wenn das absolute Glied gegeben ist, ist das Schaubild der Stammfunktion in Bezug auf diese Verschiebung festgelegt.

Gegeben ist das Schaubild einer Funktion f.

1. Skizzieren Sie das Schaubild der Ableitungsfunktion f' und das Schaubild einer Stammfunktion F.
2. Es sind einige Aussagen zur Funktion f bzw. zu f' und zu F gegeben. Begründen oder widerlegen Sie diese bzw. begründen Sie, wenn eine Behauptung unentscheidbar ist.

Aufgabe I

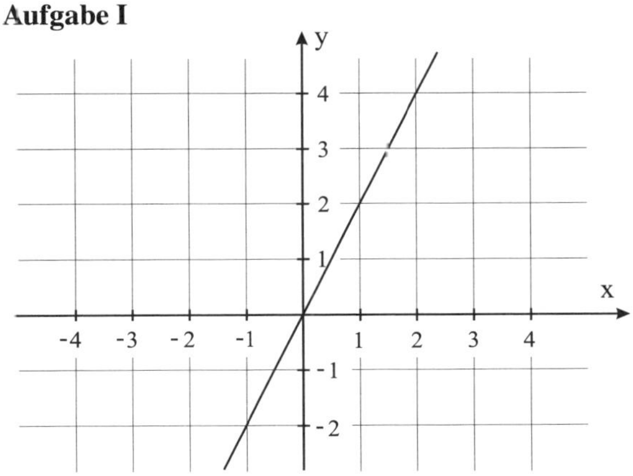

a) Das Schaubild der Ableitungsfunktion ist parallel zur Geraden $y = 1$.

b) Die Stammfunktion $\mathrm{F}(x)$ hat an der Stelle $x = 0$ eine Nullstelle.

c) Die Ableitungsfunktion f' ist streng monoton wachsend.

d) Das Schaubild der Ableitungsfunktion ist y-achsensymmetrisch.

Aufgabe II

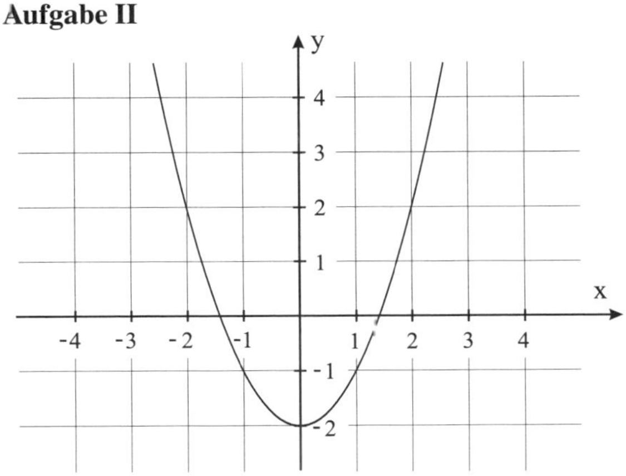

a) f' besitzt im Intervall $[-5;5]$ genau eine Nullstelle.

b) F besitzt im Intervall $[-5;5]$ genau drei Nullstellen.

c) F besitzt Extremstellen im Intervall $[-5;5]$.

6.3 Interpretation von Schaubildern

In diesem Kapitel geht es darum, einige Kurven zu interpretieren. Dabei ist es wichtig, sich die besonderen Punkte des Schaubilds genau anzusehen. Diese sind z.B. Wende- und Extrempunkte. Diese müssen dann wieder in Bezug auf die Situation interpretiert werden, z.B. kann ein Hochpunkt der Punkt der höchsten Temperatur oder des stärksten Verkaufs sein.
Wichtig ist noch, darauf zu achten, ob in der Kurve eine absolute Zahl «verkaufte Artikel» wie in Aufgabe I oder eine Rate «Besucher *pro Tag*», wie in den Aufgaben II und III angegeben ist.

Aufgabe I

Die Kurve gibt die Gesamtverkaufszahlen eines neuen Produktes an.

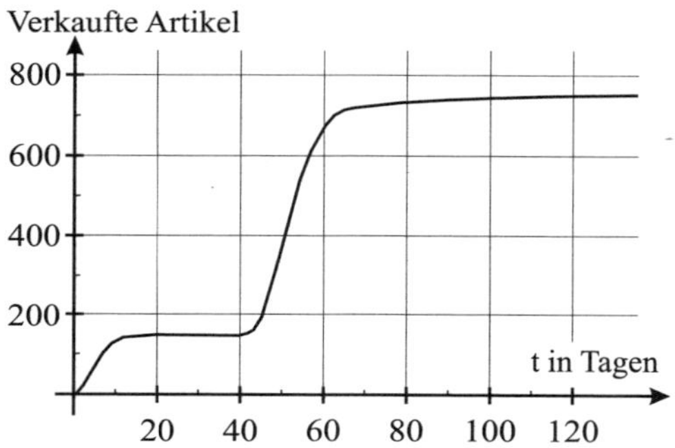

a) Welches sind besondere Punkte im Schaubild?

b) Wieviele Produkte hat die Firma zwischen der 3. und 4. Woche verkauft?

c) Wieviele Artikel hat die Firma in der Zeit vom 40. bis zum 60. Tag durchschnittlich pro Tag verkauft?

d) Wie hoch ist die Verkaufsrate am 50. Tag?

e) Welche Zukunftsprognose bezüglich der Absatzchancen würden Sie aussprechen?

Aufgabe II

Die Abbildung gibt die Besucherzahl pro Tag einer Ausstellung an.

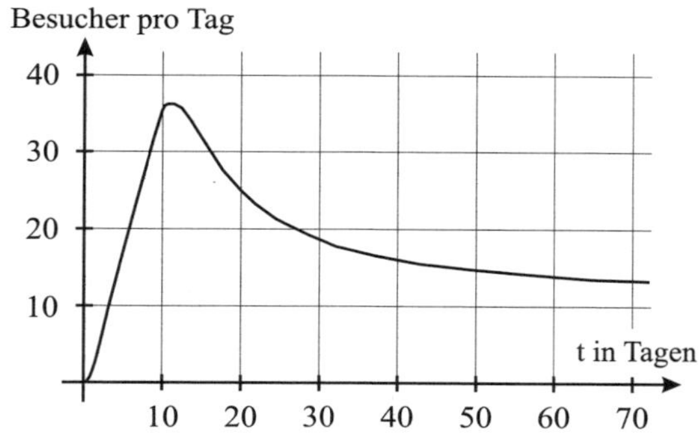

a) Welches sind besondere Punkte im Schaubild?

b) Welche Bedeutung haben diese besonderen Punkte für die Ausstellung?

c) Schildern Sie einen Weg, um herauszufinden, wie viele Besucher die Ausstellung in den ersten 10 Tagen ungefähr besucht haben.

d) Welche tägliche Besucherzahl erwarten Sie nach 80 Tagen?

Aufgabe III

Die untenstehende Grafik gibt die Anzahl der Besuche der Homepage der Firma XY an. Der Internetauftritt wurde begleitet durch zwei Werbeaktionen: Zuerst wurden Flyer eingesetzt, als dies nicht zu dem gewünschten Erfolg führte, wurden für einen gewissen Zeitraum Fernsehspots gesendet.

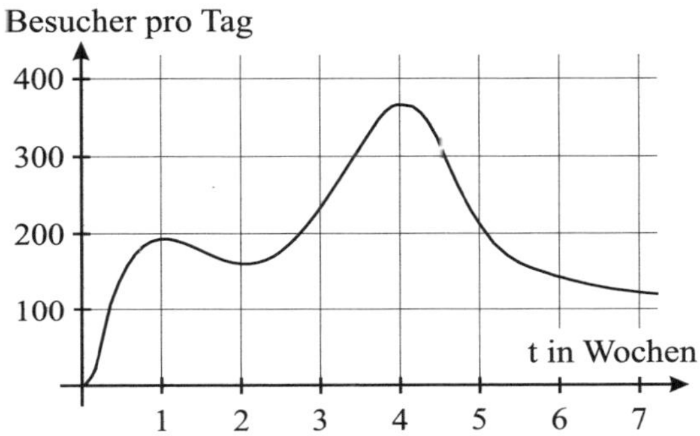

a) In welchen Zeiträumen haben die Werbeaktionen vermutlich stattgefunden?

b) Erläutern Sie anhand des Schaubildes den Begriff der lokalen Extremstelle.

c) Nennen Sie zwei Funktionen, die keine lokalen Extremstellen besitzen.

7 Kurvendiskussion

Tipps ab Seite 87, Lösungen ab Seite 143

In diesem Kapitel geht es um Aufgaben aus der Kurvendiskussion. Die «klassische» Kurvendiskussion wird als Ganzes im Abitur meist nicht mehr verlangt, doch die einzelnen Elemente sind oft Bestandteil anderer Aufgaben. Meist geht es dabei um das Bestimmen von Extrem- und Wendepunkten, um Symmetrieuntersuchungen und um das Verhalten der Funktion, wenn x gegen $\pm\infty$ geht (Asymptoten).

Elemente der Kurvendiskussion

Die wichtigsten Elemente einer Kurvendiskussion sind:

- Schnittpunkte mit der x-Achse: $f(x) = 0$
- Schnittpunkte mit der y-Achse: $x = 0$ in die Funktionsgleichung einsetzen
- (Lokales) Minimum: $f'(x) = 0$ und $f''(x) > 0$ oder $f'(x) = 0$ und Vorzeichenwechsel von $f'(x)$ von $-$ nach $+$
- (Lokales) Maximum: $f'(x) = 0$ und $f''(x) < 0$ oder $f'(x) = 0$ und Vorzeichenwechsel von $f'(x)$ von $+$ nach $-$
- Wendepunkt: $f''(x) = 0$ und $f'''(x) \neq 0$ oder $f''(x) = 0$ und Vorzeichenwechsel von $f''(x)$
- Bei der Untersuchung für $x \to \pm\infty$ müssen Sie untersuchen, wie sich die Funktionswerte verhalten, wenn die Werte für x gegen $+\infty$ oder $-\infty$ gehen, bzw. ob Asymptoten existieren.

7.1 Elemente der Kurvendiskussion

a) Zeigen Sie, dass das Schaubild von f mit $f(x) = x^2 \cdot e^x$; $x \in \mathbb{R}$ bei $x = 0$ einen Tiefpunkt besitzt.

b) Schneidet das Schaubild von f die x-Achse in $(x_0 \mid 0)$, wenn folgende Situation vorliegt: $f(x_0) = 0$, $f'(x_0) = 0$, $f''(x_0) < 0$?

c) Eine ganzrationale Funktion $f(x)$; $x \in \mathbb{R}$ hat ein Minimum bei x_0. Welche Aussage können Sie über das Verhalten der Steigung in der Umgebung von x_0 machen? Ist der «nächstfolgende» Extremwert (für wachsende x) ein Minimum oder ein Maximum?

d) Eine Funktion f hat die Nullstelle x_0. Welche Aussage können Sie über das Schaubild einer zugehörigen Stammfunktion F im Punkt $\mathrm{P}(x_0 \mid \mathrm{F}(x_0))$ machen?

e) Zeigen Sie, dass das Schaubild von $f(x) = 3x^3 + 4$; $x \in \mathbb{R}$ an der Stelle $x = 0$ einen Sattelpunkt besitzt.

f) Begründen Sie, dass das Schaubild von $f(x) = x^2 e^{-x} + 1$; $x \in \mathbb{R}$ die Gerade $y = 1$ als Asymptote für $x \longrightarrow +\infty$ besitzt.

g) Prüfen Sie, ob das Schaubild von $f(x) = \frac{1}{4}x^4 - x^3 + 4x - 2$; $x \in \mathbb{R}$ an der Stelle $x = 2$ einen Tiefpunkt hat.

h) Zeigen Sie, dass das Schaubild der Funktion f mit $f(x) = x^2 e^{-x}$ zwei Punkte mit waagerechter Tangente hat. Bestimmen Sie die Gleichung der Geraden durch diese beiden Punkte.

i) Zeigen Sie, dass das Schaubild der Funktion f mit $f(x) = x \cdot e^{-x}$ genau einen Wendepunkt hat.

j) Es ist $g(x)$ die Funktionsgleichung einer ganzrationalen Funktion 2. Grades. Begründen Sie, dass das Schaubild der Funktion f mit $f(x) = g(x) \cdot e^{-x}$ maximal zwei Punkte mit waagerechter Tangente hat.

k) Gegeben ist eine Funktion f und ihre Ableitung $f'(x) = (x-2)^3$. Prüfen Sie, ob das Schaubild von f einen Tiefpunkt besitzt.

l) Zeigen Sie, dass das Schaubild der Funktion f mit $f(x) = 2 \cdot \sin\left(x - \frac{\pi}{2}\right)$ im Punkt $P(\pi \mid 2)$ eine waagrechte Tangente hat.

m) Weisen Sie nach, dass das Schaubild der Funktion f mit $f(x) = \frac{1}{2} \cdot \sin(2x - \pi)$ an der Stelle $x = \pi$ einen Wendepunkt hat.

7.2 Funktionenscharen / Funktionen mit Parameter

Bei einer Funktionenschar enthält die Funktionsgleichung immer einen Parameter. Dieser wird in der Regel mit einem Buchstaben bezeichnet. Beispiel: $f_a(x) = a \cdot x^2 + a$. Der Parameter kann verschiedene Werte annehmen, dadurch entsteht die Funktionenschar. Zu jedem Wert des Parameters gehört dann eine Funktion: Für $a = 1$ ist $f_1(x) = x^2 + 1$, für $a = 2$ ist $f_2(x) = 2x^2 + 2$ usw. Beim Ableiten wird der Parameter wie eine Zahl behandelt: $f_a{}'(x) = 2 \cdot ax$.

a) Gegeben ist die Funktionenschar $f_t(x) = \frac{1}{2}x + t$ mit $t \in \mathbb{R}$.

   I) Skizzieren Sie die Schaubilder für einige Werte von t. Beschreiben Sie die Veränderung der Schaubilder bei der Variation von t.

   II) Für welche Werte des Parameters t geht das Schaubild von f_t durch $P_1(2 \mid 3)$ bzw. durch $P_2(1 \mid 2)$?

b) Gegeben ist die Funktionenschar $f_t(x) = tx + 2$ mit $t \in \mathbb{R}$.

   I) Skizzieren Sie die Schaubilder für einige Werte von t. Beschreiben Sie die Veränderung der Schaubilder bei der Variation von t.

II) Für welche Werte des Parameters t geht das Schaubild von f_t durch $P_1(1 \mid 5)$ bzw. durch $P_2(1 \mid 1{,}5)$?

c) Gegeben ist die Funktionenschar $f_t(x) = tx - 2t$ mit $t \in \mathbb{R}$.

I) Skizzieren Sie die Schaubilder für einige Werte von t. Beschreiben Sie die Veränderung der Schaubilder bei der Variation von t.

II) Für welche Werte des Parameters t geht das Schaubild von f_t durch $P_1(3 \mid 2)$ bzw. durch $P_2(1 \mid \frac{1}{2})$?

d) Gegeben ist die Funktionenschar $f_t(x) = tx^2$ mit $t \in \mathbb{R}$.

I) Skizzieren Sie die Schaubilder für einige Werte von t. Beschreiben Sie die Veränderung der Schaubilder bei der Variation von t.

II) Für welche Werte des Parameters t geht das Schaubild von f_t durch $P_1(2 \mid 2)$ bzw. durch $P_2(-1 \mid -2)$?

e) Gegeben ist die Funktion $f(x) = x^2 - ax + 1$; $a > 0$. Wieviele Nullstellen besitzt die Funktion f in Abhängigkeit vom Parameter a?

f) Gegeben sind die Funktionen $f(x) = -x^2 + 2$ und $g_t(x) = tx^2 - 1$; $t \in \mathbb{R}$. Für welchen Wert von t stehen die Schaubilder der beiden Funktionen in ihrem Schnittpunkt senkrecht aufeinander?

g) Gegeben sind die Funktionen $f(x) = 2x^2$ und $g_t(x) = -tx^2 + 4$; $t \in \mathbb{R}$. Für welchen Wert von t stehen die Schaubilder der beiden Funktionen in ihrem Schnittpunkt senkrecht aufeinander?

h) Gegeben ist die Funktionenschar f_t mit $f_t(x) = (2x + t) \cdot e^{-x}$; $x \in \mathbb{R}$; $t \geqslant 0$.
Ordnen Sie den abgebildeten Schaubildern von f_t den zugehörigen Parameter t zu. (Zeichnung auf der nächsten Seite)

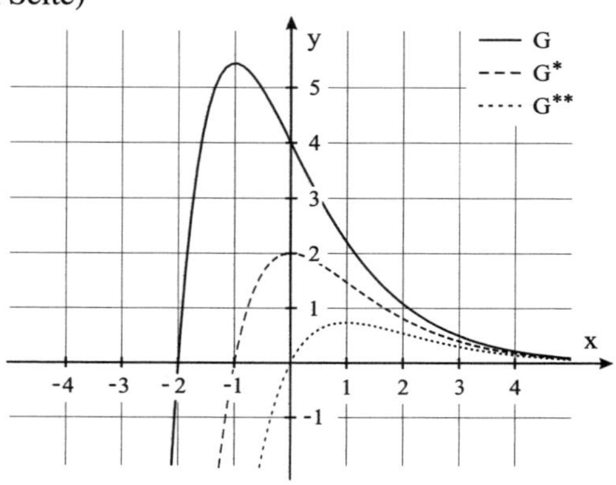

i) Für welchen Wert von a hat das Schaubild der Funktionenschar $f_a(x) = \sin(ax);\ x \in \mathbb{R};\ 0 < a < \frac{\pi}{2}$ bei $x = 3$ einen Extrempunkt?

j) Für welchen Wert von k hat das Schaubild der Funktionenschar $f_k(x) = k \cdot \sin(kx);\ x \in \mathbb{R};\ k > 0$ im Ursprung die gleiche Steigung wie das Schaubild der Funktion $g(x) = 2x^3 + 4x$?

k) Bestimmen Sie t so, dass das Schaubild der Funktionenschar f_t mit $f_t(x) = x \cdot e^{tx};\ x \in \mathbb{R};\ t < 0$ an der Stelle $x = 2$ einen Extrempunkt hat.

7.3 Symmetrie

Schaubilder von Funktionen können achsen- oder punktsymmetrisch sein. Handelt es sich bei der Achse um die y-Achse, so spricht man von y-Achsensymmetrie; handelt es sich beim Punkt, zu dem die Funktion symmetrisch ist, um den Ursprung, spricht man von Ursprungssymmetrie.

- Für y-Achsensymmetrie gilt $f(-x) = f(x)$
- Für Ursprungssymmetrie gilt $f(-x) = -f(x)$.

Sie können die Symmetrie zeigen, indem Sie $(-x)$ für x einsetzen und dann umformen. Dabei ist zu beachten, dass gilt: $(-x)^2 = x^2$ und $(-x)^3 = -x^3$.

a) Begründen Sie, dass das Schaubild von $f(x) = \frac{1}{x^2} + 3;\ x \in \mathbb{R} \setminus \{0\}$ achsensymmetrisch zur y-Achse ist.

b) Begründen Sie, dass das Schaubild von $f(x) = 3x^5 - 7{,}2x^3 + x;\ x \in \mathbb{R}$ punktsymmetrisch zum Ursprung ist.

7.4 Krümmungsverhalten von Kurven

Für welche Werte von x ist der Graph der Funktion f links- bzw. rechtsgekrümmt?

a) $f(x) = \frac{1}{3}x^3 - x$ b) $f(x) = (x-1)^5$ c) $f(x) = (2x-3) \cdot e^{-x}$

7.5 Tangenten und Normalen

Um die Gleichung einer Tangente t an eine Kurve in einem Punkt $P_1\,(x_1 \mid f(x_1))$ zu bestimmen, benutzt man meist die Punkt-Steigungsform

$$y - y_1 = m \cdot (x - x_1)$$

Dabei gilt: $y_1 = f(x_1)$ und für die Steigung $m = f'(x_1)$, d.h. der Wert der Ableitung an der Stelle x_1. Die Normale steht senkrecht auf der Tangente; für die Steigungen gilt $m_n \cdot m_t = -1$ bzw. $m_n = \frac{1}{m_t}$ (negativer Kehrwert).

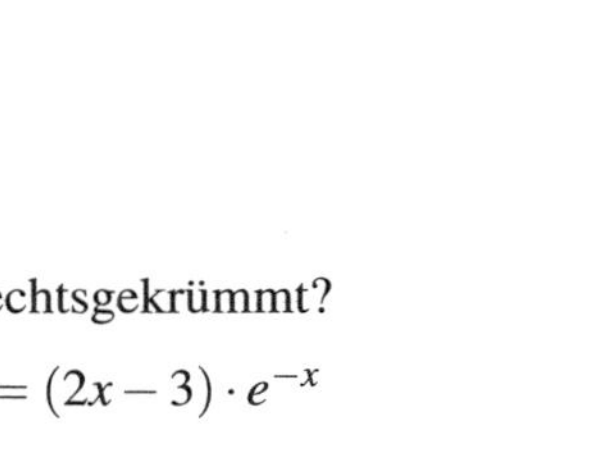

a) Bestimmen Sie die Gleichung der Tangente und der Normalen im Punkt $(1 \mid -1)$ an das Schaubild der Funktion f mit $f(x) = x^2 - 4x + 2$.

b) Bestimmen Sie die Gleichung der Tangente und der Normalen im Wendepunkt an das Schaubild der Funktion f mit $f(x) = x^3 + x + 1$.

c) Gegeben ist die Funktion f mit $f(x) = x^2 + 4x - 3$. Gesucht ist:

   I) Die Gleichung der Tangente mit Steigung $m = -2$.

   II) Die Gleichung der Tangente, welche orthogonal ist zur Geraden mit der Gleichung $y = -\frac{1}{3}x + 4$.

   III) Die Gleichung der Tangente, welche parallel ist zur Geraden $y = 4x - \frac{7}{2}$.

d) Gegeben ist die Funktion f mit der Gleichung $f(x) = 2x^2 - 5x + 1$. Gesucht ist:

   I) Die Gleichung der Tangente, welche parallel ist zur Geraden durch A$(0 \mid 3)$ und B$(-4 \mid 7)$.

   II) Die Gleichung der Normalen, welche parallel ist zur Geraden mit der Gleichung $y = -\frac{1}{3}x + 2$.

   III) Die Gleichung der Normalen, welche orthogonal ist zur Geraden mit der Gleichung $y = 7x + 5$.

e) Gegeben ist die Funktion f mit $f(x) = x^2 - 2x + 3$. Ihr Schaubild sei K.

   I) Vom Punkt P$(0 \mid -6)$, welcher nicht auf der Kurve liegt, werden Tangenten an K gelegt. Bestimmen Sie die Koordinaten der Berührpunkte sowie die Tangentengleichungen.

   II) Wie lauten die Koordinaten der Berührpunkte, wenn von Q$(1 \mid -7)$ Tangenten an K gelegt werden?

7.6 Ortskurven

Eine Ortskurve beschreibt den Verlauf eines speziellen Punktes einer Kurvenschar, z.B. des Hochpunktes oder des Wendepunktes.
Um eine Ortskurve zu bestimmen, gehen Sie wie folgt vor:

1. Zuerst wird der spezielle Punkt bestimmt, falls er nicht schon vorliegt, z.B. H$\left(\frac{4}{t} \mid t^2\right)$.
2. Der x-Wert des Punktes wird so umgeformt, dass der Parameter alleine steht:
   $x = \frac{4}{t} \Rightarrow t = \frac{4}{x}$.
3. Der Parameter (in Abhängigkeit von x) wird in den y-Wert des Punktes eingesetzt:
   $y = t^2 = \left(\frac{4}{x}\right)^2$.

4. Durch Ausrechnen erhalten Sie den y-Wert in Abhängigkeit von x: $y = \left(\frac{4}{x}\right)^2 = \frac{16}{x^2}$ und damit die Gleichung der Ortskurve.

Aufgaben:

a) Bei einer Kurvenschar haben die Extrempunkte die Koordinaten $\mathrm{E}\left(\frac{2}{3}t \mid \frac{2}{9}t^3\right)$; $t \in \mathbb{R}$. Bestimmen Sie die Gleichung der Ortskurve, auf der alle Extrempunkte liegen.

b) Bei einer Kurvenschar haben die Hochpunkte die Koordinaten $\mathrm{H}\left(\frac{2}{3}t \mid \frac{9}{2t}\right)$; $t \neq 0$. Bestimmen Sie die Gleichung der Ortskurve, auf der alle Hochpunkte liegen.

c) Bei einer Kurvenschar haben die Hochpunkte die Koordinaten $\mathrm{H}\left(\frac{t}{2} \mid \frac{t^3}{4} - t\right)$; $t \in \mathbb{R}$. Bestimmen Sie die Gleichung der Ortskurve, auf der alle Hochpunkte liegen.

d) Bestimmen Sie die Gleichung der Ortskurve, auf der alle Tiefpunkte der Kurvenschar f_t mit $f_t(x) = x^3 - 3tx^2$; $t > 0$ liegen.

e) Bestimmen Sie die Gleichung der Ortskurve, auf der alle Wendepunkte der Kurvenschar f_a mit $f_a(x) = (x - a) \cdot e^x$; $a \in \mathbb{R}$ liegen.

8 Integralrechnung

Tipps ab Seite 90, Lösungen ab Seite 153

Für eine Stammfunktion F einer Funktion f gilt: $F'(x) = f(x)$.
Das Bilden einer Stammfunktion kann man daher als die Umkehrung des Ableitens bezeichnen. Die Stammfunktion ist immer nur bis auf den konstanten Faktor c bestimmt, da dieser beim Ableiten wieder wegfällt.

Folgende Regeln zum Bestimmen der Stammfunktion sollten Sie kennen:

$f(x)$	$F(x)$
$a \cdot x^n;\ n \geqslant 0, n \neq -1$	$\frac{1}{n+1} \cdot a \cdot x^{n+1}$+c
$\frac{1}{k \cdot x+b}$	$\frac{1}{k} \ln(k \cdot x + b) + c$
$a \cdot e^{k \cdot x+b}$	$\frac{a}{k} \cdot e^{k \cdot x+b} + c$
$a \cdot \sin(b \cdot x)$	$-\frac{a}{b} \cdot \cos(b \cdot x) + c$
$a \cdot \cos(b \cdot x)$	$\frac{a}{b} \cdot \sin(b \cdot x) + c$

8.1 Stammfunktionen

Geben Sie eine Stammfunktion für alle folgenden Funktionen an, es gilt $a, t, k \in$ IR:

8.1.1 Ganzrationale Funktionen

a) $f(x) = 2x^3 - \frac{4}{3}x^2 + 2$
b) $f(x) = ax^4 + 2ax^3 - x$
c) $f(x) = t^2x^3 - tx^2$
d) $f(x) = 4x^4 - 2tx^2 + tx$
e) $f(x) = -12\,(2x-3)^2$
f) $f(x) = 6\,(3x-1)^3$
g) $f(x) = 5\,(ax-4)^4;\ a \neq 0$

8.1.2 Exponentialfunktionen

a) $f(x) = 3e^x$
b) $f(x) = 4e^{-x}$
c) $f(x) = t \cdot e^{-tx}$
d) $f(x) = a \cdot e^{3x+2}$
e) $f(x) = 2\left(x^2 - 6e^{3x}\right)$
f) $f(x) = a\left(x^2 - 4e^{4x}\right)$

8.1.3 Trigonometrische Funktionen

a) $f(x) = 3 \cdot \cos(2x+1)$
b) $f(x) = 4 \cdot \sin(-3x+2)$
c) $f(x) = \frac{2}{3} \cdot \cos(\pi x)$
d) $f(x) = t \cdot \cos(tx+t)$
e) $f(x) = a \cdot \sin\left(ax - a^2\right)$
f) $f(x) = k^2 \cdot \cos(kx)$

8.2 Flächeninhalt zwischen zwei Kurven

Um den Flächeninhalt zwischen zwei Kurven zu bestimmen, berechnet man das Integral der Differenz der Funktionen über dem Intervall der beiden Schnittstellen, dabei gilt «obere Kurve minus untere Kurve»

$$A = \int_{x_1}^{x_2} \left(f(x) - g(x)\right)\,dx$$

Sind die Schnittstellen x_1 und x_2 nicht bekannt, müssen diese zuerst bestimmt werden.

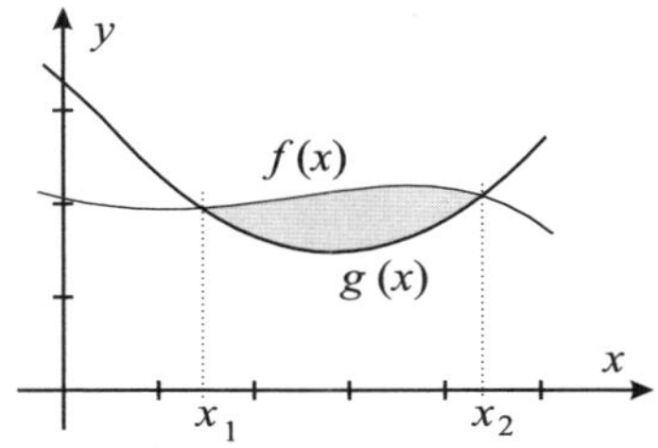

Berechnen Sie den Flächeninhalt zwischen den zwei Kurven:

a) $f(x) = -x+2$, $g(x) = x^2$
b) $f(x) = 4-x^2$, $g(x) = x^2-4$
c) $f(x) = x^2+1$, $g(x) = x+1$
d) $f(x) = e^x - \frac{1}{2}x^2$, $g(x) = e^x - x$
e) $f(x) = 2\cdot\sin x$, $g(x) = -\sin x;\quad x \in [0;\pi]$

Tipp: Machen Sie sich eine Skizze der beiden Schaubilder.

8.3 Angewandte Integrale

Bei diesen Aufgaben kommt es darauf an, aus der Aufgabenstellung die Rechnung zu entwickeln.

a) Die Niederschlagsrate während eines Monsunregens kann modellhaft beschrieben werden durch die Funktion r mit $r(t) = 23 - 0{,}02\cdot e^t$ (t in Tagen seit dem Einsetzen des Regens und $r(t)$ in Liter pro Quadratmeter und Tag gemessen).

   I) Wann hört der Regen auf?

   II) Welche Wassermenge geht insgesamt auf jeden Quadratmeter Fläche des betroffenen Gebiets nieder?

   III) Geben Sie die mittlere Regenmenge pro Quadratmeter an, die während des Regens gefallen ist.

b) Der Zu- und Abfluss eines Wasserbeckens kann durch die Funktion f mit $f(t) = -0,5t+3$ (t in Stunden $f(t)$ in Liter pro Stunde) beschrieben werden. Am Anfang ist das Becken mit 10 Litern gefüllt.
Wieviel Wasser enthält das Becken nach 9 Stunden?

8.4 Rotationskörper

Lässt man eine Kurve um die x-Achse rotieren, entsteht ein sog. «Rotationskörper». Die Formel zur Berechnung des Volumens V eines solchen Rotationskörpers ist

$$V = \pi \cdot \int_{x_1}^{x_2} \left(f(x)\right)^2 \mathrm{d}x$$

a) Das Schaubild der Funktion f mit $f(x) = \frac{1}{4}e^{2x}$ über dem Intervall $[0;1]$ rotiert um die x-Achse. Berechnen Sie das Volumen des Rotationskörpers.

b) Das Schaubild der Funktion f mit $f(x) = x^2+1$ über dem Intervall $[0;2]$ rotiert um die x-Achse. Berechnen Sie das Volumen des Rotationskörpers.

c) Das Schaubild der Funktion f mit $f(x) = \frac{2}{x}$ über dem Intervall $[1;2]$ rotiert um die x-Achse. Berechnen Sie das Volumen des Rotationskörpers.

d) Erläutern Sie die Grundidee zur Berechnung des Volumens eines Rotationskörpers, der entsteht, wenn ein Kurvenstück über dem Intervall $[a;b]$ um die x-Achse rotiert.

8.5 Verschiedene Aufgaben

a) Bestimmen Sie zu $f(x) = 8x+3e^{-x}$ diejenige Stammfunktion, deren Schaubild durch den Punkt $P(0 \mid 5)$ geht.

b) Bestimmen Sie zu $f(x) = \frac{1}{2} \cdot \cos(2x)$ diejenige Stammfunktion, deren Schaubild durch den Punkt $R\left(\frac{\pi}{4} \mid 1\right)$ geht.

9 Extremwertaufgaben/ Wachstumsprozesse

Tipps ab Seite 92, Lösungen ab Seite 157

Tipp: Für alle Anwendungsaufgaben ist es sehr hilfreich, eine Skizze der Aufgabenstellung anzufertigen.

9.1 Extremwertaufgaben

Bei Extremwertaufgaben geht es darum, dass das Maximum oder Minimum einer Größe (meist eine Fläche oder ein Volumen) gesucht ist. Dabei muss in der Regel zuerst eine Funktion aufgestellt werden, die diese Größe beschreibt. Der Extremwert wird dann mit Hilfe der ersten und zweiten Ableitung dieser Funktion bestimmt.

a) Ein Draht der Länge 20 cm soll eine rechteckige Fläche mit maximalem Flächeninhalt umrahmen. Berechnen Sie die Länge der Rechteckseiten.

b) Ein rechteckiger Spielplatz soll eingezäunt werden. Dafür stehen 40 m Zaun zu Verfügung. Wie lang sind die Seitenlängen des Spielplatzes, wenn dieser möglichst groß sein soll und außerdem noch eine 2 m breite Einfahrt besitzt?

c) Gegeben sei eine Funktion f mit $f(x) = 6 - \frac{1}{4}x^2$; $x \in \mathbb{R}$. Zwischen Kurve und x-Achse ist im 1. und 2. Quadranten ein Rechteck einzuschreiben

   I) mit maximalem Umfang

   II) mit maximaler Fläche

   Berechnen Sie den maximalen Umfang bzw. die maximale Fläche.

d) Gegeben ist die Funktion f durch $f(x) = -(x+2)e^{-x}$; $x \in \mathbb{R}$, ihr Schaubild sei K. Bestimmen Sie die Gleichung der Normalen im Punkt $W(0 \mid -2)$. Die Normale schneidet K in einem weiteren Punkt Q. Berechnen Sie dessen Koordinaten.
   $P(u \mid v)$ mit $-2 < u < 0$ sei ein Punkt auf K. Der Ursprung O und die Punkte P und Q sind die Eckpunkte eines Dreiecks OPQ. Für welchen Wert von u wird die Fläche $A(u)$ maximal?

9.2 Wachstums- und Zerfallsprozesse

a) Eine Population besteht heute aus 30 000 Individuen. Vor zwei Jahren waren es noch 90 000. Man geht davon aus, dass ihr Bestand exponentiell nach folgendem Gesetz abnimmt:
   $B(t) = B_0 \cdot e^{k \cdot t}$; $k \in \mathbb{R}$
   ($B(t)$ = Bestand der Population, t = Zeit in Jahren.)

   I) Bestimmen Sie das Zerfallsgesetz für $t = 0$ vor zwei Jahren.

II) Wie viele Individuen gibt es in 10 Jahren?

III) Bestimmen Sie den Zeitpunkt t_E, an dem vom Anfangsbestand nur noch 10 % übrig sind.

b) Eine Materialprobe wird in einem Labor erhitzt. Die Erwärmung wird durch die Funktion T mit $T(t) = 80 - 60e^{-0,1 \cdot t}$ (t in Minuten, $T(t)$ in Grad Celsius) beschrieben.

I) Bestimmen Sie die Gleichung der Asymptote des Graphen der Funktion. Welche Bedeutung hat diese Asymptote für das Experiment bzw. die Erwärmung?

II) Zu welchem Zeitpunkt ist die Geschwindigkeit, mit der sich die Probe erwärmt, am größten?

c) In einer Stadt verbreitet sich ein Gerücht. Die Zahl der Personen, die davon gehört haben, nimmt im Laufe einer Woche um 20 % zu. Anfangs kennen 1000 Einwohner das Gerücht.

I) Bestimmen Sie eine Funktionsgleichung, die die Ausbreitung des Gerüchts beschreibt (t in Tagen).

II) Wieviele Menschen kennen das Gerücht nach 10 Tagen?

III) Wie lange dauert es, bis alle Freiburger (200 000 Einwohner) das Gerücht kennen?

d) Im Jahre 1975 gab es auf der Erde ca. 4,033 Milliarden Menschen. Das jährliche Wachstum wird auf 2 % geschätzt.

I) Wie viele Menschen gibt es voraussichtlich im Jahr 2030?

II) In welchen Zeiträumen verdoppelt sich die Weltbevölkerung?

10 Anwendungsorientierte Aufgaben

Tipps ab Seite 93, Lösungen ab Seite 162

10.1 Mountainbike

Eine kleine Firma stellt Mountainbikes her. Bei einer Monatsproduktion von x Mountainbikes entstehen Fixkosten in Höhe von 5000 Euro und variable Kosten $V(x)$ (in Euro), die durch folgende Tabelle modellhaft gegeben sind:

x	0	2	6	10
$V(x)$	0	306	954	1650

a) Bestimmen Sie die Funktionsgleichung der ganzrationalen Funktion 2. Grades $V(x)$ sowie der monatlichen Herstellungskosten H in Abhängigkeit von x.

b) Skizzieren Sie den Graph von H für $0 \leqslant x \leqslant 200$ in ein geeignetes Koordinatensystem.
Bei welcher Produktionszahl sind die variablen Kosten fünfmal so hoch wie die Fixkosten?

c) Alle monatlich produzierten Mountainbikes werden zu einem Preis von 450 Euro pro Stück an einen Händler verkauft.
Geben Sie den monatlichen Gewinn G in Abhängigkeit von x an und skizzieren Sie den Graph der Gewinnfunktion in das vorhandene Koordinatensystem.
Bei welchen Produktionszahlen macht die Firma Gewinn?
Wie hoch ist der maximale Gewinn pro Monat?

d) Durch große Konkurrenz auf dem Markt muss die Firma den Preis pro Mountainbike senken.
Um wie viel Prozent vom ursprünglich erzielten Preis ist dies höchstens möglich, wenn pro Monat 90 Mountainbikes produziert werden und der Gewinn mindestens 2000 Euro betragen soll?

10.2 Ventile

In der Entwicklungsabteilung einer Ventilefabrik werden verschiedene Ventile getestet:
In einem Wasserbehälter befinden sich zu Beginn 50 Liter Wasser, der Wasserzufluss bzw. -abfluss wird mit zwei Ventilen geregelt. Zunächst ist nur ein Ventil geöffnet.
Die Zuflussgeschwindigkeit bei einem Test wird beschrieben durch:

$$V'(t) = 0,6 \cdot e^{-0,01 \cdot t}$$

(t in Minuten, $V'(t)$ in Liter pro Minute)

a) Welches Wasservolumen ist nach einer Stunde im Behälter und mit welchem Volumen ist langfristig zu rechnen?

b) Nach welcher Zeit befindet sich im Behälter die doppelte Wassermenge wie zu Beginn?

c) Wenn der Wasserbehälter 100 Liter enthält, wird auch das zweite Ventil geöffnet, so dass die gesamte Volumenänderung beschrieben wird durch:

$$V^{*\prime}(t) = -0,9 \cdot e^{0,05 \cdot t}$$

(t in Minuten, $V^{*\prime}(t)$ in Liter pro Minute).
Wie lange dauert es, bis der Wasserbehälter leer ist?

10.3 Medikament

Durch die Funktion

$$f(t) = 40t \cdot e^{-0,5t};\ t \geqslant 0$$

wird die Konzentration eines Medikaments im Blut eines Patienten beschrieben. Dabei wird t in Stunden seit der Einnahme und $f(t)$ in $\frac{\text{mg}}{\text{l}}$ gemessen.

a) Skizzieren Sie den zeitlichen Verlauf der Konzentration.
Nach welcher Zeit erreicht die Konzentration ihren höchsten Wert?
Wie groß ist dieser höchste Wert?
Das Medikament ist nur wirksam, wenn seine Konzentration im Blut mindestens 8 $\frac{\text{mg}}{\text{l}}$ beträgt.
Berechnen Sie den Zeitraum, in dem das Medikament wirksam ist.

b) Zu welchem Zeitpunkt wird das Medikament am stärksten abgebaut?
Wie groß ist zum Zeitpunkt $t = 4$ die momentane Änderungsrate der Konzentration?
Ab diesem Zeitpunkt wird die Konzentration des Medikaments nun näherungsweise durch die Tangente an den Graph von $f(t)$ an der Stelle $t = 4$ beschrieben.
Bestimmen Sie damit den Zeitpunkt, zu dem das Medikament vollständig abgebaut ist.

c) Das Medikament wird nun in seiner Zusammensetzung verändert, seine Konzentration im Blut wird durch die Funktion $g(t) = at \cdot e^{-bt}$ mit $a > 0$ und $b > 0$ beschrieben.
Dabei wird t in Stunden seit der Einnahme und $g(t)$ in $\frac{\text{mg}}{\text{l}}$ gemessen.
Bestimmen Sie die Konstanten a und b so, dass die Konzentration vier Stunden nach der Einnahme ihren größten Wert mit 20 $\frac{\text{mg}}{\text{l}}$ erreicht.

10.4 Tannensetzling

Das Längenwachstum eines Tannensetzlings, der zu Beginn 0,3 m hoch ist, wird beschrieben durch die Funktion f mit $f(t) = 1,5 \cdot e^{-0,005(t-25)^2}$ (t in Jahren, $f(t)$ in Meter pro Jahr).

a) Geben Sie den Zeitpunkt maximalen Längenwachstums an, berechnen Sie das durchschnittliche Längenwachstum pro Jahr in den ersten 30 Jahren sowie die Höhe einer 30-jährigen Tanne.

b) Nach welcher Zeit ist die Tanne 13 m hoch?

c) Die Tanne gilt als «ausgewachsen», wenn das jährliche Wachstum weniger als 0,2 m pro Jahr beträgt. Um wie viele Meter ist eine 60-jährige Tanne höher als eine «ausgewachsene»?

10.5 Küstenlinie

Ein Naturschutzgebiet hat in idealisierter Weise den dargestellten Küstenverlauf.
Im Scheitel der Bucht zwischen den zwei Kaps – diese entsprechen den Punkten C und D – befindet sich ein Hafen (Punkt B).
Zur näherungsweisen Beschreibung des Gebietes wird ein rechtwinkliges Koordinatensystem so gelegt, dass der Punkt A im Nullpunkt liegt und die x-Achse das Naturschutzgebiet begrenzt.
Die Koordinaten der Punkte B und C sind gegeben: $B\,(1 \mid 2)$ und $C\,(2 \mid 4)$.
Eine Längeneinheit soll 10 km in der Realität entsprechen.

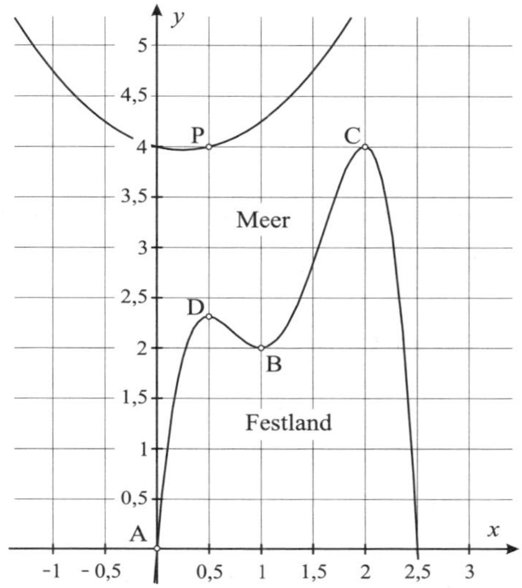

a) Bestimmen Sie mit Hilfe der Punkte A, B und C eine geeignete Polynomfunktion 4. Grades, die den Küstenverlauf der Küste mit den Punkten A, B und C beschreibt. Begründen Sie diesen Ansatz sowie die verwendeten Bedingungen.

b) Zwischen den Spitzen der beiden Kaps C und D soll eine Richtfunkstrecke eingerichtet werden. Verwenden Sie für den Küstenverlauf die Funktion f mit
$f(x) = -3x^4 + 14x^3 - 21x^2 + 12x$ und berechnen Sie die Entfernung zwischen C und D.

c) Vom Hafen B startet ein Ausflugsboot zum *nächstgelegenen* Punkt der gegenüberliegenden Küste. Diese Küstenlinie wird beschrieben durch die Funktion
$k(x) = 0,5x^2 - 0,25x + 4$.
Berechnen Sie die Länge der Fahrtstrecke.

d) Bestimmen Sie den Kurs, d.h. den Winkel zur Nordrichtung, den das Boot einschlagen muss, um von B zum Punkt $P\,(0,5 \mid 4)$ zu gelangen.

e) Aus historischen Landkarten geht hervor, dass in früheren Jahrhunderten die Küstenlinie einen anderen Verlauf hatte. Diese alte Küstenlinie ging durch die Punkte B und C und lässt sich durch eine Funktion g mit $g(x) = 0,5x^2 + 0,5x + 1$ beschreiben.
Berechnen Sie den Landgewinn, der durch die Veränderung des Meeresspiegels entstanden ist, für das Gebiet zwischen A und C und begründen Sie Ihr Vorgehen.

Lineare Algebra AG, BTG, EG, SG, WG

Je nach Profil der Schulart und Interesse der Schülerinnen und Schüler wird eines der drei Profile Vektorielle Geometrie, Wirtschaftliche Anwendungen (Ab Seite 55) oder Lineare Optimierung (Ab Seite 58) ausgewählt.

Schwerpunkt Vektorielle Geometrie

Wenn nicht anders angegeben gilt für alle Parameter: $r, s, t, \ldots \in \mathbb{R}$.

11 Rechnen mit Vektoren

Tipps ab Seite 96, Lösungen ab Seite 171

In diesem Kapitel geht es darum, die Grundkenntnisse des Rechnens mit Vektoren zu wiederholen. Dazu gehören die Addition und Subtraktion von Vektoren. Neben diesen Rechenoperationen ist es wichtig, das Skalarprodukt zu kennen und zu wissen, dass es genau dann gleich Null ist, wenn zwei Vektoren senkrecht aufeinander stehen. Rechenregeln für das Rechnen mit Vektoren finden Sie bei den Tipps auf Seite *96*.

Tipp: Schreiben Sie sich die grundlegenden Formeln und Begriffe auf Vokabelkärtchen; manche Dinge muss man auch in der Mathematik einfach auswendig lernen!

11.1 Addition und Subtraktion von Vektoren

Gegeben sind die Vektoren $\vec{a} = \begin{pmatrix} -1 \\ 2 \\ 4 \end{pmatrix}$ und $\vec{b} = \begin{pmatrix} 3 \\ 1 \\ 2 \end{pmatrix}$. Berechnen Sie:

a) $\vec{a}+\vec{b}$ b) $\vec{a}-\vec{b}$ c) $2\cdot\vec{a}$ d) $-\vec{a}$ e) $2\vec{a}+3\vec{b}$

f) $\vec{a}\cdot\vec{b}$ g) $|\vec{a}|$ h) $|\vec{b}|$ i) $|\vec{a}+\vec{b}|$

11.2 Orthogonalität von Vektoren

Prüfen Sie, ob folgende Vektoren senkrecht (*orthogonal*) aufeinander stehen.

a) $\vec{a} = \begin{pmatrix} -1 \\ 0 \\ 1 \end{pmatrix}, \vec{b} = \begin{pmatrix} 2 \\ 2 \\ 0 \end{pmatrix}$ b) $\vec{r} = \begin{pmatrix} 5 \\ -1 \\ 3 \end{pmatrix}, \vec{n} = \begin{pmatrix} 2 \\ 1 \\ -3 \end{pmatrix}$

c) $\vec{z} = \begin{pmatrix} 2 \\ -2 \\ 4 \end{pmatrix}, \vec{w} = \begin{pmatrix} 1 \\ 3 \\ 1 \end{pmatrix}$

11.3 Auffinden von orthogonalen Vektoren

Geben Sie drei verschiedene Vektoren an, die zu $\vec{n} = \begin{pmatrix} 1 \\ 2 \\ -3 \end{pmatrix}$ orthogonal sind.

11.4 Orts- und Verbindungsvektoren

Gegeben sind die Punkte $A\,(2 \mid 3 \mid 2)$, $B\,(7 \mid 4 \mid 3)$ und $C\,(1 \mid 5 \mid -2)$.

a) Bestimmen Sie die Ortsvektoren $\vec{a}$, $\vec{b}$, und $\vec{c}$.

b) Bestimmen Sie die Verbindungsvektoren $\overrightarrow{AB}$, $\overrightarrow{AC}$ und $\overrightarrow{BC}$.

c) Ist jeder Verbindungsvektor ein Ortsvektor? Begründen Sie Ihre Antwort.

11.5 Verschiedene Aufgaben

Tipp: Fertigen Sie eine Skizze an und stellen Sie Vektorketten auf.

a) Prüfen Sie, ob das Dreieck ABC gleichschenklig ist:

I) $A\,(3 \mid 7 \mid 2)$, $B\,(-1 \mid 5 \mid 1)$, $C\,(2 \mid 3 \mid 0)$

II) $A\,(-5 \mid 2 \mid -1)$, $B\,(0 \mid 5 \mid -3)$, $C\,(-1 \mid 6 \mid -3)$

b) Prüfen Sie, ob das Dreieck ABC rechtwinklig ist:
$A\,(5 \mid 1 \mid 0)$, $B\,(1 \mid 5 \mid 2)$, $C\,(-1 \mid 1 \mid 6)$

c) Berechnen Sie die Innenwinkel des Dreiecks ABC: $A\,(6 \mid -1 \mid 1)$, $B\,(4 \mid 3 \mid -3)$, $C\,(0 \mid 5 \mid 1)$.

d) I) Bestimmen Sie den Mittelpunkt M von $A\,(4 \mid 1 \mid 3)$ und $B\,(-2 \mid 5 \mid -5)$.

II) Bestimmen Sie die Koordinaten des Punktes P so, dass $B\,(4 \mid 2 \mid 5)$ der Mittelpunkt von $A\,(3 \mid -1 \mid -4)$ und P ist.

e) Bestimmen Sie jeweils den Schwerpunkt des Dreiecks:

I) $A\,(4 \mid 1 \mid 2)$, $B\,(5 \mid 3 \mid 0)$, $C\,(0 \mid 2 \mid 1)$

II) $P\,(-3 \mid 2 \mid 4)$, $Q\,(5 \mid 1 \mid 2)$, $R\,(-5 \mid 3 \mid 6)$

f) Gegeben sind die Punkte $A\,(4 \mid 2 \mid 3)$, $B\,(1 \mid 8 \mid 5)$ und $C\,(-2 \mid 1 \mid -3)$.

I) Bestimmen Sie den Punkt D so, dass das Viereck ABCD ein Parallelogramm ist.

II) Bestimmen Sie den Punkt D^* so, dass das Viereck ABD^*C ein Parallelogramm ist.

III) Bestimmen Sie den Punkt D' so, dass das Viereck $AD'BC$ ein Parallelogramm ist.

g) Von einem Spat (Körper mit jeweils 4 parallelen Kanten) sind die Punkte A (3 | 1 | 4), B (−2 | 1 | −3), C (5 | −2 | 3) und F (9 | 2 | 6) gegeben.

I) Bestimmen Sie die Koordinaten der übrigen Punkte des Spats.

II) Berechnen Sie die Länge der Raumdiagonalen AG.

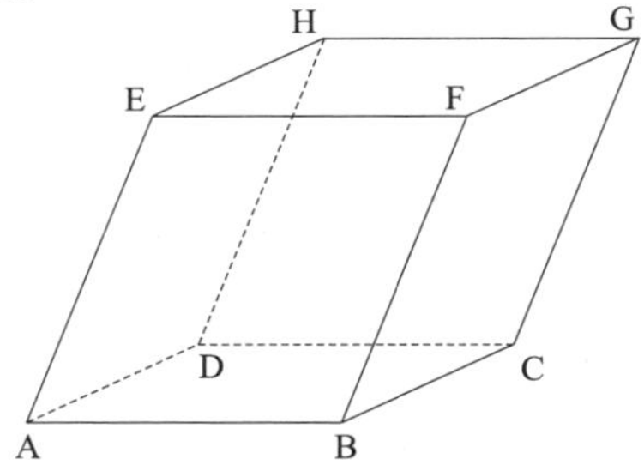

h) Ein schiefes Dreiecksprisma ist gegeben durch die Punkte A (4 | 1 | −3), B (5 | −2 | −1), C (−1 | 3 | −2) und D (7 | 4 | 2).
Bestimmen Sie die Koordinaten der Punkte E und F sowie die Länge der Kante EF.

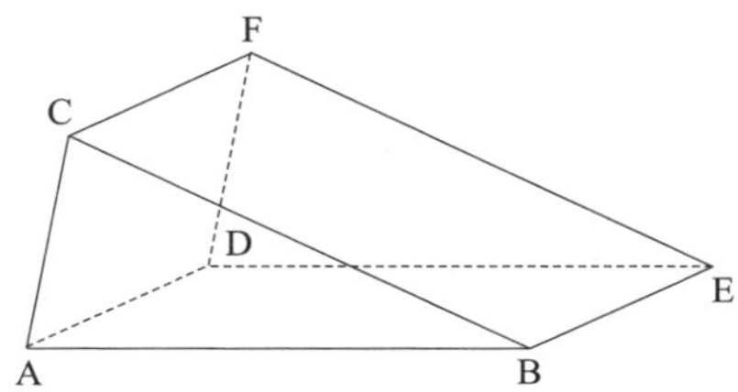

11.6 Lineare Abhängigkeit/ Unabhängigkeit

Wenn zwei Vektoren $\vec{a}$ und $\vec{b}$ linear abhängig sind, bedeutet das, dass sie ein Vielfaches voneinander sind: $\vec{a} = k \cdot \vec{b}$ mit $k \in \mathbb{R}$, es muss also immer einen Faktor geben, mit dem man einen der beiden Vektoren multiplizieren kann, so dass sich der andere ergibt.

Prüfen Sie, ob die beiden Vektoren linear abhängig (kollinear) oder unabhängig sind:

a) $\vec{a} = \begin{pmatrix} 2 \\ 1 \\ -3 \end{pmatrix}, \vec{b} = \begin{pmatrix} -4 \\ -2 \\ 6 \end{pmatrix}$

b) $\vec{a} = \begin{pmatrix} 2 \\ 0 \\ 3 \end{pmatrix}, \vec{b} = \begin{pmatrix} -2 \\ 1 \\ -3 \end{pmatrix}$

c) $\vec{a} = \begin{pmatrix} 6 \\ 3 \\ -9 \end{pmatrix}, \vec{b} = \begin{pmatrix} 2 \\ 1 \\ -3 \end{pmatrix}$

d) $\vec{a} = \begin{pmatrix} 4 \\ -2 \\ 3 \end{pmatrix}, \vec{b} = \begin{pmatrix} 5 \\ 1 \\ 9 \end{pmatrix}$

12 Geraden

Tipps ab Seite 97, Lösungen ab Seite 177

Die Parameterform der Geradengleichung in der vektoriellen Geometrie lautet

$$g: \vec{x} = \vec{a} + t \cdot \vec{r_g} \text{ mit } t \in \mathbb{R}$$

Dabei wird der Vektor $\vec{a}$ als Stützvektor bezeichnet, weil er die Gerade «stützt», der Vektor $\vec{r_g}$ ist der Richtungsvektor der Geraden, da er die Richtung der Geraden angibt. t ist der Parameter.

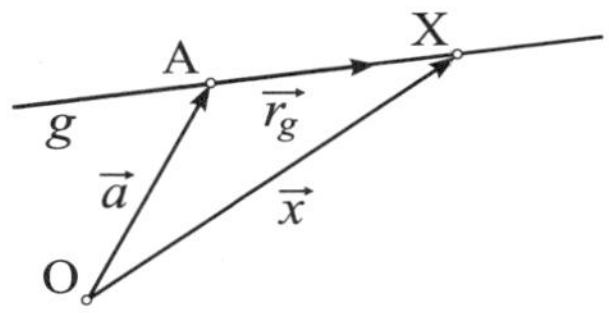

12.1 Aufstellen von Geradengleichungen

Stellen Sie die Gleichung der Gerade auf, die durch die beiden Punkte geht:

a) A(1 | 0 | 2), B(3 | 1 | 3) b) C(2 | 1 | −4), D(4 | 0 | 1) c) E(1 | 1 | 0), F(0 | 0 | 1)

12.2 Punktprobe

Liegen die gegebenen Punkte A, B, C auf der Geraden $g: \vec{x} = \begin{pmatrix} 1 \\ 3 \\ -2 \end{pmatrix} + r \cdot \begin{pmatrix} 1 \\ 4 \\ 2 \end{pmatrix}$?

a) A(2 | 7 | 0) b) B(3 | 11 | 3) c) C(−2 | −9 | −8)

12.3 Parallele Geraden

Zeigen Sie, dass folgende Geraden jeweils parallel zueinander sind:

$$g: \vec{x} = \begin{pmatrix} 2 \\ 1 \\ -3 \end{pmatrix} + r \cdot \begin{pmatrix} 2 \\ -1 \\ -3 \end{pmatrix} \quad h: \vec{x} = \begin{pmatrix} 4 \\ 0 \\ 7 \end{pmatrix} + s \cdot \begin{pmatrix} 4 \\ -2 \\ -6 \end{pmatrix}$$

$$i: \vec{x} = \begin{pmatrix} 3 \\ -2 \\ 9 \end{pmatrix} + t \cdot \begin{pmatrix} -6 \\ 3 \\ 9 \end{pmatrix}$$

12.4 Gegenseitige Lage von Geraden

Zwei Geraden können auf vier verschiedene Weise zueinander liegen: Sie können parallel liegen, identisch sein, sich schneiden oder windschief sein. Die genauen Rechenwege zur Bestimmung der gegenseitigen Lage sind in den Tipps auf Seite 98 beschrieben.

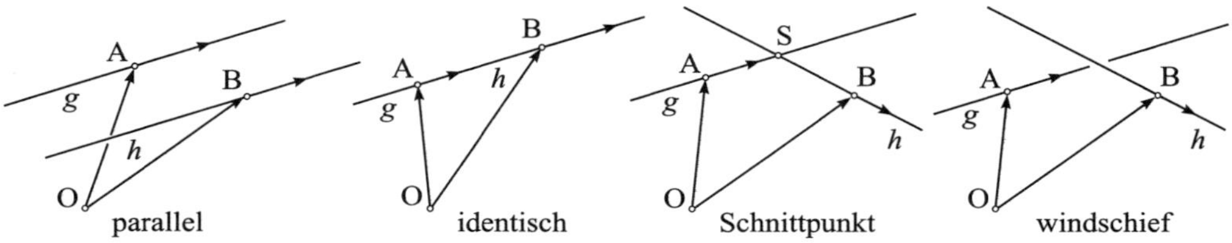

Bestimmen Sie die gegenseitige Lage der beiden gegebenen Geraden:

a) $g_1:\ \vec{x}=\begin{pmatrix}4\\2\\5\end{pmatrix}+t\cdot\begin{pmatrix}1\\1\\2\end{pmatrix}$ $\qquad g_2:\ \vec{x}=\begin{pmatrix}0\\0\\0\end{pmatrix}+r\cdot\begin{pmatrix}2\\0\\1\end{pmatrix}$

b) $g_1:\ \vec{x}=\begin{pmatrix}2\\0\\0\end{pmatrix}+r\cdot\begin{pmatrix}1\\1\\1\end{pmatrix}$ $\qquad g_2:\ \vec{x}=\begin{pmatrix}3\\2\\3\end{pmatrix}+t\cdot\begin{pmatrix}3\\4\\5\end{pmatrix}$

c) $g:\ \vec{x}=\begin{pmatrix}1\\-3\\5\end{pmatrix}+s\cdot\begin{pmatrix}2\\1\\-3\end{pmatrix}$ $\qquad h:\ \vec{x}=\begin{pmatrix}5\\1\\-3\end{pmatrix}+t\cdot\begin{pmatrix}4\\-5\\-1\end{pmatrix}$

d) $g:\ \vec{x}=\begin{pmatrix}1\\2\\1\end{pmatrix}+t\cdot\begin{pmatrix}2\\0\\1\end{pmatrix}$ $\qquad h:\ \vec{x}=\begin{pmatrix}2\\3\\4\end{pmatrix}+r\cdot\begin{pmatrix}0\\1\\-1\end{pmatrix}$

e) $g:\ \vec{x}=\begin{pmatrix}4\\0\\1\end{pmatrix}+s\cdot\begin{pmatrix}2\\-1\\3\end{pmatrix}$ $\qquad h:\ \vec{x}=\begin{pmatrix}6\\-1\\4\end{pmatrix}+t\cdot\begin{pmatrix}-2\\1\\-3\end{pmatrix}$

12.5 Parallele Geraden mit Parameter

Für welchen Wert des Parameters $t \in \mathbb{R}$ sind g_t und h bzw. g_t und h_t parallel?

a) $g_t:\ \vec{x}=\begin{pmatrix}1\\1\\1\end{pmatrix}+s\cdot\begin{pmatrix}0\\2\\2t\end{pmatrix}$ $\qquad h:\ \vec{x}=\begin{pmatrix}4\\1\\7\end{pmatrix}+r\cdot\begin{pmatrix}0\\4\\4\end{pmatrix}$

b) $g_t:\ \vec{x}=\begin{pmatrix}2\\1\\3\end{pmatrix}+s\cdot\begin{pmatrix}0,5t\\t\\4\end{pmatrix}$ $\qquad h:\ \vec{x}=\begin{pmatrix}3\\4\\5\end{pmatrix}+r\cdot\begin{pmatrix}1\\2\\-2\end{pmatrix}$

c) $g_t:\ \vec{x}=\begin{pmatrix}0\\0\\1\end{pmatrix}+r\cdot\begin{pmatrix}t\\2t\\-3\end{pmatrix}$ $\qquad h_t:\ \vec{x}=\begin{pmatrix}0\\1\\0\end{pmatrix}+s\cdot\begin{pmatrix}3\\6\\-t\end{pmatrix}$

12.6 Winkel zwischen Geraden

Tipp: Machen Sie eine Skizze. Überlegen Sie, welche Vektoren der Geraden den Winkel einschließen.

Berechnen Sie den Winkel zwischen den beiden Geraden:

a) $g: \vec{x} = \begin{pmatrix} 2 \\ 1 \\ -1 \end{pmatrix} + s \cdot \begin{pmatrix} -1 \\ 3 \\ 5 \end{pmatrix}$ $\quad h: \vec{x} = \begin{pmatrix} 2 \\ 1 \\ -1 \end{pmatrix} + t \cdot \begin{pmatrix} 7 \\ -1 \\ 2 \end{pmatrix}$

b) $g: \vec{x} = \begin{pmatrix} 4 \\ 0 \\ 1 \end{pmatrix} + s \cdot \begin{pmatrix} 2 \\ -6 \\ 10 \end{pmatrix}$ $\quad h: \vec{x} = \begin{pmatrix} 4 \\ 0 \\ 1 \end{pmatrix} + t \cdot \begin{pmatrix} 2 \\ 3 \\ 5 \end{pmatrix}$

12.7 Allgemeines Verständnis von Geraden

Gegeben seien die Geraden g und h durch $g: \vec{x} = \vec{a} + s \cdot \vec{r}$ und $h: \vec{x} = \vec{b} + t \cdot \vec{v}$.

a) Welche Beziehungen müssen zwischen den genannten Vektoren gelten, damit:

   I) g (echt) parallel zu h ist

   II) $g = h$

   III) g senkrecht auf h steht

b) Wie bestimmt man den Winkel zwischen g und h, falls sich g und h schneiden?

c) Erläutern Sie eine Strategie, wie man die gegenseitige Lage zweier Geraden überprüfen kann.

13 Ebenen

Tipps ab Seite 98, Lösungen ab Seite 182

Um eine Ebene zu beschreiben, gibt es verschiedene Gleichungen: Ähnlich wie für die Gerade gibt es eine *Parametergleichung*, diese lautet:

$$E\colon \vec{x} = \vec{a} + r \cdot \vec{v_1} + s \cdot \vec{v_2}$$

Der Vektor $\vec{a}$ ist auch hier der Stützvektor, die Vektoren $\vec{v_1}$ und $\vec{v_2}$ sind die Spannvektoren, da sie die Ebene «aufspannen».

Bei der *Punkt-Normalenform* der Ebene wird die Ebene durch einen Stützpunkt und einen Normalenvektor beschrieben. Der Normalenvektor $\vec{n}$ steht immer senkrecht auf der Ebene. Die dazugehörige Gleichung ist

$$E\colon (\vec{x} - \vec{a}) \cdot \vec{n} = 0$$

Anschaulich gesprochen bedeutet die Gleichung, dass das Skalarprodukt zwischen dem Normalenvektor $\vec{n}$ und jedem Vektor in der Ebene immer Null sein muss.

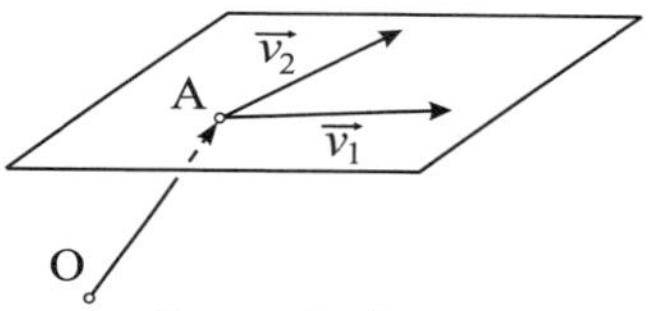

Parameterform

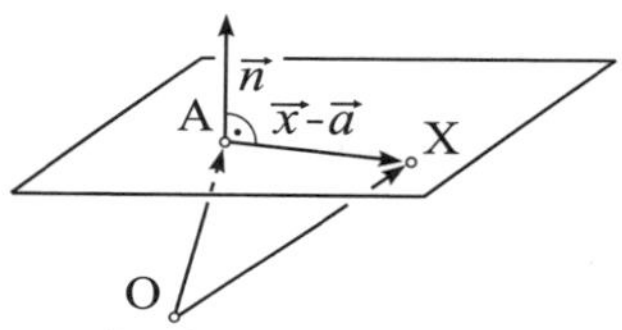

Punkt-Normalenform

Die *Koordinatenform* erhalten Sie durch Ausrechnen der Punkt-Normalenform. Sie lautet

$$E\colon n_1 \cdot x_1 + n_2 \cdot x_2 + n_3 \cdot x_3 = d$$

Dabei sind n_1, n_2 und n_3 die Komponenten des Normalenvektors $\vec{n}$.

Ist eine Ebene in Parameterform gegeben und suchen Sie die Koordinatenform, so stellen Sie zuerst die Punkt-Normalenform auf und rechnen diese anschließend aus. Dazu ist ein Normalenvektor gesucht, der senkrecht auf den beiden Spannvektoren $\vec{v_1}$ und $\vec{v_2}$ stehen muss. Diesen können Sie mit Hilfe des Skalarprodukts berechnen, indem Sie benutzen, dass $\vec{n} \cdot \vec{v_1} = 0$ und $\vec{n} \cdot \vec{v_2} = 0$ sein muss. Sie erhalten so ein Gleichungssystem aus zwei Gleichungen mit dessen Hilfe Sie den Vektor $\vec{n}$ bestimmen können. Ein weiterer Weg führt über das Vektorprodukt (Kreuzprodukt), siehe nächste Seite.

Tipp: Wenn man einen Vektor $\vec{n}$ sucht, der senkrecht auf zwei gegebenen Vektoren $\vec{a}$ und $\vec{b}$ steht, geschieht dies einfach und schnell mit dem **Vektorprodukt**:

$$\vec{n} = \left(\vec{a} \times \vec{b}\right) = \begin{pmatrix} a_2b_3 & - & a_3b_2 \\ a_3b_1 & - & a_1b_3 \\ a_1b_2 & - & a_2b_1 \end{pmatrix}$$

Die Merkhilfe dazu:

1. Beide Vektoren werden je zweimal untereinander geschrieben, dann werden die erste und die letzte Zeile gestrichen.
2. Anschließend wird «über Kreuz» multipliziert. Dabei erhalten die abwärts gerichteten Pfeile ein positives und die aufwärts gerichteten Pfeile ein negatives Vorzeichen.
3. Die einzelnen Komponenten werden subtrahiert – fertig!

$$\begin{array}{cc} \cancel{a_1} & \cancel{b_1} \\ a_2 & b_2 \\ a_3 & b_3 \\ a_1 & b_1 \\ a_2 & b_2 \\ \cancel{a_3} & \cancel{b_3} \end{array} \Rightarrow \begin{array}{cc} a_2 & b_2 \\ a_3 & b_3 \\ a_1 & b_1 \\ a_2 & b_2 \end{array} \Rightarrow \begin{pmatrix} a_2b_3 - a_3b_2 \\ a_3b_1 - a_1b_3 \\ a_1b_2 - a_2b_1 \end{pmatrix}$$

Anmerkung: Der Betrag des senkrecht stehenden Vektors entspricht genau der Flächenmaßzahl des Parallelogramms, das von den beiden Vektoren aufgespannt wird.

Beispiel: Sind $\vec{a} = \begin{pmatrix} 1 \\ 3 \\ 2 \end{pmatrix}$ und $\vec{b} = \begin{pmatrix} -1 \\ 4 \\ 0 \end{pmatrix}$, ergibt sich für den gesuchten Vektor:

$$\begin{array}{cc} \cancel{1} & \cancel{-1} \\ 3 & 4 \\ 2 & 0 \\ 1 & -1 \\ 3 & 4 \\ \cancel{2} & \cancel{0} \end{array} \Rightarrow \begin{array}{cc} 3 & 4 \\ 2 & 0 \\ 1 & -1 \\ 3 & 4 \end{array} \Rightarrow \begin{pmatrix} 3 \cdot 0 - 2 \cdot 4 \\ 2 \cdot (-1) - 1 \cdot 0 \\ 1 \cdot 4 - 3 \cdot (-1) \end{pmatrix} = \begin{pmatrix} -8 \\ -2 \\ 7 \end{pmatrix}$$

13.1 Parameterform der Ebenengleichung

Im Folgenden sind jeweils drei Punkte bzw. eine Gerade und ein Punkt gegeben, die eine Ebene festlegen. Geben Sie zu diesen Ebenen jeweils eine Ebenengleichung in Parameterform an.

a) $A(1 \mid 4 \mid 3), B(2 \mid 7 \mid -3), C(3 \mid 5 \mid 1)$ b) $P(3 \mid 1 \mid 2), Q(4 \mid 7 \mid 3), R(4 \mid 0 \mid -1)$

c) $A(1 \mid 3 \mid 6)$, $g\colon \vec{x} = \begin{pmatrix} -1 \\ 2 \\ 4 \end{pmatrix} + t \cdot \begin{pmatrix} 3 \\ 6 \\ -1 \end{pmatrix}$ d) $B(0 \mid 1 \mid 2)$, $g\colon \vec{x} = \begin{pmatrix} 7 \\ 3 \\ 2 \end{pmatrix} + t \cdot \begin{pmatrix} 1 \\ 2 \\ 1 \end{pmatrix}$

13.2 Koordinatengleichung einer Ebene

Bestimmen Sie eine Koordinatengleichung der Ebene E. Es sind entweder drei Punkte, ein Punkt und eine Gerade oder zwei Geraden, die die Ebene aufspannen, gegeben.

a) $A(2 \mid 2 \mid 2), B(4 \mid 1 \mid 3), C(8 \mid 4 \mid 5)$ b) $P(1 \mid 3 \mid 5), Q(2 \mid 7 \mid 3), R(5 \mid 1 \mid 3)$

c) $A(4 \mid 1 \mid 2)$, $g: \vec{x} = \begin{pmatrix} 3 \\ 5 \\ 7 \end{pmatrix} + t \cdot \begin{pmatrix} 1 \\ 1 \\ 1 \end{pmatrix}$ d) $C(4 \mid 3 \mid 4)$, $g: \vec{x} = \begin{pmatrix} 7 \\ 2 \\ 3 \end{pmatrix} + t \cdot \begin{pmatrix} 1 \\ -3 \\ -3 \end{pmatrix}$

e) $g_1: \vec{x} = \begin{pmatrix} 1 \\ 2 \\ 3 \end{pmatrix} + t \cdot \begin{pmatrix} 1 \\ 3 \\ 4 \end{pmatrix}$ $g_2: \vec{x} = \begin{pmatrix} 1 \\ 2 \\ 3 \end{pmatrix} + s \cdot \begin{pmatrix} 2 \\ -1 \\ 3 \end{pmatrix}$

13.3 Bestimmen von Geraden und Ebenen in einer Pyramide

Gegeben ist die senkrechte Pyramide mit quadratischer Grundfläche wie in der nebenstehenden Abbildung dargestellt. Ihr Mittelpunkt ist $O(0 \mid 0 \mid 0)$.

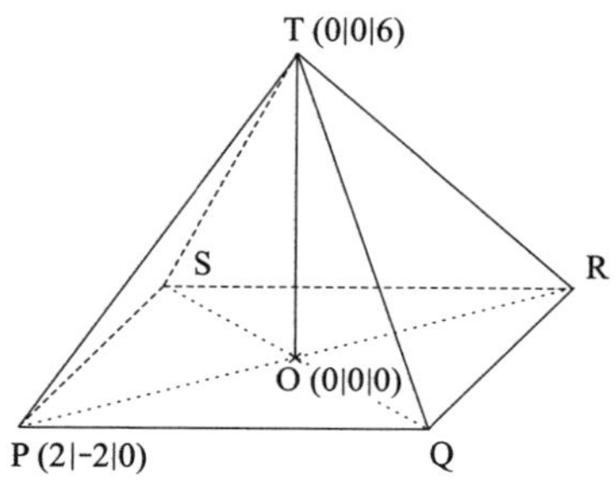

a) Geben Sie die Koordinaten der übrigen Punkte an.

b) Geben Sie eine Gleichung der Geraden durch die Kante PT an.

c) Bestimmen Sie eine Gleichung der Ebene E, in der die Seitenfläche QRT liegt.

14 Gegenseitige Lage von Geraden und Ebenen

Tipps ab Seite 99, Lösungen ab Seite 185

Eine Gerade und eine Ebene können auf drei verschiedene Weisen zueinander liegen: Die Gerade kann die Ebene schneiden, sie kann parallel zu ihr liegen und sie kann in der Ebene liegen. Liegt die Ebene in der Parameterform vor, werden Geraden- und Ebenengleichung gleichgesetzt. Liegt sie in der Punkt-Normalenform oder der Koordinatenform vor, schreiben Sie die Gerade als «allgemeinen Punkt» um und setzten diesen in die Ebenengleichung ein.

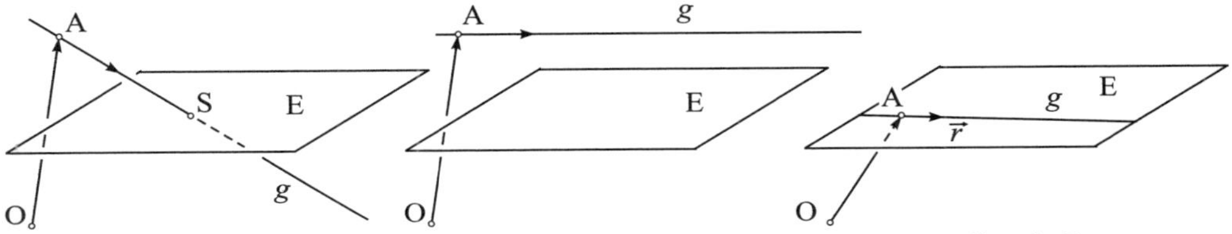

g schneidet E — *g* ist parallel zu E — *g* liegt in E

14.1 Gegenseitige Lage

Bestimmen Sie die gegenseitige Lage der Gerade und der Ebene:

a) $g: \vec{x} = \begin{pmatrix} 4 \\ 1 \\ 3 \end{pmatrix} + t \cdot \begin{pmatrix} 2 \\ -1 \\ 1 \end{pmatrix}$ $\quad$ E: $\vec{x} = \begin{pmatrix} 1 \\ -2 \\ -2 \end{pmatrix} + r \cdot \begin{pmatrix} 3 \\ 6 \\ -3 \end{pmatrix} + s \cdot \begin{pmatrix} 8 \\ -4 \\ 4 \end{pmatrix}$

b) $g: \vec{x} = \begin{pmatrix} 3 \\ 4 \\ 7 \end{pmatrix} + t \cdot \begin{pmatrix} 1 \\ 0 \\ 1 \end{pmatrix}$ $\quad$ E: $\vec{x} = \begin{pmatrix} 4 \\ 6 \\ 8 \end{pmatrix} + r \cdot \begin{pmatrix} 3 \\ 8 \\ 9 \end{pmatrix} + s \cdot \begin{pmatrix} 10 \\ 5 \\ 4 \end{pmatrix}$

c) $g: \vec{x} = \begin{pmatrix} 4 \\ 6 \\ 2 \end{pmatrix} + t \cdot \begin{pmatrix} 1 \\ 2 \\ 3 \end{pmatrix}$ $\quad$ E: $2x_1 + 4x_2 + 6x_3 + 12 = 0$

14.2 Gerade und Ebene parallel

Bestimmen Sie t so, dass $g_t \parallel$ E bzw. $g_t \parallel \mathrm{E}_t$ ist:

a) $g_t: \vec{x} = \begin{pmatrix} 1 \\ 4 \\ -2 \end{pmatrix} + s \cdot \begin{pmatrix} 2 \\ 1 \\ t \end{pmatrix}$ $\quad$ E: $x_1 + 2x_2 + 4x_3 = 2$

b) $g_t: \vec{x} = \begin{pmatrix} 2 \\ 1 \\ 2 \end{pmatrix} + s \cdot \begin{pmatrix} 1 \\ t \\ 2 \end{pmatrix}$ $\quad$ $\mathrm{E}_t: tx_1 + 2x_2 - x_3 = 7$

15 Gegenseitige Lage zweier Ebenen

Tipps ab Seite 100, Lösungen ab Seite 187

Zwei Ebenen können auf drei verschiedene Arten zueinander liegen: Die beiden Ebenen können sich schneiden, sie können identisch sein oder parallel zueinander liegen. Wenn sich die beiden Ebenen schneiden, entsteht eine Schnittgerade s.

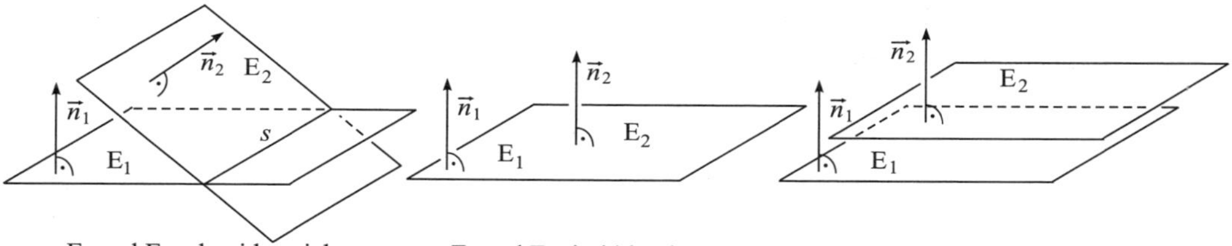

E_1 und E_2 schneiden sich — E_1 und E_2 sind identisch — E_1 und E_2 sind parallel

Liegen die Ebenen in Koordinatenform vor, so läßt sich die Aufgabe relativ einfach dadurch lösen, dass Sie die beiden Gleichungen als Gleichungssystem mit drei Unbekannten auffassen. Sie lösen dieses Gleichungssystem und können die Lösung als Geradengleichung schreiben, indem der Parameter der Lösung zum Geradenparameter wird. Liegen die Ebenen in Parametergleichung vor, setzen Sie diese gleich und benutzen das Gaußverfahren um nach einem Parameter aufzulösen. Sie erhalten so einen Ausdruck in Abhängigkeit vom anderen Parameter, setzen diesen in die Ebenengleichung ein und erhalten so die Gleichung der Schnittgerade.

Aufgaben:

Bestimmen Sie eine Gleichung der Schnittgerade der beiden Ebenen:

a) $E_1\colon \vec{x} = \begin{pmatrix} -4 \\ 1 \\ 6 \end{pmatrix} + r \cdot \begin{pmatrix} 5 \\ -3 \\ -2 \end{pmatrix} + s \cdot \begin{pmatrix} 2 \\ 2 \\ -1 \end{pmatrix}$, $E_2\colon \vec{x} = \begin{pmatrix} 4 \\ 5 \\ -3 \end{pmatrix} + t \cdot \begin{pmatrix} 0 \\ -2 \\ 1 \end{pmatrix} + u \cdot \begin{pmatrix} -3 \\ 1 \\ 3 \end{pmatrix}$

b) $E_1 : \vec{x} = \begin{pmatrix} 4 \\ 5 \\ 7 \end{pmatrix} + r \cdot \begin{pmatrix} 1 \\ 1 \\ 2 \end{pmatrix} + s \cdot \begin{pmatrix} 2 \\ 3 \\ 6 \end{pmatrix}$, $E_2 : \vec{x} = \begin{pmatrix} 3 \\ 2 \\ 11 \end{pmatrix} + t \cdot \begin{pmatrix} 1 \\ -1 \\ 2 \end{pmatrix} + u \cdot \begin{pmatrix} 2 \\ -5 \\ 8 \end{pmatrix}$

c) $E_1 :\ x_1 - x_2 + 2x_3 = 7$
$E_2 :\ 6x_1 + x_2 - x_3 + 7 = 0$

d) $E_1 :\ x_1 + 5x_3 = 8$
$E_2 :\ x_1 + x_2 + x_3 = 1$

e) $E_1 : \vec{x} = \begin{pmatrix} 5 \\ 6 \\ -4 \end{pmatrix} + r \cdot \begin{pmatrix} 0 \\ -4 \\ 7 \end{pmatrix} + s \cdot \begin{pmatrix} 2 \\ -3 \\ 4 \end{pmatrix}$, $E_2 :\ 2x_1 - x_2 + x_3 = 0$

16 Schwerpunkt Wirtschaftliche Anwendungen

Tipps ab Seite 101, Lösungen ab Seite 190

Viele Sachverhalte aus der Wirtschaftslehre lassen sich Matrizen und Vektoren beschreiben. Entsprechend lassen sich die sich ergebenden Aufgaben mit diesen mathematischen Hilfsmitteln lösen.

16.1 Rechnen mit Matrizen

a) Gegeben sind $A = \begin{pmatrix} 2 & 1 \\ 3 & 2 \end{pmatrix}$, $B = \begin{pmatrix} 4 & 0 \\ 1 & 3 \end{pmatrix}$, $\vec{x} = \begin{pmatrix} 3 \\ 1 \end{pmatrix}$ und $\vec{y} = \begin{pmatrix} 4 \\ -1 \end{pmatrix}$.

Berechnen Sie:

I) $A + B$ II) $3 \cdot A$ III) $(-2) \cdot B$ IV) $\vec{x} \cdot \vec{y}$

V) $A \cdot \vec{x}$ VI) $B \cdot \vec{y}$ VII) $A \cdot B$ VIII) $B \cdot A$

b) Gegeben sind:

$$A = \begin{pmatrix} 3 & 2 & -1 \\ 1 & 0 & 1 \\ 2 & 1 & 2 \end{pmatrix}, B = \begin{pmatrix} 4 & 1 & 0 \\ 2 & -1 & 1 \\ 3 & 0 & -2 \end{pmatrix}, \vec{x} = \begin{pmatrix} 1 \\ 4 \\ -2 \end{pmatrix} \text{ und } \vec{y} = \begin{pmatrix} 0 \\ -2 \\ 1 \end{pmatrix}.$$

Berechnen Sie:

I) $\vec{x} \cdot \vec{y}$ II) $A \cdot \vec{x}$ III) $B \cdot \vec{y}$ IV) $A \cdot B$

V) $B \cdot A$

c) Berechnen Sie: I) $\begin{pmatrix} 2 & 4 \\ 9 & 0 \\ 3 & -1 \end{pmatrix} \cdot \begin{pmatrix} 1 \\ 3 \end{pmatrix}$ II) $\begin{pmatrix} 2 & 1 \\ 4 & 2 \\ 1 & 5 \end{pmatrix} \cdot \begin{pmatrix} 4 & 2 & 1 \\ 1 & 3 & 2 \end{pmatrix}$

16.2 Inverse Matrizen

a) Zeigen Sie, dass die Matrizen A und B zueinander invers sind.

I) $A = \begin{pmatrix} 1 & -3 \\ 1 & -4 \end{pmatrix}$, $B = \begin{pmatrix} 4 & -3 \\ 1 & -1 \end{pmatrix}$

II) $A = \begin{pmatrix} -1 & 2 & 0 \\ 0 & -1 & 1 \\ 1 & 1 & 1 \end{pmatrix}$, $B = \begin{pmatrix} -\frac{1}{2} & -\frac{1}{2} & \frac{1}{2} \\ \frac{1}{4} & -\frac{1}{4} & \frac{1}{4} \\ \frac{1}{4} & \frac{3}{4} & \frac{1}{4} \end{pmatrix}$

b) Bestimmen Sie die Matrix B so, dass sie zur Matrix $A = \begin{pmatrix} 3 & 1 \\ -2 & -1 \end{pmatrix}$ invers ist.

c) Bestimmen Sie die inverse Matrix A^{-1} von $A = \begin{pmatrix} 1 & 4 \\ 2 & 6 \end{pmatrix}$ mit Hilfe des Gauß-Verfahrens.

d) Bestimmen Sie die inverse Matrix A^{-1} von $A = \begin{pmatrix} 1 & 1 & 1 \\ 2 & 4 & 1 \\ 1 & 5 & 0 \end{pmatrix}$ mit Hilfe des Gauß-Verfahrens.

e) Bestimmen Sie die inverse Matrix A^{-1} von $A = \begin{pmatrix} 1 & 4 & -2 \\ 2 & 2 & -1 \\ -1 & -2 & 2 \end{pmatrix}$ mit Hilfe des Gauß-Verfahrens.

f) Zeigen Sie, dass die Matrix $A = \begin{pmatrix} 1 & -1 & 3 \\ 2 & 1 & 2 \\ 4 & -1 & 8 \end{pmatrix}$ keine Inverse besitzt.

16.3 Prozesssmatrizen

a) Eine Firma benötigt für die Produktion von zwei verschiedenen Küchengeräten K_1 und K_2 unterschiedliche Schrauben S_1, S_2 und S_3.
Der jeweilige Bedarf ist durch folgende Tabelle gegeben:

	K_1	K_2
S_1	5	3
S_2	7	8
S_3	9	1

I) Zeichnen Sie ein Diagramm des Produktionsprozesses.

II) Bestimmen Sie die Matrix des Produktionsprozesses.

III) Es sollen 1000 Geräte K_1 und 1500 Geräte K_2 hergestellt werden. Wieviele Schrauben werden dafür jeweils benötigt?

b) Eine Großschreinerei stellt drei verschiedene Modelle eines Schranks her. Für Modell A werden 4 Schubladen, 2 Türen und 8 Einlegeböden benötigt, für Modell B 6 Schubladen, 2 Türen und 12 Einlegeböden und für Modell C 6 Schubladen, 3 Türen und 14 Einlegeböden.

I) Stellen Sie die Abhängigkeiten in einer Tabelle und einem Diagramm dar.

II) Geben Sie die Verflechtungsmatrix an und berechnen Sie den Bedarf an Schubladen, Türen und Einlegeböden bei der Produktion von 10 Schränken des Modells A, 8 Schränken des Modells B und 5 Schränken des Modells C.

c) Eine Getreidemühle stellt aus vier Zutaten Z_1, Z_2, Z_3 und Z_4 drei Sorten Müsli M_1, M_2 und M_3 her. Der jeweilige Bedarf ist durch folgende Tabelle gegeben:

Müslisorte (1 kg)	Zutaten (in kg)			
	Z_1	Z_2	Z_3	Z_4
M_1	0,6	0,2	0,1	0,1
M_2	0,7	0,2	0,05	0,05
M_3	0,5	0,1	0,2	0,2

I) Bestimmen Sie die Matrix des Produktionsprozesses.

II) Welche Menge an Zutaten wird jeweils benötigt, wenn 200 kg Müsli M_1, 400 kg Müsli M_2 und 600 kg Müsli M_3 hergestellt werden?

16.4 Verkettete Prozesse

Eine Fabrik zur Lackherstellung mischt aus drei Grundstoffen G_1, G_2 und G_3 vier Zwischenprodukte Z_1, Z_2, Z_3 und Z_4 und stellt aus diesen die drei Lacksorten L_1, L_2 und L_3 her:

Lack (1 kg)	Bedarf (in kg)			
	Z_1	Z_2	Z_3	Z_4
L_1	0,4	0,3	0,3	
L_2		0,5	0,3	0,2
L_3			0,4	0,6

Zwischenprodukte (1 kg)	Bedarf (in kg)		
	G_1	G_2	G_3
Z_1	0,5	0,5	
Z_2	0,4	0,3	0,3
Z_3		0,6	0,4
Z_4		0,5	0,5

a) Zeichnen Sie ein Diagramm, das die Produktionsabhängigkeiten darstellt.

b) Bestimmen Sie die Matrizen für die einzelnen Prozesse sowie für den Gesamtprozess.

c) Welcher Bedarf an Grundstoffen ergibt sich bei der Herstellung von 100 kg L_1, 200 kg L_2 und 300 kg L_3?

17 Schwerpunkt Lineare Optimierung

Tipps ab Seite 105, Lösungen ab Seite 199

Die Lineare Optimierung ist eine Methode, um ein Minimum oder ein Maximum einer linearen Funktion unter einschränkenden Bedingungen zu bestimmen. In der Regel handelt es sich um eine Gewinnfunktion, die maximiert werden soll oder eine Kostenfunktion, die minimiert werden soll. Vor der eigentlichen Rechnung müssen dabei die Bedingungen festgelegt werden, die eine Auswirkung auf das Ergebnis haben. Die einzelnen Schritte für die Vorgehensweise finden Sie bei den Tipps für den jeweilige Aufgabenteil ab Seite *105*.

Es gibt zum einen die grafische Lösungsmethode und zum anderen das sog. *Simplex-Verfahren*, das bei komplexeren Aufgaben mit mehreren Variablen angewendet werden kann.

Lösungsmengen von linearen Ungleichungen

Beschreiben Sie, wo die Punkte der Lösungsmengen der folgenden linearen Ungleichungen liegen und zeichnen Sie diese in ein Koordinatensystem ein:

a) $y \leqslant -x+3$

b) $y \leqslant -\frac{1}{2}x+2$ und $x \geqslant 0$ und $y \geqslant 0$

c) $y \leqslant -\frac{4}{3}x+4$ und $x \geqslant 0$ und $y \geqslant 0$ und $y \leqslant 3$

Aufgabe I

Eine Gärtnerei möchte auf einer Fläche von $4000\,\text{m}^2$ Blumen und Stauden züchten. Aufgrund der Lage können auf dieser Fläche höchstens $3500\,\text{m}^2$ mit Blumen bzw. $2500\,\text{m}^2$ mit Stauden bepflanzt werden. Bei Blumen beträgt der jährliche Arbeitsaufwand 10 Tage pro $1000\,\text{m}^2$, bei Stauden 20 Tage pro $1000\,\text{m}^2$. Insgesamt stehen der Gärtnerei höchstens 50 Tage zur Bearbeitung der Fläche zur Verfügung. Der Gewinn pro m^2 Blumen beträgt 12 Euro, pro m^2 Stauden 8 Euro. Wie viele m^2 Blumen und Stauden müssen gepflanzt werden, damit der Gewinn der Gärtnerei maximal wird? Berechnen Sie den maximalen Gewinn.

Aufgabe II

Die Firma Busch setzt in zwei Abteilungen Akkuschrauber und Bohrmaschinen aus Einzelteilen in zwei Produktionsschritten zusammen. In der ersten Abteilung wird für die Bearbeitung eines Akkuschraubers $1{,}2$ Minuten und einer Bohrmaschine $3{,}6$ Minuten, in der zweiten Abteilung wird für die Bearbeitung eines Akkuschraubers $1{,}8$ Minuten und einer Bohrmaschine $1{,}2$ Minuten benötigt. Die erste Abteilung arbeitet im Dreischichtbetrieb 24 Stunden pro Tag, die zweite Abteilung im Zweischichtbetrieb 12 Stunden pro Tag. Die Marketing-Abteilung hat festgelegt, dass momentan pro Tag höchstens 350 Akkuschrauber und höchstens 300 Bohrmaschinen hergestellt werden. Ein Akkuschrauber erzielt einen Umsatz von 80 Euro, eine Bohrmaschine 60 Euro. Pro Tag können insgesamt höchstens 500 Geräte ausgeliefert werden.

Mit welchen Produktionsmengen macht die Firma den größtmöglichen Umsatz pro Tag? Berechnen Sie den maximalen Umsatz pro Tag.

Aufgabe III

In der Firma Schmidt werden Holzrohlinge für aufwändige Schnitzfiguren und Rahmen hergestellt. Dazu sind drei Arbeitsschritte auf drei Maschinen nötig. In der folgenden Tabelle sind die Bearbeitungszeiten (in Minuten) und die Verkaufspreise der Rohlinge (in Euro) aufgeführt:

	Hobeln	Fräsen 1	Fräsen 2	Verkaufspreis
Figur	3	3	9	300
Rahmen	6	3	3	200

In der nächsten Planungswoche gibt es bei der Hobelmaschine noch 1200 Minuten Bearbeitungskapazität, beim Fräsen 1 gibt es noch 720 Minuten und beim Fräsen 2 noch 1440 Minuten freie Kapazität.

a) Bestimmen Sie grafisch das Maximum des Erlöses.
Welche Stückzahlen werden dann gefertigt?

b) Der verantwortliche Meister äußert sich gegenüber dem Eigentümer mit den Worten: «Die Kapazitäten unserer Maschinen sind nicht voll ausgeschöpft!». Hat er Recht?

Lineare Algebra TG

18 Rechnen mit Vektoren

Tipps ab Seite 106, Lösungen ab Seite 205

In diesem Kapitel geht es darum, die Grundkenntnisse des Rechnens mit Vektoren zu wiederholen. Dazu gehören die Addition und Subtraktion von Vektoren. Neben diesen Rechenoperationen ist es wichtig, das Skalarprodukt zu kennen und zu wissen, dass es genau dann gleich Null ist, wenn zwei Vektoren senkrecht aufeinander stehen. Rechenregeln für das Rechnen mit Vektoren finden Sie bei den Tipps auf Seite *96*. Wenn nicht anders angegeben gilt für alle Parameter: $r, s, t, \ldots \in \mathbb{R}$.

18.1 Addition und Subtraktion von Vektoren

Gegeben sind die Vektoren $\vec{a} = \begin{pmatrix} -1 \\ 2 \\ 4 \end{pmatrix}$ und $\vec{b} = \begin{pmatrix} 3 \\ 1 \\ 2 \end{pmatrix}$. Berechnen Sie:

a) $\vec{a}+\vec{b}$ b) $\vec{a}-\vec{b}$ c) $2\cdot\vec{a}$ d) $-\vec{a}$ e) $2\vec{a}+3\vec{b}$

f) $\vec{a}\cdot\vec{b}$ g) $|\vec{a}|$ h) $|\vec{b}|$ i) $|\vec{a}+\vec{b}|$

18.2 Orthogonalität von Vektoren

Prüfen Sie, ob folgende Vektoren senkrecht (orthogonal) aufeinander stehen.

a) $\vec{a} = \begin{pmatrix} -1 \\ 0 \\ 1 \end{pmatrix}$, $\vec{b} = \begin{pmatrix} 2 \\ 2 \\ 0 \end{pmatrix}$ b) $\vec{r} = \begin{pmatrix} 5 \\ -1 \\ 3 \end{pmatrix}$, $\vec{n} = \begin{pmatrix} 2 \\ 1 \\ -3 \end{pmatrix}$

c) $\vec{z} = \begin{pmatrix} 2 \\ -2 \\ 4 \end{pmatrix}$, $\vec{w} = \begin{pmatrix} 1 \\ 3 \\ 1 \end{pmatrix}$

18.3 Auffinden von orthogonalen Vektoren

Geben Sie drei verschiedene Vektoren an, die zu $\vec{n} = \begin{pmatrix} 1 \\ 2 \\ -3 \end{pmatrix}$ orthogonal sind.

18.4 Orts- und Verbindungsvektoren

Gegeben sind die Punkte $A\,(2\mid 3\mid 2)$, $B\,(7\mid 4\mid 3)$ und $C\,(1\mid 5\mid -2)$.

a) Bestimmen Sie die Ortsvektoren $\vec{a}$, $\vec{b}$, und $\vec{c}$.

b) Bestimmen Sie die Verbindungsvektoren $\overrightarrow{AB}$, $\overrightarrow{AC}$ und $\overrightarrow{BC}$.

c) Ist jeder Verbindungsvektor ein Ortsvektor? Begründen Sie Ihre Antwort.

18.5 Verschiedene Aufgaben

Tipp: Fertigen Sie eine Skizze an und stellen Sie Vektorketten auf.

a) Prüfen Sie, ob das Dreieck ABC gleichschenklig ist:

I) $A(3 \mid 7 \mid 2)$, $B(-1 \mid 5 \mid 1)$, $C(2 \mid 3 \mid 0)$

II) $A(-5 \mid 2 \mid -1)$, $B(0 \mid 5 \mid -3)$, $C(-1 \mid 6 \mid -3)$

b) Prüfen Sie, ob das Dreieck ABC rechtwinklig ist:
$A(5 \mid 1 \mid 0)$, $B(1 \mid 5 \mid 2)$, $C(-1 \mid 1 \mid 6)$

c) I) Bestimmen Sie den Mittelpunkt M von $A(4 \mid 1 \mid 3)$ und $B(-2 \mid 5 \mid -5)$.

II) Bestimmen Sie die Koordinaten des Punktes P so, dass $B(4 \mid 2 \mid 5)$ der Mittelpunkt von $A(3 \mid -1 \mid -4)$ und P ist.

d) Bestimmen Sie jeweils den Schwerpunkt des Dreiecks:

I) $A(4 \mid 1 \mid 2)$, $B(5 \mid 3 \mid 0)$, $C(0 \mid 2 \mid 1)$

II) $P(-3 \mid 2 \mid 4)$, $Q(5 \mid 1 \mid 2)$, $R(-5 \mid 3 \mid 6)$

e) Gegeben sind die Punkte $A(4 \mid 2 \mid 3)$, $B(1 \mid 8 \mid 5)$ und $C(-2 \mid 1 \mid -3)$.

I) Bestimmen Sie den Punkt D so, dass das Viereck ABCD ein Parallelogramm ist.

II) Bestimmen Sie den Punkt D^* so, dass das Viereck ABD^*C ein Parallelogramm ist.

III) Bestimmen Sie den Punkt D' so, dass das Viereck $AD'BC$ ein Parallelogramm ist.

f) Von einem Spat (Körper mit jeweils 4 parallelen Kanten) sind die Punkte $A(3 \mid 1 \mid 4)$, $B(-2 \mid 1 \mid -3)$, $C(5 \mid -2 \mid 3)$ und $F(9 \mid 2 \mid 6)$ gegeben.

I) Bestimmen Sie die Koordinaten der übrigen Punkte des Spats.

II) Berechnen Sie die Länge der Raumdiagonalen AG.

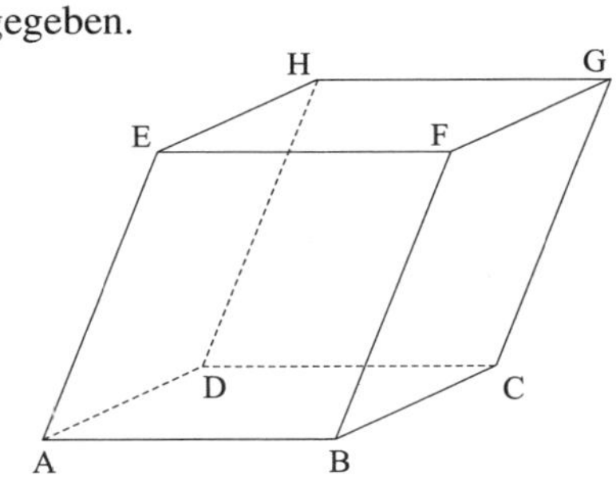

g) Ein schiefes Dreiecksprisma ist gegeben durch die Punkte $A(4 \mid 1 \mid -3)$, $B(5 \mid -2 \mid -1)$, $C(-1 \mid 3 \mid -2)$ und $D(7 \mid 4 \mid 2)$.
Bestimmen Sie die Koordinaten der Punkte E und F sowie die Länge der Kante EF.

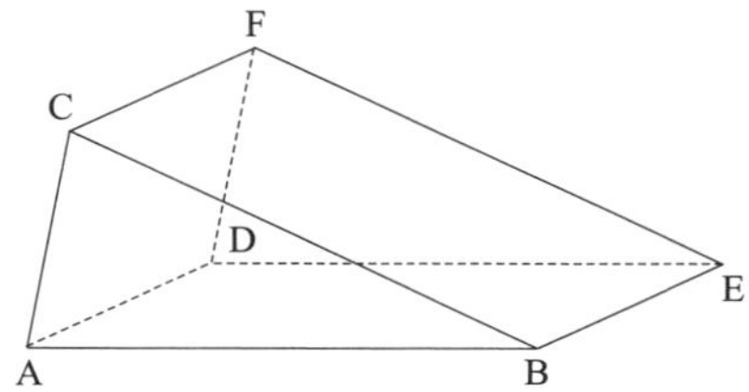

18.6 Lineare Abhängigkeit / Unabhängigkeit

Wenn zwei Vektoren $\vec{a}$ und $\vec{b}$ linear abhängig sind, bedeutet das, dass sie ein Vielfaches voneinander sind: $\vec{a} = k \cdot \vec{b}$ mit $k \in \mathbb{R}$, es muss also immer einen Faktor geben, mit dem man einen der beiden Vektoren multiplizieren kann, so dass sich der andere ergibt.

Prüfen Sie, ob die beiden Vektoren linear abhängig oder unabhängig sind:

a) $\vec{a} = \begin{pmatrix} 2 \\ 1 \\ -3 \end{pmatrix}, \vec{b} = \begin{pmatrix} -4 \\ -2 \\ 6 \end{pmatrix}$

b) $\vec{a} = \begin{pmatrix} 2 \\ 0 \\ 3 \end{pmatrix}, \vec{b} = \begin{pmatrix} -2 \\ 1 \\ -3 \end{pmatrix}$

c) $\vec{a} = \begin{pmatrix} 6 \\ 3 \\ -9 \end{pmatrix}, \vec{b} = \begin{pmatrix} 2 \\ 1 \\ -3 \end{pmatrix}$

d) $\vec{a} = \begin{pmatrix} 4 \\ -2 \\ 3 \end{pmatrix}, \vec{b} = \begin{pmatrix} 5 \\ 1 \\ 9 \end{pmatrix}$

19 Geraden

Tipps ab Seite 107, Lösungen ab Seite 211

Die Parameterform der Geradengleichung in der vektoriellen Geometrie lautet

$$g:\ \vec{x} = \vec{a} + t \cdot \overrightarrow{r_g} \text{ mit } t \in \mathbb{R}$$

Dabei wird der Vektor $\vec{a}$ als Stützvektor bezeichnet, weil er die Gerade «stützt», der Vektor $\overrightarrow{r_g}$ ist der Richtungsvektor der Geraden, da er die Richtung der Geraden angibt. t ist der Parameter.

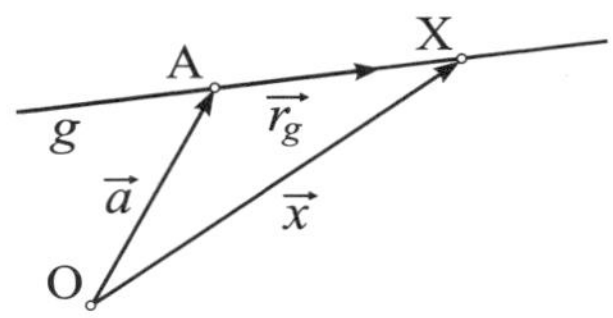

19.1 Aufstellen von Geradengleichungen

Stellen Sie die Gleichung der Gerade auf, die durch die beiden Punkte geht:

a) A(1 | 0 | 2), B(3 | 1 | 3) b) C(2 | 1 | −4), D(4 | 0 | 1) c) E(1 | 1 | 0), F(0 | 0 | 1)

19.2 Punktprobe

Liegen die gegebenen Punkte A, B, C auf der Geraden $g:\ \vec{x} = \begin{pmatrix} 1 \\ 3 \\ -2 \end{pmatrix} + r \cdot \begin{pmatrix} 1 \\ 4 \\ 2 \end{pmatrix}$?

a) A(2 | 7 | 0) b) B(3 | 11 | 3) c) C(−2 | −9 | −8)

19.3 Parallele Geraden

Zeigen Sie, dass folgende Geraden jeweils parallel zueinander sind:

$$g:\ \vec{x} = \begin{pmatrix} 2 \\ 1 \\ -3 \end{pmatrix} + r \cdot \begin{pmatrix} 2 \\ -1 \\ -3 \end{pmatrix} \qquad h:\ \vec{x} = \begin{pmatrix} 4 \\ 0 \\ 7 \end{pmatrix} + s \cdot \begin{pmatrix} 4 \\ -2 \\ -6 \end{pmatrix}$$

$$i:\ \vec{x} = \begin{pmatrix} 3 \\ -2 \\ 9 \end{pmatrix} + t \cdot \begin{pmatrix} -6 \\ 3 \\ 9 \end{pmatrix}$$

19.4 Gegenseitige Lage von Geraden

Zwei Geraden können auf vier verschiedene Weise zueinander liegen: Sie können parallel liegen, identisch sein, sich schneiden oder windschief sein. Die genauen Rechenwege zur Bestimmung der gegenseitigen Lage sind in den Tipps auf Seite 98 beschrieben.

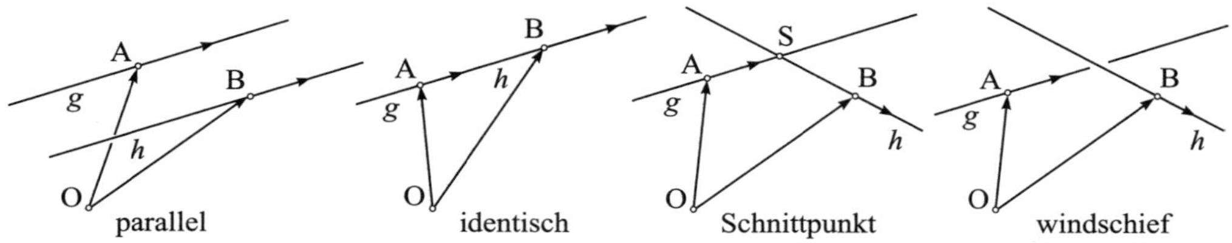

Bestimmen Sie die gegenseitige Lage der beiden gegebenen Geraden:

a) $g_1: \vec{x} = \begin{pmatrix} 4 \\ 2 \\ 5 \end{pmatrix} + t \cdot \begin{pmatrix} 1 \\ 1 \\ 2 \end{pmatrix}$ $\quad g_2: \vec{x} = \begin{pmatrix} 0 \\ 0 \\ 0 \end{pmatrix} + r \cdot \begin{pmatrix} 2 \\ 0 \\ 1 \end{pmatrix}$

b) $g_1: \vec{x} = \begin{pmatrix} 2 \\ 0 \\ 0 \end{pmatrix} + r \cdot \begin{pmatrix} 1 \\ 1 \\ 1 \end{pmatrix}$ $\quad g_2: \vec{x} = \begin{pmatrix} 3 \\ 2 \\ 3 \end{pmatrix} + t \cdot \begin{pmatrix} 3 \\ 4 \\ 5 \end{pmatrix}$

c) $g: \vec{x} = \begin{pmatrix} 1 \\ -3 \\ 5 \end{pmatrix} + s \cdot \begin{pmatrix} 2 \\ 1 \\ -3 \end{pmatrix}$ $\quad h: \vec{x} = \begin{pmatrix} 5 \\ 1 \\ -3 \end{pmatrix} + t \cdot \begin{pmatrix} 4 \\ -5 \\ -1 \end{pmatrix}$

d) $g: \vec{x} = \begin{pmatrix} 1 \\ 2 \\ 1 \end{pmatrix} + t \cdot \begin{pmatrix} 2 \\ 0 \\ 1 \end{pmatrix}$ $\quad h: \vec{x} = \begin{pmatrix} 2 \\ 3 \\ 4 \end{pmatrix} + r \cdot \begin{pmatrix} 0 \\ 1 \\ -1 \end{pmatrix}$

e) $g: \vec{x} = \begin{pmatrix} 4 \\ 0 \\ 1 \end{pmatrix} + s \cdot \begin{pmatrix} 2 \\ -1 \\ 3 \end{pmatrix}$ $\quad h: \vec{x} = \begin{pmatrix} 6 \\ -1 \\ 4 \end{pmatrix} + t \cdot \begin{pmatrix} -2 \\ 1 \\ -3 \end{pmatrix}$

f) $g: \vec{x} = \begin{pmatrix} 1 \\ 2 \\ 3 \end{pmatrix} + r \cdot \begin{pmatrix} 1 \\ -1 \\ 2 \end{pmatrix}$ $\quad h: \vec{x} = \begin{pmatrix} -1 \\ 4 \\ -1 \end{pmatrix} + s \cdot \begin{pmatrix} -3 \\ 3 \\ -6 \end{pmatrix}$

g) $g: \vec{x} = \begin{pmatrix} 1 \\ 4 \\ -2 \end{pmatrix} + t \cdot \begin{pmatrix} -2 \\ -1 \\ 3 \end{pmatrix}$ $\quad h: \vec{x} = \begin{pmatrix} -1 \\ 3 \\ -1 \end{pmatrix} + r \cdot \begin{pmatrix} 4 \\ 2 \\ -6 \end{pmatrix}$

h) $g: \vec{x} = \begin{pmatrix} 0 \\ 1 \\ 4 \end{pmatrix} + s \cdot \begin{pmatrix} 4 \\ 6 \\ -8 \end{pmatrix}$ $\quad h: \vec{x} = \begin{pmatrix} 4 \\ 8 \\ -4 \end{pmatrix} + t \cdot \begin{pmatrix} 2 \\ 3 \\ -4 \end{pmatrix}$

19.5 Parallele Geraden mit Parameter

Für welchen Wert des Parameters $t \in \mathbb{R}$ sind g_t und h bzw. g_t und h_t parallel?

a) $g_t: \vec{x} = \begin{pmatrix} 1 \\ 1 \\ 1 \end{pmatrix} + s \cdot \begin{pmatrix} 0 \\ 2 \\ 2t \end{pmatrix}$ $\qquad h: \vec{x} = \begin{pmatrix} 4 \\ 1 \\ 7 \end{pmatrix} + r \cdot \begin{pmatrix} 0 \\ 4 \\ 4 \end{pmatrix}$

b) $g_t: \vec{x} = \begin{pmatrix} 2 \\ 1 \\ 3 \end{pmatrix} + s \cdot \begin{pmatrix} 0{,}5t \\ t \\ 4 \end{pmatrix}$ $\qquad h: \vec{x} = \begin{pmatrix} 3 \\ 4 \\ 5 \end{pmatrix} + r \cdot \begin{pmatrix} 1 \\ 2 \\ -2 \end{pmatrix}$

c) $g_t: \vec{x} = \begin{pmatrix} 0 \\ 0 \\ 1 \end{pmatrix} + r \cdot \begin{pmatrix} t \\ 2t \\ -3 \end{pmatrix}$ $\qquad h_t: \vec{x} = \begin{pmatrix} 0 \\ 1 \\ 0 \end{pmatrix} + s \cdot \begin{pmatrix} 3 \\ 6 \\ -t \end{pmatrix}$

19.6 Winkel zwischen Geraden

Tipp: Machen Sie eine Skizze. Überlegen Sie, welche Vektoren der Geraden den Winkel einschließen.

Berechnen Sie den Winkel zwischen den beiden Geraden:

a) $g: \vec{x} = \begin{pmatrix} 2 \\ 1 \\ -1 \end{pmatrix} + s \cdot \begin{pmatrix} -1 \\ 3 \\ 5 \end{pmatrix}$ $\qquad h: \vec{x} = \begin{pmatrix} 2 \\ 1 \\ -1 \end{pmatrix} + t \cdot \begin{pmatrix} 7 \\ -1 \\ 2 \end{pmatrix}$

b) $g: \vec{x} = \begin{pmatrix} 4 \\ 0 \\ 1 \end{pmatrix} + s \cdot \begin{pmatrix} 2 \\ -6 \\ 10 \end{pmatrix}$ $\qquad h: \vec{x} = \begin{pmatrix} 4 \\ 0 \\ 1 \end{pmatrix} + t \cdot \begin{pmatrix} 2 \\ 3 \\ 5 \end{pmatrix}$

19.7 Allgemeines Verständnis von Geraden

Gegeben seien die Geraden g und h durch $g: \vec{x} = \vec{a} + s \cdot \vec{r}$ und $h: \vec{x} = \vec{b} + t \cdot \vec{v}$.

a) Welche Beziehungen müssen zwischen den genannten Vektoren gelten, damit:
   I) g (echt) parallel zu h ist
   II) $g = h$
   III) g senkrecht auf h steht

b) Wie bestimmt man den Winkel zwischen g und h, falls sich g und h schneiden?

c) Erläutern Sie eine Strategie, wie man die gegenseitige Lage zweier Geraden überprüfen kann.

20 Ebenen

Tipps ab Seite 108, Lösungen ab Seite 218

Um eine Ebene zu beschreiben, benutzt man meist die *Parametergleichung*, die der Geradengleichung ähnlich ist. Diese lautet:

$$E\colon \vec{x} = \vec{a} + r \cdot \vec{v_1} + s \cdot \vec{v_2}$$

Der Vektor $\vec{a}$ ist auch hier der Stützvektor, die Vektoren $\vec{v_1}$ und $\vec{v_2}$ sind die Spannvektoren, da sie die Ebene «aufspannen».

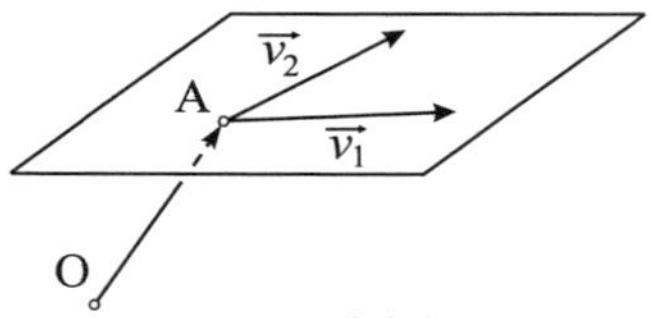

Parametergleichung

20.1 Parameterform der Ebenengleichung

Im Folgenden sind jeweils drei Punkte bzw. eine Gerade und ein Punkt gegeben, die eine Ebene festlegen. Geben Sie zu diesen Ebenen jeweils eine Ebenengleichung in Parameterform an.

a) $A(1 \mid 4 \mid 3), B(2 \mid 7 \mid -3), C(3 \mid 5 \mid 1)$

b) $P(3 \mid 1 \mid 2), Q(4 \mid 7 \mid 3), R(4 \mid 0 \mid -1)$

c) $A(1 \mid 3 \mid 6),\ g\colon \vec{x} = \begin{pmatrix} -1 \\ 2 \\ 4 \end{pmatrix} + t \cdot \begin{pmatrix} 3 \\ 6 \\ -1 \end{pmatrix}$

d) $B(0 \mid 1 \mid 2),\ g\colon \vec{x} = \begin{pmatrix} 7 \\ 3 \\ 2 \end{pmatrix} + t \cdot \begin{pmatrix} 1 \\ 2 \\ 1 \end{pmatrix}$

20.2 Bestimmen von Geraden und Ebenen in einer Pyramide

Gegeben ist die senkrechte Pyramide mit quadratischer Grundfläche wie in der nebenstehenden Abbildung dargestellt. Ihr Mittelpunkt ist $O(0 \mid 0 \mid 0)$.

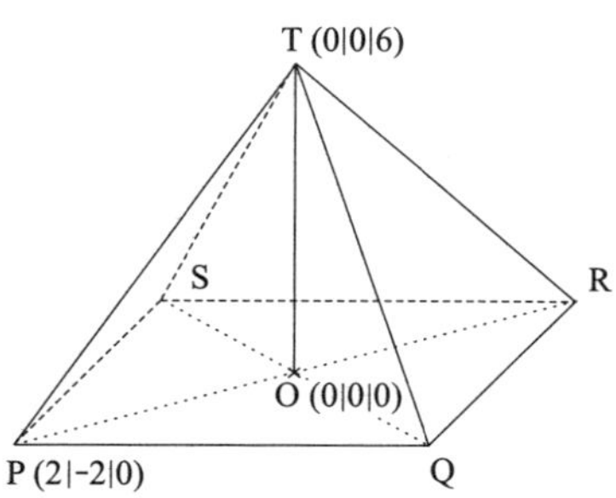

a) Geben Sie die Koordinaten der übrigen Punkte an.

b) Geben Sie eine Gleichung der Geraden durch die Kante PT an.

c) Bestimmen Sie eine Gleichung der Ebene E, in der die Seitenfläche QRT liegt.

21 Gegenseitige Lage von Geraden und Ebenen

Tipps ab Seite 109, Lösungen ab Seite 220

Eine Gerade und eine Ebene können auf drei verschiedene Weisen zueinander liegen: Die Gerade kann die Ebene schneiden, sie kann parallel zu ihr liegen und sie kann in der Ebene liegen. Liegt die Ebene in der Parameterform vor, werden Geraden- und Ebenengleichung gleichgesetzt.

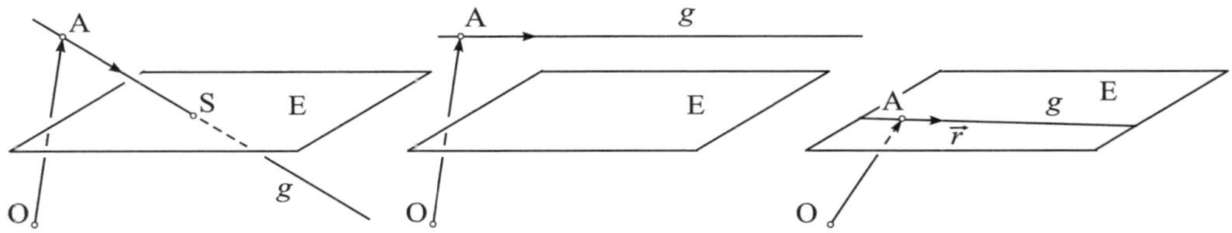

g schneidet E — *g* ist parallel zu E — *g* liegt in E

Bestimmen Sie die gegenseitige Lage der Gerade und der Ebene:

a) $g: \vec{x} = \begin{pmatrix} 4 \\ 1 \\ 3 \end{pmatrix} + t \cdot \begin{pmatrix} 2 \\ -1 \\ 1 \end{pmatrix}$ E: $\vec{x} = \begin{pmatrix} 1 \\ -2 \\ -2 \end{pmatrix} + r \cdot \begin{pmatrix} 3 \\ 6 \\ -3 \end{pmatrix} + s \cdot \begin{pmatrix} 8 \\ -4 \\ 4 \end{pmatrix}$

b) $g: \vec{x} = \begin{pmatrix} 3 \\ 4 \\ 7 \end{pmatrix} + t \cdot \begin{pmatrix} 1 \\ 0 \\ 1 \end{pmatrix}$ E: $\vec{x} = \begin{pmatrix} 4 \\ 6 \\ 8 \end{pmatrix} + r \cdot \begin{pmatrix} 3 \\ 8 \\ 9 \end{pmatrix} + s \cdot \begin{pmatrix} 10 \\ 5 \\ 4 \end{pmatrix}$

c) $g: \vec{x} = \begin{pmatrix} 3 \\ -1 \\ 4 \end{pmatrix} + t \cdot \begin{pmatrix} 3 \\ -2 \\ 5 \end{pmatrix}$ E: $\vec{x} = \begin{pmatrix} 2 \\ 1 \\ 3 \end{pmatrix} + r \cdot \begin{pmatrix} 1 \\ -2 \\ 1 \end{pmatrix} + s \cdot \begin{pmatrix} 2 \\ 0 \\ 4 \end{pmatrix}$

22 Gegenseitige Lage zweier Ebenen

Tipps ab Seite 109, Lösungen ab Seite 221

Zwei Ebenen können auf drei verschiedene Arten zueinander liegen: Die beiden Ebenen können sich schneiden, sie können identisch sein oder parallel zueinander liegen. Wenn sich die beiden Ebenen schneiden, entsteht eine Schnittgerade s.

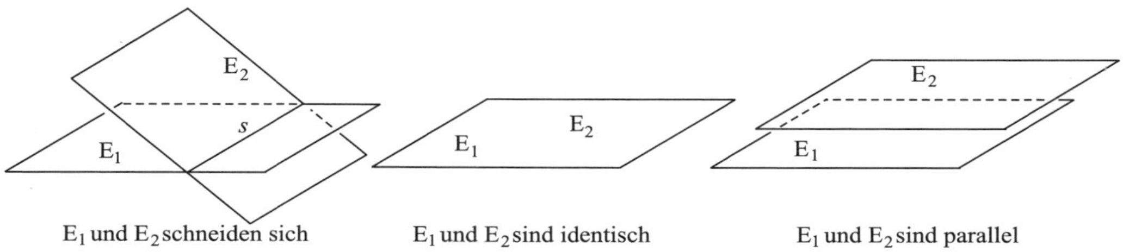

Liegen die Ebenen in Parametergleichung vor, setzen Sie diese gleich und benutzen das Gaußverfahren um nach einem Parameter aufzulösen. Sie erhalten so einen Ausdruck in Abhängigkeit vom anderen Parameter, setzen diesen in die Ebenengleichung ein und erhalten so die Gleichung der Schnittgerade.

Schnitt von zwei Ebenen

Bestimmen Sie eine Gleichung der Schnittgerade der beiden Ebenen:

a) $E_1\colon \vec{x} = \begin{pmatrix} -4 \\ 1 \\ 6 \end{pmatrix} + r \cdot \begin{pmatrix} 5 \\ -3 \\ -2 \end{pmatrix} + s \cdot \begin{pmatrix} 2 \\ 2 \\ -1 \end{pmatrix}$, $E_2\colon \vec{x} = \begin{pmatrix} 4 \\ 5 \\ -3 \end{pmatrix} + t \cdot \begin{pmatrix} 0 \\ -2 \\ 1 \end{pmatrix} + u \cdot \begin{pmatrix} -3 \\ 1 \\ 3 \end{pmatrix}$

b) $E_1\colon \vec{x} = \begin{pmatrix} 4 \\ 5 \\ 7 \end{pmatrix} + r \cdot \begin{pmatrix} 1 \\ 1 \\ 2 \end{pmatrix} + s \cdot \begin{pmatrix} 2 \\ 3 \\ 6 \end{pmatrix}$, $E_2\colon \vec{x} = \begin{pmatrix} 3 \\ 2 \\ 11 \end{pmatrix} + t \cdot \begin{pmatrix} 1 \\ -1 \\ 2 \end{pmatrix} + u \cdot \begin{pmatrix} 2 \\ -5 \\ 8 \end{pmatrix}$

c) $E_1\colon \vec{x} = \begin{pmatrix} 1 \\ 3 \\ 4 \end{pmatrix} + r \cdot \begin{pmatrix} -2 \\ 5 \\ 11 \end{pmatrix} + s \cdot \begin{pmatrix} -3 \\ 2 \\ 0 \end{pmatrix}$, $E_2\colon \vec{x} = \begin{pmatrix} 3 \\ 6 \\ 3 \end{pmatrix} + t \cdot \begin{pmatrix} 1 \\ 2 \\ 8 \end{pmatrix} + u \cdot \begin{pmatrix} 2 \\ 1 \\ 7 \end{pmatrix}$

d) $E_1\colon \vec{x} = \begin{pmatrix} 1 \\ 4 \\ 3 \end{pmatrix} + r \cdot \begin{pmatrix} 2 \\ 4 \\ 5 \end{pmatrix} + s \cdot \begin{pmatrix} 1 \\ -1 \\ 1 \end{pmatrix}$, $E_2\colon \vec{x} = \begin{pmatrix} 2 \\ 3 \\ 4 \end{pmatrix} + t \cdot \begin{pmatrix} 2 \\ 0 \\ 3 \end{pmatrix} + u \cdot \begin{pmatrix} 1 \\ -7 \\ -2 \end{pmatrix}$

Stochastik

23 Grundlegende Begriffe

Tipps ab Seite 110, Lösungen ab Seite 224

In diesem Kapitel geht es um grundlegende Definitionen und Begriffe der Stochastik und um deren einfache Anwendung. Als *Ergebnismenge* oder *Ergebnisraum* bezeichnet man die Menge aller möglichen Ausgänge (Ergebnisse) eines *Zufallsexperiments*. Man verwendet zur Notation den griechischen Buchstaben Ω. Für das einmalige Werfen eines Würfels kann die Ergebnismenge sein:

$$\Omega = \{1; 2; 3; 4; 5; 6\} \quad \text{oder auch} \quad \Omega = \{\text{k gerade; k ungerade} \mid 1 \leqslant k \leqslant 6\}$$

Eine beliebige Teilmenge der Ergebnismenge wird gewöhnlich als *Ereignis* bezeichnet. Man verwendet meist große Druckbuchstaben zur Notation. Ereignisse beim einmaligen Werfen eines Würfels können sein:

$$A = \{3\} \quad \text{oder} \quad B = \{4; 5; 6\}$$

Beim Ereignis $A = \{3\}$ handelt es sich um ein sogenanntes *Elementarereignis*.
Das Ereignis $A = \{\Omega\} = \{1; 2; 3; 4; 5; 6\}$ heißt *sicheres Ereignis* (da es auf jeden Fall eintritt), das Ereignis $A = \emptyset$ wird als *unmögliches Ereignis* bezeichnet (da es niemals eintritt).
Das Gegenereignis zu einem Ereignis A wird mit $\overline{A}$ notiert und es gilt:

$$P\left(\overline{A}\right) = 1 - P(A)$$

Zum Beispiel kann man beim einmaligen Würfeln eines Würfels die Wahrscheinlichkeit des Ereignisses B, dass eine Zahl größer als «1» geworfen wird, berechnen als:

$$P(B) = 1 - P(\{1\}) = 1 - \frac{1}{6} = \frac{5}{6}$$

Tritt bei insgesamt n Beobachtungen eines Zufallsexperiments ein Ereignis gerade k-mal auf, $0 \leqslant k \leqslant n$, so entspricht der Wert k der *absoluten Häufigkeit* des Ereignisses.
Aussagekräftiger ist jedoch meist die *relative Häufigkeit* n, bei der die Dimension des Stichprobenumfangs (d.h. die Anzahl der Beobachtungen n) berücksichtigt wird. Man teilt zur Berechnung der relativen Häufigkeit eines Ereignisses die absolute Häufigkeit des Ereignisses, k, durch die Gesamtzahl der Beobachtungen, n. Der Wert der relativen Häufigkeit liegt folglich immer zwischen Null und Eins: $0 \leqslant h_n = \frac{k}{n} \leqslant 1$
Die *Wahrscheinlichkeit eines Ereignisses* entspricht dem Grenzwert seiner relativen Häufigkeit bei (theoretisch) unendlich vielen Wiederholungen des Zufallsexperiments:

$$p = \lim_{n \to \infty} h_n$$

Bei einem *Laplace-Versuch* treten alle möglichen Elementarereignisse mit der gleichen Wahrscheinlichkeit ein. Beispiele für Laplace-Versuche sind das Werfen einer fairen Münze (die Wahrscheinlichkeit für «Kopf» bzw. «Zahl» beträgt jeweils $\frac{1}{2}$) oder das Würfeln mit einem fairen Würfel (die Wahrscheinlichkeit für das Ereignis «1» bzw. «2» bzw. ... «6» beträgt jeweils $\frac{1}{6}$).
Laplace-Wahrscheinlichkeiten sind besonders einfach zu berechnen. Bei einer Ergebnismenge der Mächtigkeit n hat dann jedes Elementarereignis gerade die Wahrscheinlichkeit $p = \frac{1}{n}$. Ist A ein Ereignis der Mächtigkeit m, so gilt für die Wahrscheinlichkeit von A:

$$P(A) = \frac{|A|}{|\Omega|} = \frac{m}{n}$$

Merkregel: «Anzahl der günstigen Fälle durch Anzahl aller möglichen Fälle»
Beispiel: Sind in einer Urne 14 rote Kugeln und 6 blaue Kugeln, so ergibt sich die Wahrscheinlichkeit, bei einmaligem Ziehen eine rote Kugel zu ziehen, als $p = \frac{14}{20} = \frac{7}{10} = 0,7$.

23.1 Zufallsexperimente und Ereignisse

a) Geben Sie jeweils eine sinnvolle Ergebnismenge Ω für die folgenden Zufallsexperimente an:

I) Eine Münze wird dreimal geworfen (benutzen Sie w für Wappen und z für Zahl).

II) Ein Würfel wird zu Beginn des Mensch-ärgere-dich-nicht-Spiels geworfen. Dabei kommt es nur darauf an, eine Sechs zu würfeln.

III) Für eine Meinungsumfrage unter Jugendlichen (14 bis 18 Jahre einschließlich) werden in einer Fußgängerzone Passanten zunächst nach ihrem Alter gefragt.

b) Ein Würfel wird einmal geworfen. Geben Sie folgende Ereignisse jeweils als Menge an:
A: Die Augenzahl ist gerade.
B: Die Augenzahl ist kleiner als 3.
C: Die Augenzahl ist eine Primzahl.
D: Die Augenzahl ist eine ganze Zahl. Wie nennt man dieses Ereignis?
E: Die Augenzahl ist durch 7 teilbar. Wie nennt man dieses Ereignis?

c) Eine Münze wird dreimal geworfen.

I) Beschreiben Sie die folgenden Ereignisse in Worten:
$A = \{www; zzz\}$ $B = \{www; wwz; wzw; zww\}$
$C = \{zzz; zzw; zwz; zww\}$

II) Geben Sie für A, B und C jeweils das Gegenereignis $\overline{A}$, $\overline{B}$ und $\overline{C}$ als Menge und in Worten an.

23.2 Absolute und relative Häufigkeit

Tipp: Zur Berechnung der relativen Häufigkeit teilt man die absolute Häufigkeit durch die Gesamtzahl der durchgeführten Experimente. Das Ergebnis kann als Bruch oder als Dezimalzahl angegeben werden.

a) Bestimmen Sie die absolute und die relative Häufigkeit, mit der jeweils die Ziffern 1, 2 und 3 in der folgenden Zeile vorkommen:
11321 31122 12221 33111

b) Bestimmen Sie die relative Häufigkeit, mit der die Noten 1 bis 6 bei einer Klassenarbeit mit folgendem Notenspiegel aufgetreten sind:

Note	1	2	3	4	5	6
Anzahl	3	5	10	8	3	1

c) Welche Werte kann die relative Häufigkeit eines Ergebnisses bei einem Zufallsexperiment annehmen?
Was ergibt sich, wenn man die relativen Häufigkeiten aller möglichen Ergebnisse addiert?

23.3 Wahrscheinlichkeit bei Laplace-Versuchen

Tipp: Ein Laplace-Versuch ist ein Zufallsversuch mit gleichwahrscheinlichen Ergebnissen.

a) Wie lässt sich die Wahrscheinlichkeit eines Ergebnisses durch eine empirische Untersuchung bestimmen?

b) In einer Urne befinden sich 20 Kugeln mit den Zahlen 1 bis 20. Es wird eine Kugel gezogen. Wie groß ist die Wahrscheinlichkeit der folgenden Ereignisse?
A: Die gezogene Zahl ist durch 4 teilbar. B: Die gezogene Zahl ist größer als 13.
C: Die gezogene Zahl ist eine Quadratzahl.

c) Ein Würfel wird zweimal geworfen. Wie groß ist die Wahrscheinlichkeit der folgenden Ereignisse?
A: Es wird zweimal eine 6 geworfen. B: Die Summe der Augenzahlen ist 5.
C: Beide Augenzahlen sind gerade.

d) Anke, Britta, Christine und Doris wollen ein Tennis-Doppel spielen. Die Teams werden ausgelost, indem 4 Zettel mit den jeweiligen Namen gemischt werden und dann nacheinander 2 Zettel gezogen werden; diese beiden bilden ein Team. Wie groß ist die Wahrscheinlichkeit, dass Anke und Britta in einem Team spielen?

24 Berechnung von Wahrscheinlichkeiten

Tipps ab Seite 110, Lösungen ab Seite 226

In diesem Kapitel geht es darum, mithilfe bereits bekannter Wahrscheinlichkeiten von Ereignissen die Wahrscheinlichkeiten weiterer, oft «komplizierterer» Ereignisse zu bestimmen. Dabei werden folgende Operatoren verwendet:

$$A \cup B \text{ bedeutet: entweder A oder B oder A und B tritt ein}$$

$$A \cap B \text{ bedeutet: A und B treten ein}$$

Baumdiagramme sind insbesondere bei mehrstufigen Zufallsexperimenten hilfreich. Eine Verzweigung entspricht dabei den möglichen Versuchausgängen der jeweiligen Stufe; längs der «Äste» werden die zugehörigen Wahrscheinlichkeiten notiert. Ein Beispiel für ein Baumdiagramm, das sich auf das obere Beispiel bezieht, ist:

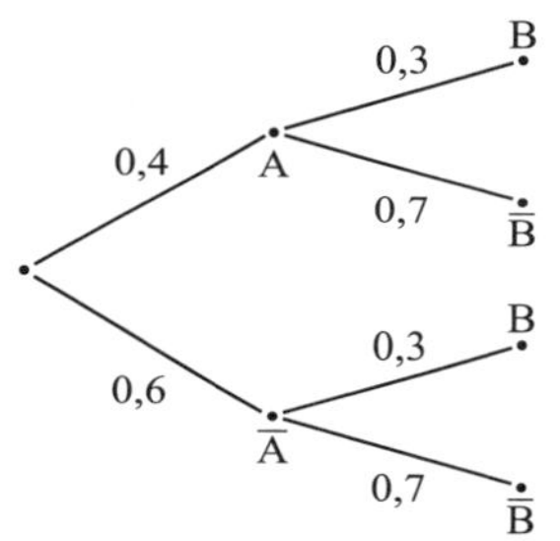

Wichtige Rechenregeln für Baumdiagramme sind die 1. *Pfadregel* und die 2. *Pfadregel*:

Die 1. Pfadregel (auch: Produktregel der Stochastik) besagt, dass man die Wahrscheinlichkeit längs eines Pfades berechnet, indem man die Wahrscheinlichkeiten der zugehörigen Äste miteinander multipliziert.

Mit der 2. Pfadregel (auch: Summenregel der Stochastik) kann man die Wahrscheinlichkeit eines Ereignisses berechnen, indem man die Wahrscheinlichkeiten aller zugehörigen Pfade addiert.

Ein Beispiel zum abgebildeten Baumdiagramm ist: $P(A \cap B) = 0,4 \cdot 0,3 = 0,12$

24.1 Baumdiagramme und Pfadregeln

a) In einer Urne befinden sich 2 grüne, 3 rote und 5 blaue Kugeln. Es werden nacheinander ohne Zurücklegen 2 Kugeln gezogen.

I) Stellen sie ein Baumdiagramm auf.

II) Bestimmen Sie die Wahrscheinlichkeiten der folgenden Ereignisse:
A: Es werden die beiden grünen Kugeln gezogen.
B: Es wird zuerst eine rote und dann eine blaue Kugel gezogen.
C: Es werden eine rote und eine grüne Kugel gezogen.
D: Es werden 2 gleichfarbige Kugeln gezogen.
E: Es wird keine blaue Kugel gezogen.

b) Ein ungewöhnlicher Würfel trägt auf einer Seite die Zahl 1, auf vier anderen Seiten die Zahl 2 und auf einer Seite die Zahl 3. Er wird zweimal nacheinander geworfen und das Ergebnis als zweistellige Zahl notiert.

I) Stellen Sie ein Baumdiagramm auf.

II) Bestimmen Sie die Wahrscheinlichkeiten der folgenden Ereignisse:

A: Das Ergebnis ist 12.
B: Das Ergebnis ist eine gerade Zahl.
C: Das Ergebnis ist kleiner als 20.
D: Die Quersumme des Ergebnisses ist 4.
E: Das Ergebnis ist eine Primzahl.

c) Ein Fertigungsteil durchläuft mehrmals dieselbe Kontrolle, da mit einer Wahrscheinlichkeit von 20 % ein Fehler übersehen wird.

I) Bestimmen Sie mit Hilfe eines Baumdiagramms die Wahrscheinlichkeit, dass ein vorhandener Fehler zweimal übersehen und beim 3. Mal erkannt wird.

II) Wie groß ist die Wahrscheinlichkeit, dass ein vorhandener Fehler spätestens beim 3. Mal erkannt wird?

d) Mit einem Glücksrad, das drei gleich große Sektoren mit den Zahlen 0, 1 und 2 besitzt, und einem Würfel wird folgendermaßen gespielt:
Zunächst wird das Glücksrad gedreht. Anschließend darf so oft gewürfelt werden, wie das Glücksrad anzeigt. Sobald man eine Sechs würfelt, hat man gewonnen.
Wie groß ist die Wahrscheinlichkeit, bei diesem Spiel zu gewinnen?

e) In einer Urne befinden sich 2 rote und 2 weiße Kugeln. Es werden so lange einzelne Kugeln ohne Zurücklegen herausgenommen, bis die beiden weißen Kugeln gezogen sind. Wie groß ist die Wahrscheinlichkeit, dass man dabei alle 4 Kugeln aus der Urne nehmen muss?

f) Berechnen Sie die Gewinnwahrscheinlichkeit bei folgendem Spiel: Ein Würfel wird so oft geworfen, bis die Summe der gewürfelten Augenzahlen 3 oder mehr beträgt.
Man gewinnt, wenn die Summe genau 3 beträgt.

24.2 Unabhängigkeit von zwei Ereignissen

Zwei Ereignisse A und B heißen *(stochastisch) unabhängig* genau dann, wenn der *spezielle Multiplikationssatz* gilt:

$$P(A \cap B) = P(A) \cdot P(B)$$

Die *bedingte Wahrscheinlichkeit* $P_B(A)$ ist die Wahrscheinlichkeit dafür, dass das Ereignis A eintritt, unter der Bedingung, dass B bereits eingetreten ist. Dafür gilt:

$$P_B(A) = \frac{P(A \cap B)}{P(B)}$$

Beispiel:
Geworfen werden ein roter und ein schwarzer Würfel, die jeweils mit den Zahlen 1 bis 6 beschriftet sind. Berechnet werden soll die Wahrscheinlichkeit dafür, dass der schwarze Würfel «6» ergibt

(Ereignis A), wenn die Gesamtaugenzahl «11» beträgt (Ereignis B); da der rote Würfel dann ja 5 anzeigen «muss» und die beiden Würfe unabhängig voneinander sind. Man erhält:

$$P(A \cap B) = P(\{5;6\}) = \frac{1}{6} \cdot \frac{1}{6} = \frac{1}{36}$$

Weiter ist:

$$P(B) = P(\{5;6\};\{6;5\}) = \frac{2}{36} = \frac{1}{18}$$

(da es nur diese beiden Möglichkeiten gibt, insgesamt auf «11» zu kommen). Somit folgt:

$$P_B(A) = \frac{P(A \cap B)}{P(B)} = \frac{\frac{1}{36}}{\frac{1}{18}} = \frac{18}{36} = \frac{1}{2}$$

Die gesuchte bedingte Wahrscheinlichkeit beträgt hier also gerade 0,5.
Im allgemeinen – wenn der spezielle Multiplikationssatz nicht gilt – berechnet man die Wahrscheinlichkeit, dass die Ereignisse A und B beide eintreten, mit Hilfe der bedingten Wahrscheinlichkeit:

$$P(A \cap B) = P(B) \cdot P_B(A)$$

Beispiel:
Die Wahrscheinlichkeit, an einer gewissen Infektion zu erkranken, ist für Männer und Frauen unterschiedlich (die Merkmale «Geschlecht» und «Infektion positiv/negativ» sind also *nicht* unabhängig). Die Wahrscheinlichkeit, eine infizierte Person anzutreffen, liegt bei $2\,\%$. Trifft man auf eine infizierte Person, so beträgt die Wahrscheinlichkeit, dass es sich dabei um einen Mann handelt, etwa $53\,\%$. Bezeichne A die Merkmalsausprägung «Mann», und bezeichne «B» die Merkmalsausprägung «Infektion positiv». Es ist damit $P(B) = 0{,}02$ und $P_B(A) = 0{,}53$.
Die Wahrscheinlichkeit, eine infizierte männliche Person zu treffen, beträgt demnach etwas mehr als $1\,\%$:

$$P(A \cap B) = P(B) \cdot P_B(A) = 0{,}02 \cdot 0{,}53 = 0{,}0106 = 1{,}06\,\%$$

Aufgabe:

Ein Fragebogen enthält die Zeilen

männlich	☐	weiblich	☐
Raucher	☐	Nichtraucher	☐

Von 200 befragten Personen waren 90 männlich (m), 80 waren Raucher (R). Es gab 36 männliche Raucher. Ist auf Grund der Umfrage zu schließen, dass Geschlecht und Rauchverhalten der befragten Personen unabhängig voneinander sind?

25 Kombinatorische Zählprobleme

Tipps ab Seite 111, Lösungen ab Seite 229

Bei mehrstufigen Zählproblemen werden die Baumdiagramme oft sehr unübersichtlich, so dass es einfacher ist, kombinatorische Methoden anzuwenden. Man unterscheidet *geordnete Stichproben* (sogenannte Variationen) von *ungeordneten Stichproben* (sogenannte Kombinationen); beide Stichprobenarten können *mit oder ohne Zurücklegen* durchgeführt werden.
Es ist hilfreich, die im Folgenden genannten Formeln zur Berechnung der «günstigen Fälle» auswendig zu können, da man dann mithilfe der Idee «Anzahl der günstigen Fälle geteilt durch die Anzahl aller möglichen Fälle» oft schnell die gesuchte Wahrscheinlichkeit angeben kann (unter der Voraussetzung, dass Laplace-Bedingungen vorliegen).

Geordnete Stichproben mit Zurücklegen

Bei geordneten Stichproben (der Größe k) mit Zurücklegen gilt für die Anzahl der möglichen Ausfälle (bei einem Grundraum der Größe n): n^k

Beispiel:

Bei 5-maligem Ziehen mit Zurücklegen aus einer Urne mit 20 verschiedenen Kugeln gibt es insgesamt $20^5 = 3\,200\,000$ verschiedene Variationen.

Geordnete Stichproben ohne Zurücklegen

Bei geordneten Stichproben (der Größe k) ohne Zurücklegen gilt für die Anzahl der möglichen Ausfälle (bei einem Grundraum der Größe n):

$$n \cdot (n-1) \cdot (n-2) \cdot \ldots \cdot (n-k+1) = \frac{n \cdot (n-1) \cdot \ldots \cdot 1}{(n-k) \cdot (n-k-1) \cdot \ldots \cdot 1} = \frac{n!}{(n-k)!}$$

Dabei steht n! (sprich: *n-Fakultät*) für $n \cdot (n-1) \cdot (n-2) \cdot \ldots \cdot 1$, bzw. $1 \cdot 2 \cdot 3 \cdot \ldots \cdot (n-1) \cdot n$

Beispiel:

bei 5-maligem Ziehen ohne Zurücklegen aus einer Urne mit 20 verschiedenen Kugeln gibt es insgesamt $20 \cdot 19 \cdot \ldots \cdot 16 = 1\,860\,480$ verschiedene Variationen.

Ungeordnete Stichproben ohne Zurücklegen

Bei ungeordneten Stichproben (der Größe k) ohne Zurücklegen gilt für die Anzahl der möglichen Ausfälle (bei einem Grundraum der Größe n):

$$\binom{n}{k} = \frac{n!}{(n-k)! \cdot k!} = \frac{n \cdot (n-1) \cdot \ldots \cdot (n-k+1)}{k!}$$

Dabei ist $\binom{n}{k}$ ein sogenannter *Binomialkoeffizient.*

Beispiel: verschiedene Spielarten von Lotto, beispielsweise «3 aus 20»: Beim Ziehen von 3 Kugeln ohne Zurücklegen aus insgesamt 20 durchnummerierten Kugel gibt es

$$\binom{20}{3} = \frac{20 \cdot 19 \cdot 18}{3 \cdot 2 \cdot 1} = 1140$$

verschiedene Kombinationen.

25.1 Geordnete Stichproben mit Zurücklegen

a) Ein Kilometerzähler zeigt 4 Ziffern an. Wie groß ist die Wahrscheinlichkeit für folgende Ereignisse?
A: Alle Ziffern sind ungerade.
B: Es kommen nur die Ziffern 0 und 1 vor.
C: Die Zahl ist eine «Spiegelzahl», d.h. die erste und die letzte sowie die zweite und die dritte Ziffer sind gleich.

b) Zum Auffädeln einer Kette stehen rote, blaue und grüne Perlen zur Verfügung. Es werden 6 Perlen aufgefädelt.
Wie groß ist die Wahrscheinlichkeit für folgende Ereignisse, wenn die Farben zufällig gewählt werden?
A: Es kommt keine rote Perle vor.
B: Die ersten 3 Perlen sind grün.
C: Es kommen immer abwechselnd nur rote und grüne Perlen vor.

c) Aus schwarzen und weißen Mühlesteinen werden Türme gebaut, indem immer 8 Steine übereinander gestapelt werden. Wie groß ist die Wahrscheinlichkeit für folgende Ereignisse, wenn die Farbe jedesmal zufällig gewählt wird?
A: Alle Steine haben dieselbe Farbe.
B: Nur ein Stein ist weiß.
C: Der erste und der letzte Stein haben dieselbe Farbe.

25.2 Geordnete Stichproben ohne Zurücklegen

a) In einer Urne sind 6 rote und 4 weiße Kugeln. Es werden nacheinander 5 Kugeln ohne Zurücklegen gezogen.
Wie groß ist die Wahrscheinlichkeit der folgenden Ereignisse?
A: Man zieht nur rote Kugeln.
B: Man zieht zuerst alle weißen, dann eine rote Kugel.
C: Die erste Kugel ist weiß.
D: Man zieht abwechselnd weiße und rote Kugeln.

b) Auf einer Geburtstagsfeier werden unter 10 Mädchen ein 1., ein 2. und ein 3. Preis verlost. Wie groß ist die Wahrscheinlichkeit der folgenden Ereignisse?

A: Anja gewinnt den 1., Inge den 2. und Karin den 3. Preis.
B: Anja, Inge und Karin gewinnen je einen Preis.
C: Anja gewinnt keinen Preis.
D: Keines der drei Mädchen Anja, Inge und Karin gewinnt einen Preis.

c) Für eine Varietee-Veranstaltung stehen 5 Nummern zur Verfügung, darunter eine Jonglier-Nummer. Die Reihenfolge des Programms wird ausgelost.
Wie groß ist die Wahrscheinlichkeit folgender Ereignisse?
A: Die Jongliernummer steht an der 3. Stelle im Programm.
B: Die Jongliernummer steht nicht am Schluss.

25.3 Ungeordnete Stichproben ohne Zurücklegen

a) In einer Urne befinden sich 25 nummerierte Kugeln (Zahlen 1 bis 25). Es werden gleichzeitig 4 Kugeln aus der Urne gezogen.
Wie groß ist die Wahrscheinlichkeit für folgende Ereignisse?
A: Alle Zahlen sind durch 5 teilbar.
B: Alle Zahlen sind gerade.
C: Die Summe der vier Zahlen ist kleiner als 12.
D: Das Produkt der vier Zahlen ist 12.

b) In einer Urne sind 7 weiße, 5 schwarze und 3 rote Kugeln. Es werden 3 Kugeln gleichzeitig gezogen.
Wie groß ist die Wahrscheinlichkeit der folgenden Ereignisse?
A: Alle Kugeln sind weiß.
B: Alle Kugeln haben dieselbe Farbe.
C: Eine Kugel ist weiß, zwei sind schwarz.
D: Es ist keine rote Kugel dabei.
E: Von jeder Farbe ist eine Kugel dabei.
F: Es ist mindestens eine weiße Kugel dabei.

c) In einer Packung sind 10 Glühbirnen, davon sind zwei defekt.
Wie groß ist die Wahrscheinlichkeit für folgende Ereignisse, wenn drei Glühbirnen «blind» herausgegriffen werden?
A: Alle 3 Glühbirnen sind in Ordnung.
B: Genau eine Glühbirne ist defekt.
C: Genau 2 Glühbirnen sind defekt.

d) Wie groß ist die Wahrscheinlichkeit, beim Lotto 6 aus 49 mit einem Tipp genau 4 Richtige zu treffen?

26 Wahrscheinlichkeitsverteilung von Zufallsgrößen

Tipps ab Seite 112, Lösungen ab Seite 232

In diesem Kapitel geht es um *Zufallsvariablen*. Bei Zufallsvariablen handelt es sich nicht wirklich um Variablen, sondern um Funktionen. Eine Zufallsvariable ordnet den konkreten Beobachtungen eines Zufallsexperiments Werte zu.

Beispiel:

Bei der Ziehung von 4 Kugeln aus einer Urne mit 18 grünen und 2 gelben Kugeln kann man X definieren als Zufallsvariable für die Anzahl der gezogenen gelben Kugeln. Für den Versuchsausgang $\omega = \{\text{grün; gelb; gelb; gelb}\}$ gilt dann $X(\omega) = 3$, weil gelb drei Mal gezogen wurde. Eine weitere Zufallsvariable Y kann beispielsweise definiert werden für die Anzahl der gezogenen grünen Kugeln. Es ist dann $Y(\omega) = 1$.

Der *Erwartungswert* einer Zufallsvariablen wird häufig für die Gewinnerwartung eines Spiels oder für die Beurteilung der «Fairness» eines Spiels herangezogen. Anschaulich ergibt sich der Erwartungswert einer Zufallsvariable X bei genügend häufiger Wiederholung eines Zufallsexperiments als Mittelwert der Realisierungen von X.

Kann eine Zufallsvariable X bei jeder Durchführung des Zufallsexperiments k verschiedene Werte $x_1; x_2; \ldots x_k$ annehmen und sind die zugehörigen Wahrscheinlichkeiten gerade $p_1; p_2; \ldots p_k$ (mit $\sum_{j=1}^{k} p_j = 1$), so ergibt sich als Erwartungswert von X:

$$E[X] = \sum_{j=1}^{k} x_j \cdot p_j$$

Beispiel:

Bei einem Spiel mit einem fairen Würfel erhält der Spieler die von ihm erwürfelte Augenzahl in Euro ausgezahlt. Der zu erwartende Gewinn beträgt mit X als Zufallsvariable für die Höhe des Gewinns:

$$E[X] = \sum_{j=1}^{6} j \cdot \frac{1}{6} = \frac{1}{6} + \frac{2}{6} + \ldots + \frac{6}{6} = \frac{7}{2}$$

Ein Spieler hat also mit einem durchschnittlichen Gewinn von 3,50 Euro zu rechnen. Soll das Spiel fair sein, so müsste der Einsatz des Spielers ebenfalls 3,50 Euro betragen. Zahlt er einen höheren Einsatz, so begünstigt das Spiel die Bank; zahlt er einen geringeren Einsatz, so wird der Spieler begünstigt.

Die *Varianz* und *Standardabweichung* einer Zufallsvariablen sind Maße für die Streuung der Zufallsvariablen, das heißt, Maße für die mittlere quadratische Abweichung der Zufallsvariablen von ihrem Erwartungswert. Ist μ der Erwartungswert der Zufallsvariable X, so gilt für die zugehörige Varianz:

$$\text{Var}(X) = V(X) = E\left[(X-\mu)^2\right]$$

Die Quadratwurzel der Varianz wird als Standardabweichung bezeichnet. Es ist:

$$\sigma(X) = \sqrt{V(X)} \text{ bzw. } \sigma^2(X) = V(X) = E\left[(X-\mu)^2\right]$$

Beispiel:
Bei einem Glücksspiel zieht ein Spieler pro Runde eine von insgesamt 30 Kugeln aus einer Urne. 18 dieser Kugeln sind mit dem Wert -1 , die übrigen 12 sind mit dem Wert 2 beschriftet. Im ersten Fall muss der Spieler einen Euro an die Bank zahlen; im zweiten Fall bekommt er zwei Euro von der Bank ausbezahlt. Die Zufallsgröße X für den «Gewinn» des Spielers in einer gewissen Runde kann die Werte -1 und 2 annehmen. Es ist $P(X=-1)=\frac{18}{30}=\frac{3}{5}$ und $P(X=2)=\frac{12}{30}=\frac{2}{5}$.
Der Erwartungswert von X ist:

$$E[X]=-1\cdot\frac{3}{5}+2\cdot\frac{2}{5}=-\frac{1}{5}$$

Das Spiel ist also nicht fair; die Bank wird bevorzugt, da der Spieler durchschnittlich 0,2 Euro pro Spiel verliert.
Für die zugehörige Varianz ergibt sich:

$$\begin{aligned}V(X)&=E\left[\left(X-\left(-\frac{1}{5}\right)\right)^2\right]=E\left[\left(X+\frac{1}{5}\right)^2\right]\\&=\left(-1+\frac{1}{5}\right)^2\cdot\frac{3}{5}+\left(2+\frac{1}{5}\right)^2\cdot\frac{2}{5}\\&=\frac{16}{25}\cdot\frac{3}{5}+\frac{121}{25}\cdot\frac{2}{5}=\frac{290}{125}=\frac{58}{5}\end{aligned}$$

Die Varianz von X beträgt demnach $V(X)=11,6$. Als Standardabweichung von X erhält man damit direkt:

$$\sigma(X)=\sqrt{V(X)}=\sqrt{11,6}\approx 3,406$$

26.1 Erwartungswert

a) Aus einer Urne mit 2 weißen und 8 roten Kugeln werden nacheinander ohne Zurücklegen so lange einzelne Kugeln entnommen, bis die erste rote Kugel auftritt.
Wie oft muss man durchschnittlich ziehen?

b) Es wird folgendes Spiel vereinbart: Zwei Würfel werden gleichzeitig geworfen und ihre Augensumme betrachtet. Beträgt sie 2, werden 4 Euro ausgezahlt, beträgt sie 3 oder 4, wird 1 Euro ausgezahlt, in allen anderen Fällen erfolgt keine Auszahlung. Wie viel Geld wird durchschnittlich ausgezahlt?

c) In einer Schachtel sind sechs 50-Cent-Münzen, drei 1-Euro-Münzen und eine 2-Euro-Münze.

I) Es wird blindlings eine Münze entnommen. Mit wie viel Geld kann man durchschnittlich rechnen?

II) Es werden blindlings zwei Münzen entnommen. Wieviel Geld erhält man jetzt im Durchschnitt?

d) In einer Urne sind 6 schwarze und 4 weiße Kugeln. Es werden 3 Kugeln auf einmal entnommen. Für jede schwarze Kugel erhält man einen Punkt, für jede weiße zwei Punkte. Wieviele Punkte erhält man durchschnittlich?

26.2 Varianz und Standardabweichung

a) I) In einer Urne sind 10 Kugeln: 1 weiße, 1 rote und 8 schwarze. Es wird eine Kugel gezogen. Bei «weiß» erhält man 4 Euro, bei «rot» 8 Euro und bei «schwarz» nichts. Bestimmen Sie den Erwartungswert, die Varianz und die Standardabweichung für den Gewinn.

II) In einer anderen Urne sind ebenfalls 10 Kugeln: 4 weiße, 4 rote und 2 schwarze. Es wird eine Kugel gezogen. Diesmal erhält man bei «weiß» 1 Euro, bei «rot» 2 Euro und bei «schwarz» wieder nichts.
Bestimmen Sie ebenfalls den Erwartungswert, die Varianz und die Standardabweichung für den Gewinn.

III) Vergleichen Sie die beiden Spiele in Bezug auf Erwartungswert und Standardabweichung und geben Sie eine anschauliche Erklärung. Welches Spiel würden Sie aus welchen Gründen bevorzugen?

b) In einer Klasse mit 30 Schülern wurden zwei Klassenarbeiten mit folgenden Ergebnissen geschrieben:

I)

Note	1	2	3	4	5	6
Anzahl	3	7	11	6	2	1

II)

Note	1	2	3	4	5	6
Anzahl	5	8	5	8	2	2

Bestimmen Sie jeweils den Notendurchschnitt und die Standardabweichung.

Tipps – Analysis

1 Von der Gleichung zur Kurve

1.1 Ganzrationale Funktionen

Den Schnittpunkt mit der y-Achse erhalten Sie durch Einsetzen von $x = 0$ in $f(x)$, die Schnittpunkte mit der x-Achse erhalten Sie durch Lösen der Gleichung $f(x) = 0$.
Zuerst wird gespiegelt und gestreckt, anschließend verschoben (Reihenfolge beachten!).

a) - c) Die Schaubilder sind Geraden. Hat eine Gerade die Gleichung $y = mx + b$, so ist b der y-Achsenabschnitt und m die Steigung der Geraden.

d) - i) Die Schaubilder sind Variationen der Schaubilder der beiden Grundfunktionen $f(x) = x^2$ (Parabel) oder $g(x) = x^3$ (kubische Parabel).

1.2 Trigonometrische Funktionen

Die Schaubilder sind Variationen der Grundfunktionen $f(x) = \sin x$ bzw. $g(x) = \cos x$.
Ist $f(x) = a \cdot \sin(b \cdot (x - c)) + d$ bzw. $g(x) = a \cdot \cos(b \cdot (x - c)) + d$, so gibt es folgende Verwandlungen:
a: Streckfaktor in y-Richtung; $a < 0$: zusätzlich Spiegelung an der x-Achse.
b: Streckfaktor in x-Richtung.
$c > 0$ bzw. $c < 0$: Verschiebung nach rechts bzw. links.
$d > 0$ bzw. $d < 0$: Verschiebung nach oben bzw. unten.
Periode: $p = \frac{2\pi}{b}$.

1.3 Exponentialfunktionen

Zur Bestimmung der Asymptoten betrachten Sie $f(x)$ für $x \to \pm\infty$.
Die Schaubilder sind Variationen der Grundfunktionen $f(x) = e^x$ bzw. $g(x) = e^{-x}$.
Ist $f(x) = a \cdot e^{x-b} + c$ bzw. $g(x) = a \cdot e^{-(x-b)} + c$, so gibt es folgende Verwandlungen:
a: Streckfaktor in y-Richtung; $a < 0$: zusätzlich Spiegelung an der x-Achse.
$b > 0$ bzw. $b < 0$: Verschiebung nach rechts bzw. links.
$c > 0$ bzw. $c < 0$: Verschiebung nach oben bzw. unten.

2 Aufstellen von Funktionen mit Randbedingungen

2.1 Ganzrationale Funktionen

Für alle ganzrationalen Funktionen gilt:

- Parabel 2. Grades: $f(x) = ax^2 + bx + c$
- Zur y-Achse symmetrische Parabel 2. Grades: $f(x) = ax^2 + b$
- Parabel 3. Grades: $f(x) = ax^3 + bx^2 + cx + d$
- Zum Ursprung punktsymmetrische Parabel 3. Grades: $f(x) = ax^3 + bx$

Zum Aufstellen der Funktionen:

1. Bilden Sie die 1. und 2. Ableitung des jeweiligen Ansatzes (dies ist nicht nötig, falls es keine Angaben über die Steigung oder über die Extrempunkte gibt).

2. Verwenden Sie die Bedingungen der Kurvendiskussion:

   - Schnittpunkt mit der x-Achse: $f(x) = 0$
   - Schnittpunkt mit der y-Achse: $x = 0$
   - Extrempunkt: $f'(x) = 0$
   - Wendepunkt: $f''(x) = 0$

3. Sie brauchen so viele Gleichungen wie Unbekannte! Stellen Sie die Gleichungen auf und lösen Sie sie nach den Parametern (a, b, c, ...) auf.

2.2 Exponentialfunktionen

Stellen Sie zwei Gleichungen mit zwei Unbekannten auf, dazu müssen Sie eventuell noch ableiten.

2.3 Trigonometrische Funktionen

Eine verallgemeinerte Sinusfunktion hat die Gleichung $f(x) = a \cdot \sin(b \cdot (x-c)) + d$.
Die Eigenschaften des Schaubildes und die Koeffizienten a, b, c, d hängen dabei folgendermaßen zusammen:

- Streckfaktor in y-Richtung: a
- Streckfaktor in x-Richtung: b
- Verschiebung nach links bzw. rechts: $c < 0$ bzw. $c > 0$
- Verschiebung nach unten bzw. oben: $d < 0$ bzw. $d > 0$
- Periode: $p = \frac{2\pi}{b}$ bzw. $b = \frac{2\pi}{p}$

3 Von der Kurve zur Gleichung

3.1 Ganzrationale Funktionen

Allgemeine Tipps für ganzrationale Funktionen:

Es handelt sich bei allen Schaubildern um verschobene Funktionen 2. bis 4. Grades. Es gibt verschiedene Lösungswege:

1. Ansatz als allgemeine Funktion (ähnlich wie das Aufstellen von Funktionen mit Randbedingungen), z.B. $f(x) = ax^2 + bx + c$. Aus der Zeichnung werden drei Punkte bestimmt und drei Gleichungen aufgestellt, die man anschließend nach a, b und c auflöst. Dieser Weg ist etwas langwierig, führt aber immer zum Ziel.

2. Ansatz mit Hilfe der Linearfaktoren. Dieser Ansatz funktioniert nur dann, wenn die Funktion eindeutig ablesbare Nullstellen besitzt (z.B. bei den Aufgaben e), f), g) und h)). Der Hintergrund ist, dass sich eine Polynomfunktion (ein Funktionsterm der Gestalt: $f(x) = a_n x^n + a_{n-1}x^{n-1} + ... + a_2x^2 + a_1x + a_0$) auch als Produkt von Linearfaktoren schreiben lässt, z.B. $f(x) = x^2 - x - 2 = (x-2) \cdot (x+1)$. Die Nullstellen dieser Funktion sind $x_1 = 2$ und $x_2 = -1$.
   Da das Schaubild noch gestreckt oder gestaucht sein kann, muss im Ansatz noch ein zusätzlicher Faktor a vorhanden sein (z.B. $f(x) = a \cdot (x-2) \cdot (x+1)$, der mit Hilfe eines abgelesenen Punktes bestimmt werden kann.
3. Ansatz als verschobene Normalparabel: Wenn man eine Normalparabel $f(x) = x^2$ nach oben oder unten verschieben will, so addiert man eine Konstante c. Will man sie nach rechts oder links verschieben, so setzt man für eine Verschiebung nach rechts um eine Längeneinheit den Ausdruck $(x-1)$ statt x ein. Bei einer Verschiebung um 2 LE nach links entsprechend $(x+2)$ statt x.

Tipps für die Aufgaben:

a) $f(x) = x^2$, nach oben verschoben
b) $f(x) = x^3$, nach unten verschoben
c) $f(x) = x^2$, nach links verschoben
d) $f(x) = x^2$, nach links und unten verschoben
e) $f(x) = -x^2$, nach rechts und oben verschoben
f) - h) Ansatz mit Hilfe der Nullstellen (Linearfaktorzerlegung)

3.2 Trigonometrische Funktionen

Allgemeine Tipps: Siehe Kapitel 2.3

Es handelt sich um Sinus- oder Kosinusfunktionen. Überlegen Sie, welche der bei Kapitel 1 aufgezählten Veränderungen des Schaubilds in Frage kommen. Prüfen Sie zuerst, ob das Schaubild nach oben verschoben ist (bestimmen Sie die waagerechte «Mittelachse»). Prüfen Sie dann, ob das Schaubild in y-Richtung gestreckt ist, indem Sie die Differenz zwischen den höchsten und tiefsten Funktionswerten berechnen; ist diese nicht 2 LE, so müssen Sie einen Streckfaktor bestimmen. Prüfen Sie ferner, ob das Schaubild nach links oder rechts verschoben ist (eine unverschobene Sinusfunktion hat einen Wendepunkt bei $x = 0$). Falls das Schaubild noch in x-Richtung gestreckt ist, darf der Abstand zwischen zwei Hochpunkten (oder zwei Tiefpunkten) nicht $2\pi = 6,28$ betragen. Schätzen Sie (falls notwendig) den Streckfaktor ab; dieser ist kleiner als 1, wenn der Abstand zwischen zwei Hochpunkten größer als 2π ist.

4 Differenzieren

4.1 Ganzrationale Funktionen

a) - c) Verwenden Sie die Potenzregel $(a \cdot x^n)' = a \cdot n \cdot x^{n-1}$; beachten Sie, dass teilweise Parameter vorhanden sind.
d) - f) Wenden Sie die Kettenregel an (äußere Ableitung mal innere Ableitung).
g) - h) Wenden Sie zuerst die Produktregel an: $(u \cdot v)' = u'v + uv'$, dann die Kettenregel.

4.2 Exponentialfunktionen

a) - d) Zuerst die Produktregel anwenden: $(u \cdot v)' = u'v + uv'$, dann die Kettenregel.

e) - h) Kettenregel anwenden, teilweise mehrfach.

4.3 Trigonometrische Funktionen

a) - d) Zuerst die Produktregel anwenden, dann die Kettenregel.

e) - h) Kettenregel anwenden, teilweise mehrfach.

4.4 Exponentialfunktionen und trigonometrische Funktionen

a) - c) Anwenden der Kettenregel.

d) - f) Zuerst die Produktregel anwenden, dann die Kettenregel.

5 Gleichungslehre

5.1 Quadratische, biquadratische und nichtlineare Gleichungen

a) - c) pq- bzw. abc-Formel verwenden (Zahlen unter der Wurzel als Bruch schreiben).

d) - e) Beachten Sie die binomischen Formeln und Minuszeichen vor Klammern.

f) - g) Setzen Sie jeden einzelnen Faktor gleich Null.

h) Klammern Sie x^3aus.

i) Klammern Sie x^2aus, lösen Sie dann die quadratische Gleichung mit der pq- oder abc-Formel.

j) - l) Klammern Sie x aus und bestimmen Sie damit die erste Lösung. Danach wiederholtes Ausklammern oder Lösen der Gleichung mit der pq- oder abc-Formel.

m) - n) Biquadratische Gleichungen: Substitution $x^2 = v$, die Gleichung lösen und rücksubstituieren (Zahlen unter der Wurzel als Bruch schreiben).

5.2 Exponentialgleichungen

a) - f) Setzen Sie jeden einzelnen Faktor gleich Null und überlegen Sie, ob Lösungen existieren.

g) - h) Substitution $e^x = v$ bzw. $e^{2x} = v$, dann Lösen der quadratischen Gleichung mit der pq- oder abc-Formel, Rücksubstitution und x berechnen (Zahlen unter der Wurzel als Bruch schreiben).

i) - k) Vereinfachen Sie die Gleichungen so, dass Sie beide Seiten «e-hoch» nehmen können.

5.3 Bruchgleichungen

a) - c) Setzen Sie den Zähler gleich Null. Prüfen Sie, ob der Nenner bei der gefundenen Lösung nicht Null wird.

5.4 Trigonometrische Gleichungen

a) - h) Substituieren Sie den Term in der Klammer durch z, lösen Sie die Gleichung und resubstituieren Sie wieder.

5.5 Lineare Gleichungssysteme

a) - f) Anwenden des Gaußschen Eliminierungsverfahrens: Zuerst werden zwei Gleichungen so zusammengezählt, dass eine Unbekannte wegfällt (eventuell muss man dazu vorher eine Gleichung mit einem Faktor wie -1 oder -2 multiplizieren).
Im nächsten Schritt löst man die beiden Gleichungen, die nur noch zwei Unbekannte enthalten, nach einer Unbekannten auf.
Zum Schluss wird schrittweise eingesetzt und die Unbekannten werden bestimmt.

6 Eigenschaften von Kurven

6.1 Schaubild der Ableitungsfunktion, Aussagen bewerten

6.1.1 f_1 bis f_4

f_1 Bei dem Schaubild der Funktion handelt es sich um eine Parabel, daher muss das Schaubild der Ableitungsfunktion eine Gerade sein.
Bestimmen Sie für zwei Punkte die Steigung, z.B. für $x = 0$ und für $x = 1$, und zeichnen Sie die Gerade ein.

f_2 Bei dem Schaubild der Funktion handelt es sich um eine Parabel 3. Grades, daher muss das Schaubild der Ableitungsfunktion eine Parabel 2. Grades sein.
Bestimmen Sie die Steigung für einige wichtige Punkte, z.B. die beiden Extrempunkte und den Wendepunkt.

f_3 Bei dem Schaubild der Funktion handelt es sich um eine Parabel 4. Grades, daher muss das Schaubild der Ableitungsfunktion eine Parabel 3. Grades sein.
Bestimmen Sie die Steigung für einige wichtige Punkte, es bieten sich die Extrempunkte und die Wendepunkte an.

f_4 Bei dem Schaubild der Funktion handelt es sich um eine Parabel 3. Grades, daher muss das Schaubild der Ableitungsfunktion eine Parabel 2. Grades sein.
Bestimmen Sie die Steigung für einige wichtige Punkte, es bieten sich die Extrempunkte und der Wendepunkt an.

6.1.2 f_5 bis f_8

f_5 Bestimmen Sie die Steigung für einige wichtige Punkte; es bietet sich auf jeden Fall der Extrempunkt an. Überlegen Sie, wie die Steigung nahe des Koordinatenursprungs ist.

f_6 Bestimmen Sie die Steigung für einige wichtige Punkte; es bieten sich der Hoch- und der Wendepunkt an.

f_7 Bestimmen Sie die Steigung für einige Stellen, z.B. für $x = 0$ und für $x = 1$. Überlegen Sie, welche spezielle Kurve einen derartigen Verlauf zeigt.

f_8 Bestimmen Sie die Steigung für einige Stellen, z.B. für $x = -1$ und für $x = 0$. Bestimmen Sie den Wendepunkt und dessen Steigung.

6.2 Stamm- und Ableitungsfunktionen

Allgemeine Tipps:

- Skizzieren Sie zuerst die Ableitung bzw. eine Stammfunktion.
- Das Schaubild von F hat einen Hochpunkt an der Stelle x_1, wenn $f(x_1) = 0$ und an dieser Nullstelle bei f ein Vorzeichenwechsel (VZW) von $+$ nach $-$ stattfindet.
- Das Schaubild von F hat einen Tiefpunkt an der Stelle x_2, wenn $f(x_2) = 0$ und bei f an dieser Stelle ein VZW von $-$ nach $+$ stattfindet.
- Das Schaubild von F hat einen Wendepunkt an der Stelle x_3, wenn f einen Extrempunkt an dieser Stelle hat.

Aufgabe I

a) Überlegen Sie, welche Art von Funktion vorliegt. Wie sieht das Schaubild der Ableitungsfunktion einer Geraden aus?

b) Zeichnen Sie eine Stammfunktion ein. Überlegen Sie, ob diese in Bezug auf die Verschiebung entlang der y-Achse festgelegt ist.

c) Streng monoton zunehmend für f bedeutet, dass f' immer > 0 ist (warum?). In der Aufgabe ist allerdings gefragt, ob f' monoton zunehmend ist. Also muss man f'' untersuchen.

d) y-achsensymmetrisch bedeutet $f(-x) = f(x)$.

Aufgabe II

a) Welche Gestalt besitzt das Schaubild der Ableitungsfunktion einer Parabel 2. Grades? Überlegen Sie, welche Aussagen Sie sicher über dieses Schaubild treffen können.

b) Zeichnen Sie eine Stammfunktion ein. Überlegen Sie, ob diese in Bezug auf die Verschiebung entlang der y-Achse festgelegt ist.

c) Überlegen Sie, was es für die Funktion f bedeutet, wenn die Stammfunktion Extremstellen besitzt (f ist die 1. Ableitung von F).

6.3 Interpretation von Schaubildern

Aufgabe I

a) Besondere Punkte im Schaubild sind die Punkte, an denen sich die Steigung stark ändert.

b) Überlegen Sie, ob die y-Werte des Schaubildes die verkauften Artikel *pro Tag* oder *insgesamt* angeben.

c) Lesen Sie die Verkaufszahlen des 40. und des 60. Tages an der Zeichnung ab und berechnen Sie den Durchschnitt.

d) Die Verkaufsrate entspricht der Steigung der Kurve am 50. Tag. Legen Sie eine Gerade durch die Kurve, die die Steigung des 50. Tages besitzt, und bestimmen Sie die Steigung dieser Geraden.

e) Schätzen Sie ab, wie sich die Kurve weiterentwickeln wird. Wie ist die Steigung der Kurve?

Aufgabe II

a) Besondere Punkte im Schaubild sind die Punkte, an denen sich die Steigung stark ändert.

b) Überlegen Sie, welche Aussagen die Kurve trifft. Was bedeutet die unter a) angesprochene Steigungsänderung?

c) Überlegen Sie, was man tun muss, um die Funktionswerte der einzelnen Tage zu addieren. Was kann man tun, wenn man die Funktion nicht genau kennt? Wie könnte eine Näherungsfunktion aussehen?

d) Die Besucherzahlen scheinen sich auf einen gewissen Wert «einzupendeln». Wie groß ist dieser Wert?

Aufgabe III

a) Finden Sie die Stellen, an denen die Besucherzahl der Homepage am größten war.

b) Es gibt lokale und globale Extremstellen. Wo findet sich im Schaubild welche Art der Extremstellen?

c) Überlegen Sie, welche Funktionen Sie kennen, die keinerlei Extremstellen besitzen (mit anderen Worten: Die Funktion wächst immer weiter bzw. fällt immer weiter).

7 Kurvendiskussion

7.1 Elemente der Kurvendiskussion

a) Die Bedingungen für ein Minimum sind: $f'(x) = 0$ und Vorzeichenwechsel von f' von $-$ nach $+$ bzw. $f''(x) > 0$. Prüfen Sie, ob diese auf den Punkt zutreffen. Benutzen Sie zum Ableiten die Produktregel.

b) Was für ein Punkt ist $\mathrm{P}(x_0 \mid 0)$? Machen Sie eine Skizze, um sich die Situation zu veranschaulichen.

c) Überlegen Sie, wie sich die Steigung einer Funktion in der Nähe eines Minimums ändert. Welche Steigungswerte hat die Funktion etwas links bzw. etwas rechts des Minimums? Machen Sie eine Skizze, um sich die Situation zu veranschaulichen.

d) Was bedeutet es für eine Funktion, wenn ihre Ableitung an einer Stelle $x_0 = 0$ ist?

e) Die Bedingung für einen Sattelpunkt ist $f'(x_0) = 0$ und kein Vorzeichenwechsel von f' an der Stelle x_0.

f) Überlegen Sie, welche Terme für $x \to +\infty$ gegen Null gehen und welche übrigbleiben.

g) Die Bedingungen für ein Minimum sind $f'(x) = 0$ und Vorzeichenwechsel von f' von $-$ nach $+$. Prüfen Sie, ob diese auf den Punkt zutreffen.

h) Punkte mit waagerechter Tangente haben die Steigung Null, also wird die 1. Ableitung Null gesetzt. Für die Gleichung der Geraden durch die beiden Punkte ist zuerst die Steigung zu berechnen: $m = \frac{y_2 - y_1}{x_2 - x_1}$.

i) Wendepunkte bestimmen Sie mit Hilfe von $f''(x)$ und $f'''(x)$.

j) Überlegen Sie, welchen Grad $g'(x) - g(x)$ hat.

k) Überlegen Sie, an welcher Stelle x die 1. Ableitung Null ist und ob die 1. Ableitung das Vorzeichen von $-$ nach $+$ wechselt.

l) Berechnen Sie die Steigung in P mit Hilfe der 1. Ableitung. Überlegen Sie, welche Art von Punkten eine waagerechte Tangente hat.

m) Für den Nachweis eines Wendepunkts verwenden Sie die 2. und 3. Ableitung.

7.2 Funktionenscharen / Funktionen mit Parameter

a) - d) I) Setzen Sie für t Werte wie ± 1; ± 2 bzw. 0 ein und skizzieren Sie die Kurven.
II) Setzen Sie die entsprechenden Punkte in die Funktionsgleichung ein und stellen Sie nach t um.

e) Setzen Sie die Funktion gleich Null und untersuchen Sie, wie die Lösungen der sich ergebenden quadratischen Gleichung von a abhängen.

f) Bestimmen Sie zuerst die Schnittstelle x_s. Für die Ableitungen im Schnittpunkt muss gelten: $f'(x_s) \cdot g'(x_s) = -1$. Setzen Sie die Ableitungen ein, setzen Sie dann den Ausdruck für x_s ein und lösen Sie nach t auf.

g) Gehen Sie vor wie bei f).

h) Berechnen Sie die Nullstelle des Schaubilds der Funktion f_t in Abhängigkeit von t und lesen Sie die Nullstellen der abgebildeten Schaubilder ab. Setzen Sie diese Terme gleich. Alternativ können Sie auch die Schnittpunkte der Schaubilder mit der y-Achse ablesen und den Schnittpunkt des Schaubilds von f_t mit der y-Achse in Abhängigkeit von t berechnen.

i) Bestimmen Sie mögliche Extremstellen in Abhängigkeit von a und setzen Sie $x = 3$ ein; beachten Sie den Wertebereich von a.

j) Berechnen Sie mit Hilfe der 1. Ableitung von $f_k(x)$ und $g(x)$ jeweils die Steigung der Schaubilder von g und von f_k im Ursprung und setzen diese gleich; lösen Sie die Gleichung nach k auf und beachten Sie den Wertebereich von k.

k) Bestimmen Sie mit Hilfe der Produkt- und Kettenregel die 1. und 2. Ableitung von f_t. Setzen Sie die 1. Ableitung gleich Null und berechnen Sie die Extremstelle von $f_t(x)$. Prüfen Sie mit Hilfe der 2. Ableitung, ob es sich tatsächlich um eine Extremstelle handelt. Schließlich setzen Sie $x = 2$ mit der berechneten Extremstelle gleich und lösen die Gleichung nach t auf.

7.3 Symmetrie

a) Die Bedingung für y-Achsensymmetrie ist $f(-x) = f(x)$.

b) Die Bedingung für Ursprungssymmetrie ist $f(-x) = -f(x)$.

7.4 Krümmungsverhalten von Kurven

Bestimmen Sie mit Hilfe von Ketten-, Produkt- und Quotientenregel die 1. und 2. Ableitung. Eine Kurve ist linksgekrümmt, wenn gilt: $f''(x) > 0$, sie ist rechtsgekrümmt, wenn $f''(x) < 0$. Lösen Sie jeweils die entstandene Ungleichung.
Manchmal ist es hilfreich, die linke Seite der Ungleichung als weitere Kurve aufzufassen und sich zu überlegen, wann diese oberhalb bzw. unterhalb der x-Achse verläuft.

7.5 Tangenten und Normalen

Geradengleichungen kann man mit der Punkt-Steigungsform $y - y_1 = m \cdot (x - x_1)$ aufstellen.

a) Bestimmen Sie die Tangentensteigung mit Hilfe der 1. Ableitung. Benutzen Sie dann die Steigung und den Punkt, um die Geradengleichung aufzustellen. Für die Normalensteigung m_n gilt: $m_n = -\frac{1}{m_t}$ mit m_t = Steigung der Tangente.

b) Bestimmen Sie zuerst den Wendepunkt und dann die Steigung der Tangente bzw. der Normalen und stellen Sie die Geradengleichungen auf.

c) I) Da die Tangentensteigung schon bekannt ist, muss in dieser Aufgabe der Punkt P bestimmt werden, in dem das Schaubild von f die Steigung $m = -2$ besitzt. Also wird die erste Ableitung gleich -2 gesetzt und x_P bestimmt. Mit den Koordinaten des Punktes und der Steigung wird anschließend die Tangentengleichung aufgestellt.

II) Man verfährt ähnlich wie bei I), nur muss die Steigung der Tangente erst aus der Steigung der angegebenen Geraden ermittelt werden. Für die Steigung zweier aufeinander senkrecht stehender Geraden m_1 und m_2 gilt: $m_2 = -\frac{1}{m_1}$.

III) Man verfährt ähnlich wie bei I), die Steigung paralleler Geraden ist gleich: $m_t = m_g = 4$.

d) I) Die Tangentensteigung wird mit Hilfe der 1. Ableitung bestimmt. Die Geradensteigung von A $(x_1 \mid y_1)$ und B $(x_2 \mid y_2)$ wird mit der Formel $m = \frac{y_2 - y_1}{x_2 - x_1}$ bestimmt. Wegen der Parallelität ist die Tangentensteigung genauso groß wie die Geradensteigung.

II) Wegen der Parallelität ist die Normalensteigung genauso groß wie die Geradensteigung. Da die Normale senkrecht auf der Tangente steht, gilt: $m_n = -\frac{1}{m_t}$.

III) Da die Normale orthogonal zur Geraden und auch zur Tangente ist , ist die Tangentensteigung genauso groß wie die Geradensteigung.

e) Wenn von einem Punkt P, der nicht auf einer Kurve liegt, eine Tangente an eine Kurve gelegt werden soll, kann man folgendermaßen vorgehen:

1. Der Berührpunkt hat die Koordinaten B $(u \mid f(u))$.
2. Mit Hilfe der 1. Ableitung und B bestimmt man die Tangentengleichung in Abhängigkeit von u.
3. Da P auf der Tangente liegt, kann man diesen einsetzen und man erhält eine Gleichung, welche nach u aufgelöst wird.
4. In Punkt B bzw. in die Tangentengleichung wird u eingesetzt.

7.6 Ortskurven

a) - b) Da die Punkte schon gegeben sind, müssen Sie nur die Ortskurven wie angegeben bestimmen.

c) - e) Sie müssen zunächst den gesuchten Punkt bestimmen. Hierbei gehen Sie wie bei einer «normalen» Funktion ohne Parameter vor. Beachten Sie: Die Parameter werden beim Ableiten wie Zahlen behandelt!

8 Integralrechnung

8.1 Stammfunktionen

8.1.1 Ganzrationale Funktionen

a) - d) Benutzen Sie die Integrationsregel für Potenzfunktionen: Besitzt f die Form $f(x) = a \cdot x^n$, dann ist $\mathrm{F}(x) = a \cdot \frac{1}{n+1} x^{n+1} + c$ falls $n \neq -1$ eine Stammfunktion.

e) - g) Für verkettete (verschachtelte) Funktionen mit innerem *linearem* Ausdruck gilt die Integrationsregel für lineare Substitution:
«Äußere Stammfunktion geteilt durch innere Ableitung»

8.1.2 Exponentialfunktionen

a) - d) Für verkettete (verschachtelte) Funktionen mit innerem *linearem* Ausdruck gilt die Integrationsregel für lineare Substitution:
«Äußere Stammfunktion geteilt durch innere Ableitung»
Bei e-Funktion mit $f(x) = a \cdot e^{k \cdot x + b}$ ist $e^{(\dots)}$ die äußere Funktion und $k \cdot x + b$ die innere Funktion. Der Parameter a verändert sich nicht beim Integrieren.

e) - f) Lösen Sie zunächst die Klammer auf und verwenden Sie die Regeln für die Potenzfunktionen (da in der Klammer *kein* linearer Ausdruck steht).

8.1.3 Trigonometrische Funktionen

a) - f) Beachten Sie, dass $\sin x$ eine Stammfunktion von $\cos x$ und $-\cos x$ eine Stammfunktion von $\sin x$ ist.
Auch bei diesen Aufgaben gilt die Regel für verkettete Funktionen mit innerem *linearem* Ausdruck:
«Äußere Stammfunktion geteilt durch innere Ableitung»
Ist $f(x) = a \cdot \sin(bx + c)$, so ist $\sin(\ldots)$ die äußere Funktion und $bx + c$ die innere Funktion. Der Parameter a verändert sich nicht beim Integrieren.

8.2 Flächeninhalt zwischen zwei Kurven

a) - e) Bestimmen Sie jeweils die Integrationsgrenzen durch Gleichsetzen der Funktionsterme. Prüfen Sie, welche Kurve die obere Kurve ist. Wenden Sie den Hauptsatz der Differential- und Integralrechnung an: $\int_a^b f(x)dx = \mathrm{F}(b) - \mathrm{F}(a)$.

8.3 Angewandte Integrale

a) I) Der Regen hört auf, wenn die Niederschlagsrate gleich Null ist; bestimmen Sie die Nullstelle der Funktion.

II) Die gesamte Wassermenge können Sie bestimmen, indem Sie die Niederschlagsrate vom Beginn des Regens bis zum Ende integrieren.

III) Die mittlere Regenmenge erhalten Sie, indem Sie die Gesamtmenge durch die Anzahl der Tage teilen.

b) Die gegebene Funktion f beschreibt die Änderungsrate. Um zu berechnen, wie viel Wasser das Becken nach 9 Stunden enthält, müssen Sie zuerst eine Stammfunktion F von f bestimmen. Die Integrationskonstante c bestimmen Sie mit Hilfe des Anfangswerts. Anschließend müssen Sie $t = 9$ in die Integralfunktion einsetzen.

8.4 Rotationskörper

Rotiert das Schaubild einer Funktion f über dem Intervall $[a;b]$ um die x-Achse, so verwenden Sie die Formel:

$\mathrm{V}_{rot} = \pi \cdot \int_a^b (f(x))^2\, dx$. Beachten Sie, dass Sie unter Umständen die Binomischen Formeln verwenden müssen, um den Ausdruck in der Klammer auszurechnen.

Um die Grundidee zu veranschaulichen, skizzieren Sie ein Kurvenstück im 1. Quadranten und ergänzen Sie dieses spiegelbildlich zur x-Achse. Der entstandene Rotationskörper wird in Teilzylinder zerlegt, deren Volumina aufsummiert werden.

8.5 Verschiedene Aufgaben

a) - b) Bestimmen Sie entsprechend der Aufgaben 9.1 eine Stammfunktion mit absolutem Glied $(+c)$ und berechnen Sie c durch Einsetzen des Punktes in Ihren Ansatz.

9 Extremwertaufgaben/ Wachstumsprozesse

9.1 Extremwertaufgaben

Allgemein können Sie beim Lösen von Extremwertaufgaben nach folgendem Schema vorgehen:

1. Schreiben Sie die Größe auf, die minimiert oder maximiert werden soll. Das kann z.B. $A = r \cdot h$ für eine Fläche in Abhängigkeit von r und h sein. In diesem Ausdruck dürfen verschiedene Variablen vorkommen.
2. Formulieren Sie die Nebenbedingungen. Im Beispiel von oben könnte dies z.B. $r + h = 100$ sein, wenn in der Aufgabe formuliert ist, dass r und h zusammen 100 ergeben müssen.
3. Lösen Sie nach einer Nebenbedingung auf, z.B. $r = 100 - h$, und setzen Sie diese in den Ausdruck von 1. ein. Dadurch ergibt sich, von welcher Variablen die sogenannte «Zielfunktion» abhängig ist. Löst man die Nebenbedingung nach r auf und setzt sie in die Gleichung unter 1. ein, ergibt sich im Beispiel: $A(h) = (100 - h) \cdot h$.
4. Nun können die Extremstellen der Zielfunktion bestimmt werden, z.B. wird die Flächenfunktion in Abhängigkeit von h durch Ableiten und Nullsetzen der Ableitung auf Extrema untersucht. Handelt es sich um ein lokales Extremum, muss man noch die Randwerte überprüfen, d.h. man setzt den kleinst- und größtmöglichen x-Wert in die Zielfunktion ein und vergleicht mit den Werten der Extremstelle. Ist die Zielfunktion eine quadratische Funktion, ist das lokale Extremum gleichzeitig das absolute Extremum, so dass die Randwerteüberprüfung entfällt.

Zu den Aufgaben:

a) Die gesuchte Größe ist die Fläche. Legen Sie die Nebenbedingung fest (Länge des Drahtes), lösen Sie nach einer Variablen auf und stellen Sie so die Zielfunktion auf. Anschließend bestimmen Sie das Maximum der Zielfunktion.

b) Die gesuchte Größe ist die Fläche. Die Nebenbedingung ist ähnlich wie in Aufgabe a), nur dass von der Gesamtlänge der 4 Seiten des Spielplatzes noch 2 m abgezogen werden müssen. Anschließend bestimmen Sie die Zielfunktion und das Maximum.

c) I) Die gesuchte Größe ist der Umfang des Rechtecks. Die Grundseite des Rechtecks wird als $2x$ gewählt. Nebenbedingung: Für die Höhe h gilt: $h = f(x)$. Stellen Sie die Zielfunktion für den Umfang auf, setzen Sie die Nebenbedingung ein und bestimmen Sie das Maximum.

II) Die gesuchte Größe ist die Fläche des Rechtecks. Die Grundseite des Rechtecks wird als $2x$ gewählt. Nebenbedingung: Für die Höhe h gilt: $h = f(x)$. Stellen Sie die Zielfunktion für die Fläche auf, setzen Sie die Nebenbedingung ein und bestimmen Sie das Maximum.

d) Die gesuchte Größe ist der Flächeninhalt des Dreiecks OPQ. Nach dem Ableiten stellen Sie die Gleichung der Normalen auf. Für die Normalensteigung gilt $m_n = -\frac{1}{m_t}$ (wobei m_t die Tangentensteigung ist). Diese wird mit der Kurve K geschnitten, um den Schnittpunkt

Q zu bestimmen. Anschließend stellen Sie eine Flächenfunktion auf, wobei die Strecke $\overline{OQ}$ die Grundseite des Dreiecks bildet und $|\, f(u) \,|$ die Höhe. Bestimmen Sie das Maximum der Flächenfunktion.

9.2 Wachstums- und Zerfallsprozesse

a) I) Bestimmen Sie zuerst den Startwert B_0. Anschließend setzt man diesen und den Funktionswert für $t = 2$ in die Funktion ein und bestimmt so k.

II) Überlegen Sie, wie t gewählt werden muss, wenn der Bestand in 10 Jahren ab heute gesucht ist. Setzen Sie diesen Wert in die Funktionsgleichung ein.

III) Für den Zeitpunkt, an dem von der Ausgangspopulation nur noch 10 % übrig sind, ist die Populationsgröße $\frac{1}{10} \cdot B_0$. Diesen Wert setzt man in die Funktion ein und löst dann nach t_E auf.

b) I) Bestimmen Sie die Gleichung der Asymptote, indem Sie das Verhalten der Funktion für $t \to \infty$ betrachten. Welcher Term fällt weg?

II) Die Kurve gibt die jeweilige Temperatur der Probe an. Wie muss die Steigung der Kurve aussehen, wenn sich die Temperatur schnell ändert?

c) I) Da es sich um natürliches exponentielles Wachstum handelt, verwenden Sie den Ansatz: $G(t) = a \cdot e^{k \cdot t}$. Beachten Sie, dass t in Tagen gerechnet wird. Mit Hilfe der gegebenen Daten können Sie durch Aufstellen von zwei Gleichungen die beiden Unbekannten a und k bestimmen.

II) Setzen Sie $t = 10$ in $G(t)$ ein.

III) Setzen Sie $G(t) = 200\,000$ und lösen Sie die Gleichung nach t auf.

d) I) Stellen Sie mit Hilfe der gegebenen Daten eine Funktionsgleichung für das Wachstum der Bevölkerung auf.
Verwenden Sie den Ansatz $B(t) = a \cdot e^{k \cdot t}$, da es sich um natürliches exponentielles Wachstum handelt. Setzen Sie $t = 0$ im Jahre 1975. Stellen Sie zwei Gleichungen mit zwei Unbekannten auf und lösen Sie diese.
Überlegen Sie, welchen Wert t im Jahre 2030 hat.

II) Sie können die Verdoppelungszeit berechnen, indem Sie die Bevölkerung im Jahre 1975 verdoppeln und mit $B(t)$ gleichsetzen. Lösen Sie die Gleichung nach t auf.

10 Anwendungsorientierte Aufgaben

10.1 Mountainbike

a) Verwenden Sie für die variablen Kosten V den Ansatz $V(x) = ax^2 + bx + c$, setzen Sie die gegebenen Daten ein und lösen Sie das entstandene Gleichungssystem.
Die Herstellungskosten setzen sich aus den Fixkosten und den variablen Kosten zusammen.

b) Setzen Sie $V(x) = 5 \cdot 5000$ und lösen Sie die Gleichung.

c) Berechnen Sie den Verkaufserlös und ermitteln Sie den Gewinn durch Subtraktion der Herstellungskosten vom Erlös. Bestimmen Sie die Nullstellen der Gewinnfunktion und überlegen Sie, für welche x-Werte die Gewinnfunktion positiv ist.
Den maximalen Gewinn erhalten Sie mit Hilfe des Maximums der Gewinnfunktion (GTR).

d) Berechnen Sie die Herstellungskosten für 90 Mountainbikes und den Erlös für diese in Abhängigkeit vom neuen Preis p; da der Gewinn mindestens 2000 Euro betragen soll, ist eine Ungleichung aufzustellen und nach p aufzulösen.
Bestimmen Sie die Differenz vom neuen Preis p zum ursprünglichen Preis sowie die prozentuale Abweichung.

10.2 Ventile

a) Bestimmen Sie eine Funktionsgleichung für $V(t)$, indem Sie eine allgemeine Stammfunktion ansetzen und die Anfangsbedingung $(V(0) = 50)$ berücksichtigen.
Langfristig bedeutet: $t \longrightarrow \infty$.

b) Setzen Sie $V(t) = 2 \cdot 50$, so erhalten Sie durch Lösen der Gleichung die Zeit für die doppelte Wassermenge.

c) Stellen Sie eine neue Funktionsgleichung für $V^*(t)$ ab diesem Zeitpunkt auf, indem Sie wieder eine allgemeine Stammfunktion ansetzen und die Bedingung $V^*(0) = 100$ berücksichtigen.
Der Behälter ist leer, wenn gilt: $V^*(t) = 0$.

10.3 Medikament

a) Für die Skizze verwenden Sie den GTR; beachten Sie dabei die richtige Einstellung für den Zeichenbereich.
Bestimmen Sie das Maximum mit dem GTR.
Um den wirksamen Zeitraum zu erhalten, schneiden Sie den Graph von $f(t)$ mit der Geraden $y = 8$ (GTR). Geben Sie die Differenz der beiden Schnittstellen an.

b) Um den Zeitpunkt zu erhalten, zu dem das Medikament am stärksten abgebaut wird, berechnen Sie das Minimum von $f'(t)$ (GTR).
Die momentane Änderungsrate erhalten Sie mit $f'(t)$.
Für die Tangentengleichung setzen Sie $(4 \mid f(4))$ und $m = f'(4)$ in die Punkt-Steigungsform $y - y_1 = m(t - t_1)$ ein; schneiden Sie die Tangente mit der x-Achse.

c) Stellen Sie mit Hilfe von $g(t)$ und der Ableitung $g'(t)$ sowie den gegebenen Daten zwei Gleichungen mit zwei Unbekannten auf und lösen Sie diese; beachten Sie, dass das Maximum gegeben ist.

10.4 Tannensetzling

a) Bestimmen Sie mit dem GTR das Maximum von f. Berechnen das durchschnittliche Längenwachstum, indem Sie alle Längenzuwächse pro Jahr durch Integration aufsummieren und teilen Sie das Ergebnis durch die Anzahl der Jahre.

b) Überlegen Sie, wie sich die Höhe zusammensetzt. Durch Ausprobieren mit dem GTR oder Lösen der Integralgleichung mit dem GTR erhalten Sie den Zeitpunkt, in welchem die Höhe 13 m beträgt.

c) Schneiden Sie das Schaubild von f mit einer Geraden und berechnen Sie dann entsprechende Tannenhöhen durch Integration.

10.5 Küstenlinie

a) Überlegen Sie anhand der Anzahl der Extrempunkte, dass der vorgeschlagene Ansatz mit $f(x) = ax^4 + bx^3 + cx^2 + dx + e$ sinnvoll und notwendig ist, da nach einer Funktion 4-ten Grades gefragt ist.
Sie benötigen also 5 Bedingungen; die Punkte B und C sind zusätzlich Extrempunkte mit Steigung Null.
Stellen Sie mit Hilfe von $f(x)$ und $f'(x)$ ein Gleichungssystem mit 5 Gleichungen und 5 Unbekannten auf und lösen Sie dieses mit dem GTR.

b) Berechnen Sie die Koordinaten des Punktes D, der ein Extrempunkt des Graphen von f ist, mit Hilfe des GTR.
Den Abstand d zwischen zwei Punkten $(x_1 \mid y_1)$ und $(x_2 \mid y_2)$ erhalten Sie mit der Formel:
$d = \sqrt{(x_2 - x_1)^2 + (y_2 - y_1)^2}$. Beachten Sie, dass eine Längeneinheit 10 km entspricht.

c) Bestimmen Sie den Abstand $d(x)$ zwischen B und einem allgemeinen Punkt $P(x \mid k(x))$ der Küstenlinie in Abhängigkeit von x und berechnen Sie anschließend das Minimum von $d(x)$ mit dem GTR. Beachten Sie, dass eine Längeneinheit 10 km entspricht.

d) Zeichnen Sie mit B und P ein rechtwinkliges Dreieck und überlegen Sie, welcher Winkel gesucht ist. Verwenden Sie ein trigonometrisches Verhältnis zur Winkelberechnung.

e) Skizzieren Sie beide Kurven mit dem GTR und berechnen Sie den Flächeninhalt zwischen diesen mit Hilfe des Integrals über dem Intervall zwischen A und C. Es genügt, ein Integral zu berechnen, da ein Landverlust einem Flächeninhalt mit negativem Vorzeichen entspricht. Überlegen Sie, wann es beim Integrieren zu negativen Vorzeichen kommt. Beachten Sie, dass eine Flächeneinheit 100 km^2 entspricht.

Lineare Algebra AG, BTG, EG, SG, WG

Schwerpunkt Vektorielle Geometrie

11 Rechnen mit Vektoren

11.1 Addition und Subtraktion von Vektoren

Für das Rechnen mit Vektoren gelten folgende Gesetze:

Addition: $\begin{pmatrix} a_1 \\ a_2 \\ a_3 \end{pmatrix} + \begin{pmatrix} b_1 \\ b_2 \\ b_3 \end{pmatrix} = \begin{pmatrix} a_1+b_1 \\ a_2+b_2 \\ a_3+b_3 \end{pmatrix}$ Subtraktion: $\begin{pmatrix} a_1 \\ a_2 \\ a_3 \end{pmatrix} - \begin{pmatrix} b_1 \\ b_2 \\ b_3 \end{pmatrix} = \begin{pmatrix} a_1-b_1 \\ a_2-b_2 \\ a_3-b_3 \end{pmatrix}$

Skalare Multiplikation: $s \cdot \begin{pmatrix} a_1 \\ a_2 \\ a_3 \end{pmatrix} = \begin{pmatrix} s \cdot a_1 \\ s \cdot a_2 \\ s \cdot a_3 \end{pmatrix}$ (Zahl · Vektor = Vektor), für $s \in \mathbb{R}$

Skalarprodukt: $\begin{pmatrix} a_1 \\ a_2 \\ a_3 \end{pmatrix} \cdot \begin{pmatrix} b_1 \\ b_2 \\ b_3 \end{pmatrix} = a_1 \cdot b_1 + a_2 \cdot b_2 + a_3 \cdot b_3$ (Vektor · Vektor = Zahl)

Betrag bzw. Länge: $\left| \begin{pmatrix} a_1 \\ a_2 \\ a_3 \end{pmatrix} \right| = \sqrt{a_1^2 + a_2^2 + a_3^2}$

11.2 Orthogonalität von Vektoren

Zwei Vektoren stehen genau dann senkrecht aufeinander, wenn das Skalarprodukt gleich Null ist. Ist das Skalarprodukt ungleich Null, dann sind die beiden Vektoren nicht orthogonal.

11.3 Auffinden von orthogonalen Vektoren

Es sind Vektoren zu suchen, deren Skalarprodukt mit $\vec{n}$ Null ergibt.

11.4 Orts- und Verbindungsvektoren

Ortsvektoren setzen am Ursprung $(0 \mid 0 \mid 0)$ an. Verbindungsvektoren zwischen zwei Punkten erhält man mit Hilfe der Ortsvektoren.

11.5 Verschiedene Aufgaben

a) Stellen Sie jeweils drei Verbindungsvektoren zwischen je zwei Punkten auf und berechnen Sie deren Länge.

b) Die Orthogonalität lässt sich mit dem Skalarprodukt überprüfen.

c) Tragen Sie in Ihre Skizze jeweils die gegebenen und gesuchten Punkte sowie den Ursprung O ein. Bestimmen Sie mit Hilfe einer Vektorkette den Ortsvektor des gesuchten Punktes. Geben Sie die Koordinaten des gesuchten Punktes an.

d) Den Schwerpunkt S eines Dreiecks ABC erhalten Sie jeweils mit der Formel $\vec{s} = \frac{1}{3} \cdot \left(\vec{a} + \vec{b} + \vec{c}\right)$.

e) Überlegen Sie, zwischen welchen Vektoren man den Winkel berechnet (Orts- oder Verbindungsvektoren). Wenn zwei Kosinuswerte gleich sind, sind auch ihre Winkel gleich. Machen Sie sich eine Skizze.

f) Tragen Sie in Ihre Skizze die gegebenen und gesuchten Punkte sowie den Ursprung O ein. Achten Sie dabei auf die Reihenfolge der Punkte (*gegen* den Uhrzeigersinn). Bestimmen Sie mit Hilfe einer Vektorkette den Ortsvektor des gesuchten Punktes. Geben Sie die Koordinaten des gesuchten Punktes an.

g) Da je vier Kanten parallel sind, gilt: $\overrightarrow{BF} = \overrightarrow{CG} = \overrightarrow{DH} = \overrightarrow{AE}$, $\overrightarrow{BC} = \overrightarrow{AD} = \overrightarrow{FG} = \overrightarrow{EH}$ und $\overrightarrow{AB} = \overrightarrow{EF} = \overrightarrow{DC} = \overrightarrow{HG}$. Bestimmen Sie mit Hilfe einer Vektorkette den Ortsvektor des gesuchten Punktes. Geben Sie die Koordinaten des gesuchten Punktes an.

h) Tragen Sie in ihre Skizze die gegebenen und gesuchten Punkte sowie den Ursprung O ein. Bestimmen Sie mit Hilfe einer Vektorkette den Ortsvektor des gesuchten Punktes. Geben Sie die Koordinaten des gesuchten Punktes an. Die Länge einer Kante ist die Länge des Verbindungsvektors der beiden Eckpunkte.

11.6 Lineare Abhängigkeit / Unabhängigkeit

Wenn zwei Vektoren linear abhängig sind, dann ist der eine Vektor ein Vielfaches des anderen, d.h. sie müssen eine Zahl k finden, so dass gilt: $k \cdot \vec{a} = \vec{b}$; $k \in \mathbb{R}$.

12 Geraden

12.1 Aufstellen von Geradengleichungen

Verwenden Sie den Ortsvektor des einen Punktes als Stützvektor. Bilden Sie den Richtungsvektor, indem Sie den Verbindungsvektor zwischen den beiden Punkten aufstellen.

12.2 Punktprobe

Setzen Sie den Ortsvektor des Punktes in die Geradengleichung ein und prüfen Sie, ob sich für alle drei Komponenten der gleiche Parameter ergibt.

12.3 Parallele Geraden

Überlegen Sie, wie die Richtungsvektoren der drei Geraden zueinander liegen müssen, damit die Geraden parallel sind. Die Geraden sollen echt parallel sein und nicht identisch. Wie kann man dies mit Hilfe der Eigenschaften der Stützvektoren ausschließen?

12.4 Gegenseitige Lage von Geraden

Für die gegenseitige Lage von zwei Geraden gibt es vier Möglichkeiten: Die Geraden können sich schneiden, parallel, identisch oder windschief sein.

Zur Bestimmung der gegenseitigen Lage prüft man zuerst die Richtungsvektoren auf lineare Abhängigkeit bzw. Unabhängigkeit:

1. Sind die Richtungsvektoren ein Vielfaches voneinander (linear abhängig), können die Geraden parallel oder identisch sein.
   Sie sind identisch, wenn ein Punkt der einen Geraden auf der anderen Geraden liegt (positive Punktprobe), sonst sind sie parallel (negative Punktprobe).

2. Sind die Richtungsvektoren kein Vielfaches voneinander (linear unabhängig), können die Geraden sich schneiden oder windschief sein.
   Durch Gleichsetzen erhält man den Schnittpunkt oder einen Widerspruch, welcher angibt, dass die Geraden windschief sind.

12.5 Parallele Geraden mit Parameter

Damit die Geraden parallel sind, müssen die Richtungsvektoren $\vec{r}$ und $\vec{v}$ linear abhängig sein. Der Parameter t muss also so bestimmt werden, dass $\vec{r}_t = s \cdot \vec{v}$ mit $s,\ t \in \mathbb{R}$ gilt. Dazu prüft man, ob der eine Vektor ein Vielfaches des anderen ist.

12.6 Winkel zwischen Geraden

Überlegen Sie, ob Sie den Stützvektor oder den Richtungsvektor für die Winkelberechnung benutzen müssen.

12.7 Allgemeines Verständnis von Geraden

Legen Sie eine Skizze an, um zu veranschaulichen, welche Beziehung für die Stütz- und Richtungsvektoren gelten muss. Überlegen Sie, welche Beziehung die Richtungsvektoren haben.

13 Ebenen

13.1 Parameterform der Ebenengleichung

a) - b) Nehmen Sie einen der Punkte als «Stützpunkt». Die Verbindungsvektoren zwischen den Punkten ergeben die Spannvektoren.

c) - d) Der Stützvektor der Geraden dient als Stützvektor der Ebene, der Richtungsvektor bildet den ersten Spannvektor. Den zweiten Spannvektor erhalten Sie, indem Sie den Verbindungsvektor zwischen dem Stützpunkt und dem angegebenen Punkt bilden.

13.2 Koordinatengleichung einer Ebene

Um eine Ebenengleichung aufzustellen, braucht man in der Regel entweder einen Punkt, der in der Ebene liegt, und zwei Spannvektoren oder einen Punkt A, der in der Ebene liegt, und einen Normalenvektor $\vec{n}$, welche man dann in die Punkt-Normalenform $(\vec{x}-\vec{a})\cdot\vec{n}=0$ einsetzt.

Ein Normalenvektor $\vec{n}$ errechnet sich mit Hilfe des Vektorprodukts aus den beiden Spannvektoren, siehe Seite 50.

Zur Koordinatengleichung kommt man durch Ausmultiplizieren der Punkt-Normalenform.

a) - b) Wählen Sie einen der 3 Punkte als «Stützpunkt» und bestimmen Sie die Spannvektoren als Verbindungsvektoren zwischen dem ersten Punkt und den beiden anderen Punkten. Anschließend bestimmt man einen Normalenvektor wie oben beschrieben und rechnet über die Punkt-Normalenform die Koordinatenform aus.

c) - d) Als Stützvektor bietet sich der Stützvektor der Geraden an. Als 1. Spannvektor benutzt man den Richtungsvektor der Geraden, als 2. Spannvektor nimmt man den Verbindungsvektor zwischen dem Punkt außerhalb der Geraden und dem «Stützpunkt» der Geraden.

e) Bestimmen Sie zuerst den Stützvektor der Ebene. Bestimmen Sie dazu den Schnittpunkt der beiden Geraden. Der Ortsvektor des Schnittpunktes dient als Stützvektor, die beiden Richtungsvektoren der Geraden werden als Spannvektoren der Ebene genommen. (wichtig: Wenn man s und t mit Hilfe von zwei Gleichungen bestimmt hat, muss man s und t in der 3. Gleichung überprüfen).

13.3 Bestimmen von Geraden und Ebenen in einer Pyramide

a) Der Punkt P ist bekannt. Bestimmen Sie die Koordinaten der restlichen Punkte durch Symmetrieüberlegungen: Für den Punkt Q sind die x- und die z-Koordinate die gleichen wie für P, doch ist die y-Koordinate anders. Aus der Lage des Grundflächenmittelpunktes im Koordinatenursprung ergibt sich die y-Koordinate von Q.

b) Um eine Geradengleichung aufzustellen, braucht man einen Stützvektor und einen Richtungsvektor.

c) Benutzen Sie die drei angegebenen Punkte und stellen Sie die Ebenengleichung wie im vorangegangenen Kapitel auf.

14 Gegenseitige Lage von Geraden und Ebenen

14.1 Gegenseitige Lage

Eine Gerade und eine Ebene können auf drei verschiedene Arten zueinander liegen: g schneidet E, g ist parallel zu E oder g liegt in E.

Liegt die Ebene in Koordinatenform vor, wird die Gerade als «allgemeiner Punkt» geschrieben und in die Ebenengleichung eingesetzt. Anschließend wird der Parameter der Geraden bestimmt und in den allgemeinen Punkt eingesetzt, um den Schnittpunkt zu bestimmen. Liegt die Ebene in der Parameterform vor, werden Ebenengleichung und Geradengleichung gleichgesetzt und das Gleichungssystem mit 3 Unbekannten gelöst.

Beim Lösen des Gleichungssystems bzw. der Gleichung können drei Fälle auftreten:

1. Es gibt eine eindeutige Lösung: Die Gerade schneidet die Ebene.
2. Es tritt ein Widerspruch auf (wie z.B. $3 = 0$): Die Gerade ist parallel zur Ebene.
3. Das Gleichungssystem bzw. die Gleichung hat unendlich viele Lösungen (beim Lösen ergibt sich z.B. $3 = 3$ oder $0 = 0$): Die Gerade liegt in der Ebene.

14.2 Gerade und Ebene parallel

Überlegen Sie, wie der Richtungsvektor der Geraden g und der Normalenvektor der Ebene E zueinander stehen müssen, damit die g parallel zu E liegt. Nehmen Sie das Skalarprodukt zu Hilfe. Wie kann man anschließend prüfen, ob g und E echt parallel sind oder ob g in E liegt?

15 Gegenseitige Lage zweier Ebenen

Zwei Ebenen können auf drei verschiedene Arten zueinander liegen: Die beiden Ebenen schneiden sich, sie liegen parallel zueinander oder sie sind identisch.

Auch hier gibt es verschiedene Lösungswege, abhängig davon, welche Art von Ebenengleichung vorliegt.

Liegen die Ebenen in Parameterform vor, setzen Sie die beiden Ebenengleichungen gleich. Dies führt zu einem Gleichungssystem mit 4 Unbekannten und 3 Gleichungen. Bringen Sie dieses mit Hilfe des Gauß-Verfahrens oder des GTRs auf Stufenform. Nun sind drei Fälle möglich:

1. Sie erhalten einen Ausdruck wie z.B. $t = 2 - u$. Setzen Sie diesen Ausdruck für t in die Ebenengleichung ein und fassen Sie die Vektoren zusammen um die Gleichung der Schnittgeraden zu erhalten.
2. Sie erhalten eine Nullzeile, d.h. einen Ausdruck $0 = 0$. Dann gibt es unendlich viele Lösungen. Die beiden Ebenen sind identisch.
3. Sie erhalten einen Widerspruch in einer Zeile wie $0 = 5$. Die beiden Ebenen liegen parallel.

Liegen die Ebenen in Koordinatenform vor, bilden sie ein lineares Gleichungssystem mit zwei Gleichungen und drei Variablen.

Beim Lösen des Gleichungssystems bzw. der Gleichung können drei Fälle auftreten:

1. Es gibt eine Lösung, wenn man eine Variable als t einsetzt und nach den anderen Variablen auflöst: Die Ebenen schneiden sich in einer Schnittgerade.
2. Es tritt ein Widerspruch auf (wie z.B. $3 = 0$): Die beiden Ebenen sind parallel.
3. Die eine Gleichung ist ein Vielfaches der anderen Gleichung: Die beiden Ebenen sind identisch.

Liegt eine Ebene in Parameterform und die andere Ebene in Koordinatenform vor, wird die Parameterform zuerst in die Koordinatenform umgewandelt.

16 Schwerpunkt Wirtschaftliche Anwendungen

16.1 Rechnen mit Matrizen

Folgende Eigenschaften gelten für das Rechnen mit Matrizen:

1. Matrizen werden als $n \times m$ (gelesen «n kreuz m») Matrizen bezeichnet, wobei n die Anzahl der Zeilen und m die Anzahl der Spalten ist (Merkhilfe: ZVS = Zeile vor Spalte).
2. Die Zahlen, die in der Matrix stehen, heißen Elemente oder Einträge, sie werden grundsätzlich durch zwei Indices gekennzeichnet. Dabei gibt der erste Index die jeweilige Zeile und der zweite die jeweilige Spalte an. Manchmal werden 2×2 Matrizen auch als $\begin{pmatrix} a_1 & b_1 \\ a_2 & b_2 \end{pmatrix}$ dargestellt. Bei dieser Darstellung kann man leichter den Überblick behalten, da nur ein Index vorhanden ist.
3. Vektoren haben eine Spalte und können daher als 2×1 bzw. 3×1 Matrizen behandelt werden.
4. Matrizen werden mit Großbuchstaben gekennzeichnet, die Einträge mit Kleinbuchstaben.

Addition/Subtraktion

Die Summe/Differenz von zwei Matrizen wird berechnet, indem man jeweils die Elemente der beiden Matrizen mit gleichen Indices addiert/subtrahiert. Beispiel:

$$\begin{pmatrix} a_{11} & a_{12} \\ a_{21} & a_{22} \end{pmatrix} + \begin{pmatrix} b_{11} & b_{12} \\ b_{21} & b_{22} \end{pmatrix} = \begin{pmatrix} a_{11}+b_{11} & a_{12}+b_{12} \\ a_{21}+b_{21} & a_{22}+b_{22} \end{pmatrix}$$

Es können also nur Matrizen mit gleicher Zeilen- und Spaltenanzahl miteinander addiert bzw. voneinander subtrahiert werden.

Skalare Multiplikation

Eine Matrix wird mit einem Skalar (einer Zahl) multipliziert, indem jedes Elemente der Matrix mit dem Skalar multipliziert wird. Beispiel:

$$s \cdot \begin{pmatrix} a_{11} & a_{12} \\ a_{21} & a_{22} \end{pmatrix} = \begin{pmatrix} s \cdot a_{11} & s \cdot a_{12} \\ s \cdot a_{21} & s \cdot a_{22} \end{pmatrix}$$

Matrizenmultiplikation

Folgende Eigenschaften sind zu beachten:

1. Bei der Multiplikation von Matrizen kommt es auf die Reihenfolge an: In der Regel gilt $A \cdot B \neq B \cdot A$ (d. h. die Matrizenmultiplikation ist nicht kommutativ).
2. Das Produkt $A \cdot B$ kann nur berechnet werden, wenn die Spaltenanzahl von A gleich der Zeilenanzahl von B ist.
3. Die Ergebnismatrix hat die Zeilenanzahl der ersten Matrix und die Spaltenanzahl der zweiten Matrix. Siehe auch das Beispiel der Multiplikation einer Matrix mit einem Vektor auf der nächsten Seite.

Die eigentliche Multiplikation

Um das jeweilige Element der Ergebnismatrix zu berechnen, werden die Zeilen der ersten Matrix jeweils skalar mit den Spalten der zweiten Matrix multipliziert. Zur Berechnung empfiehlt sich das sogenannte Falksche Schema; dazu wird die zweite Matrix oberhalb der Ergebnismatrix platziert, dies erleichtert das Rechnen.

Beispiel:

$$A = \begin{pmatrix} a_{11} & a_{12} \\ a_{21} & a_{22} \end{pmatrix} = \begin{pmatrix} 1 & 2 \\ 3 & 4 \end{pmatrix},\ B = \begin{pmatrix} b_{11} & b_{12} \\ b_{21} & b_{22} \end{pmatrix} = \begin{pmatrix} 5 & 6 \\ 7 & 8 \end{pmatrix},\ C = \begin{pmatrix} c_{11} & c_{12} \\ c_{21} & c_{22} \end{pmatrix}$$

gesucht ist das Produkt $A \cdot B = C$

Falksches Schema:

$$\begin{array}{cc} & \begin{pmatrix} b_{11} & b_{12} \\ b_{21} & b_{22} \end{pmatrix} \\ \begin{pmatrix} a_{11} & a_{12} \\ a_{21} & a_{22} \end{pmatrix} & \begin{pmatrix} c_{11} & c_{12} \\ c_{21} & c_{22} \end{pmatrix} \end{array} \quad \text{mit} \quad \begin{array}{l} c_{11} = a_{11} \cdot b_{11} + a_{12} \cdot b_{21} \\ c_{12} = a_{11} \cdot b_{12} + a_{12} \cdot b_{22} \\ c_{21} = a_{21} \cdot b_{11} + a_{22} \cdot b_{21} \\ c_{22} = a_{21} \cdot b_{12} + a_{22} \cdot b_{22} \end{array}$$

beziehungsweise:

$$\begin{array}{cc} & \begin{pmatrix} 5 & 6 \\ 7 & 8 \end{pmatrix} \\ \begin{pmatrix} 1 & 2 \\ 3 & 4 \end{pmatrix} & \begin{pmatrix} c_{11} & c_{12} \\ c_{21} & c_{22} \end{pmatrix} \end{array} \quad \text{mit} \quad \begin{array}{l} c_{11} = 1 \cdot 5 + 2 \cdot 7 = 19 \\ c_{12} = 1 \cdot 6 + 2 \cdot 8 = 22 \\ c_{21} = 3 \cdot 5 + 4 \cdot 7 = 43 \\ c_{22} = 3 \cdot 6 + 4 \cdot 8 = 50 \end{array}$$

Also ist: $\begin{pmatrix} 1 & 2 \\ 3 & 4 \end{pmatrix} \cdot \begin{pmatrix} 5 & 6 \\ 7 & 8 \end{pmatrix} = \begin{pmatrix} 19 & 22 \\ 43 & 50 \end{pmatrix}$

Multiplikation einer Matrix mit einem Vektor

Ein Vektor wird als 2×1 bzw. 3×1-Matrix aufgefasst; entsprechend gelten die gleichen Regeln wie bei der Multiplikation von Matrizen. Das Ergebnis der Multiplikation einer Matrix mit einem Vektor ist ein Vektor.

Beispiel:

Matrix A ist eine 2×2 Matrix, $\vec{x}$ ist eine 2×1 Matrix, das Ergebnis ist also eine 2×1 Matrix:

$$A \cdot \vec{x} = \begin{pmatrix} a_{11} & a_{12} \\ a_{21} & a_{22} \end{pmatrix} \cdot \begin{pmatrix} x_1 \\ x_2 \end{pmatrix} = \begin{pmatrix} a_{11} \cdot x_1 + a_{12} \cdot x_2 \\ a_{21} \cdot x_1 + a_{22} \cdot x_2 \end{pmatrix}$$

beziehungsweise mit $A = \begin{pmatrix} 1 & 2 \\ 3 & 4 \end{pmatrix}$ und $\vec{x} = \begin{pmatrix} 5 \\ 6 \end{pmatrix}$:

$$A \cdot \vec{x} = \begin{pmatrix} 1 & 2 \\ 3 & 4 \end{pmatrix} \cdot \begin{pmatrix} 5 \\ 6 \end{pmatrix} = \begin{pmatrix} 1 \cdot 5 + 2 \cdot 6 \\ 3 \cdot 5 + 4 \cdot 6 \end{pmatrix} = \begin{pmatrix} 17 \\ 39 \end{pmatrix}$$

16.2 Inverse Matrizen

Es gibt verschiedene Möglichkeiten, eine inverse Matrix zu bestimmen: Das Gauß-Verfahren lässt sich dabei auf alle Matrizen anwenden. Für 2×2-Matrizen kann auch folgende Formel verwendet werden:

Ist $A = \begin{pmatrix} a_1 & b_1 \\ a_2 & b_2 \end{pmatrix}$, so gilt für die inverse Matrix: $A^{-1} = \frac{1}{\det(A)} \cdot \begin{pmatrix} b_2 & -b_1 \\ -a_2 & a_1 \end{pmatrix}$.

Dabei ist $\det(A)$ die Determinante von A: $\det(A) = \begin{vmatrix} a_1 & b_1 \\ a_2 & b_2 \end{vmatrix} = a_1 b_2 - a_2 b_1$.

Merkhilfe für die Bestimmung der inversen Matrix einer 2×2 Matrix:

- Die Elemente auf der Hauptdiagonale werden vertauscht
- Die restlichen Elemente werden mit -1 multipliziert
- Die so erhaltene Matrix wird mit $\frac{1}{\det A}$ multipliziert

Bestimmung der inversen Matrix mit Hilfe des Gauß-Verfahrens
Um die Inverse einer Matrix zu bestimmen, schreibt man die Einheitsmatrix neben die Matrix und formt dann beide Matrizen mit Hilfe von sogenannten elementaren Umformungen so lange gleichzeitig um, bis links die Einheitsmatrix steht. Dann steht rechts die Inverse der Ausgangsmatrix. Die elementaren Umformungen sind:

1. Addieren des Vielfachen einer Zeile zu einer anderen Zeile
2. Vertauschen zweier Zeilen
3. Multiplizieren einer Zeile mit einem Wert ungleich Null

Die Vorgehensweise entspricht weitgehend der Lösung eines Linearen Gleichungssystems mit Hilfe des Gauß-Verfahrens.

Ergibt sich bei der Umformung eine Leerzeile, so ist die Matrix nicht invertierbar, es gibt keine Inverse.

a) Zueinander invers bedeutet $A \cdot B = E$ und $B \cdot A = E$. Multiplizieren Sie die beiden Matrizen. Genau dann, wenn die beiden Matrizen zueinander invers sind, ist das Ergebnis die Einheitsmatrix $E = \begin{pmatrix} 1 & 0 \\ 0 & 1 \end{pmatrix}$.

b) Verwenden Sie entweder die oben angegebene Formel oder das Gauß-Verfahren.

c) -e) Verwenden Sie das Gauß-Verfahren.

f) Tritt beim Umformen der Matrix mit dem Gaußverfahren eine Nullzeile auf, oder ist die Determinante der Matrix gleich 0, dann ist die Matrix nicht invertierbar.

16.3 Prozessmatrizen

Bei Produktionsprozessen kommt es im Wesentlichen darauf an, die Menge an Rohstoffen, den «Input», zu berechnen. Dieser ist nötig, um eine gewisse Menge an Endprodukten, den «Output»,

zu produzieren. Die Matrizen, die diese Prozesse beschreiben, nennt man «Verflechtungsmatrizen» (manchmal auch «Bedarfsmatrizen» genannt). In den Spalten einer solchen Verflechtungsmatrix stehen in der Regel die Mengenbedarfswerte der Endprodukte, in den Zeilen stehen die jeweiligen Rohstoffmengen. Die gewünschten Produktionsmengen der einzelnen Endprodukte bilden den sogenannten Outputvektor. Die Reihenfolge, in der die einzelnen Stoffe im Outputvektor enthalten sind, muss dabei die gleiche sein wie die Reihenfolge in den Spalten der Tabelle bzw. der Matrix.
Multipliziert man die Verflechtungsmatrix mit den Outputvektoren, ergibt sich der Inputvektor, der die Menge der jeweils benötigten Rohstoffe angibt.

Um die Abhängigkeiten bei der Produktion graphisch darzustellen, kann man auch einen sogenannten Gozintographen zeichnen. Dieser gibt die Verflechtung der einzelnen Rohstoffe mit den Endprodukten an. Über jedem Pfeil steht dabei der jeweilige Materialbedarf.

a) I) Zeichnen Sie ein Diagramm bzw. einen Gozintographen wie oben angegeben, bei dem jedem Produkt die entsprechenden Rohstoffe zugeordnet werden.

II) Die Verflechtungsmatrix lässt sich direkt an der Tabelle ablesen, wenn die Endprodukte in den Spalten stehen.

III) Multiplizieren Sie die Verflechtungsmatrix mit dem Outputvektor $\begin{pmatrix} 1000 \\ 1500 \end{pmatrix}$ um den Inputvektor zu bestimmen.

b) I) Legen Sie die Tabelle so an, dass die Inputwerte (Schubladen, Türen und Einlegeböden) in den Zeilen stehen und die jeweils benötigten Mengen (Outputwerte) für die verschiedenen Modelle in den Spalten.

II) Stellen Sie das zugehörige Gleichungssystem auf; eventuell können Sie die Matrix auch gleich an der Tabelle ablesen. Um den Inputvektor, d.h. die Menge an benötigten Schubladen etc. zu berechnen, multiplizieren Sie die Verflechtungsmatrix mit dem Outputvektor. Dieser ergibt sich aus den Produktionsmengen der Aufgabenstellung.

c) I) Stellen Sie das dazugehörige Gleichungssystem auf. Wenn Sie die Tabelle so umschreiben, dass die Endprodukte (Outputvektoren) in den Spalten stehen, können Sie die Matrix eventuell direkt ablesen.

II) Um den Inputvektor, d.h. die Menge an benötigten Zutaten zu berechnen, multiplizieren Sie die Verflechtungsmatrix mit dem Outputvektor. Dieser ergibt sich aus den Produktionsmengen der Aufgabenstellung.

16.4 Verkettete Prozesse

Verkettete Prozesse entstehen, wenn z. B. ein Produktionsprozess aus mehreren Stufen aufgebaut ist. Dabei werden Matrizen mehrfach hintereinander angewendet, d. h. miteinander multipliziert. Hierbei ist die Reihenfolge wichtig: Ist A die Matrix der ersten Prozessstufe, B die Matrix der zweiten Prozessstufe und C die Matrix für den Gesamtprozess, so gilt $C = B \cdot A$, da bei der Matrizenmultiplikation «von rechts nach links» gearbeitet wird (es wird erst A und dann B auf den jeweiligen Vektor angewendet).

a) Achten Sie beim Zeichnen des Diagramms darauf, wie viele Grund- und Zwischenprodukte es gibt.

b) Legen Sie für jede Stufe des Prozesses Variablen für die Input- und Outputvektoren fest, stellen Sie Gleichungen auf und bestimmen Sie die entsprechenden Matrizen. Die Matrix für den Gesamtprozess erhalten Sie durch Matrizenmultiplikation (beachten Sie die Reihenfolge!).

c) Den Inputvektor erhalten Sie durch Multiplikation der Matrix des Gesamtprozesses mit dem Outputvektor.

17 Schwerpunkt Lineare Optimierung

Lösungsmengen von linearen Ungleichungen

Zeichnen Sie die entsprechenden Randgeraden und überlegen Sie, ob die gesuchten Punkte «unterhalb» oder «oberhalb» der entsprechenden Randgeraden liegen.

Aufgaben I, II und III

Gehen Sie bei einer Aufgabe zur linearen Optimierung folgendermaßen vor:

- Legen Sie die Variablen x und y fest.
- Formulieren Sie die Einschränkungen durch Ungleichungen; lösen Sie diese nach y auf.
- Zeichnen Sie die das Planungsvieleck festlegenden Randgeraden.
- Bestimmen Sie die Zielfunktion und lösen Sie diese nach y auf.
- Bestimmen Sie ihr Maximum bzw. Minimum, indem Sie eine Gerade der Geradenschar der Zielfunktion zeichnen. Verschieben Sie diese soweit parallel, dass sie so durch die Ecke des Planungsvielecks geht, dass der y-Achsenabschnitt der Geraden maximal bzw. minimal wird.
- Berechnen Sie die Koordinaten des zeichnerisch ermittelten Eckpunkts, indem Sie den Schnittpunkt zweier Geraden berechnen.
- Formulieren Sie das Ergebnis bezüglich der Variablen x und y sowie der Zielfunktion.

Zu Aufgabe III b)
Berechnen Sie mit Hilfe der in a) errechneten Produktionsmengen die Zeiten, die nötig sind, um diese Mengen zu produzieren. Vergleichen Sie diese Menge dann mit den zur Verfügung stehenden Zeiten.

Lineare Algebra TG

18 Rechnen mit Vektoren

18.1 Addition und Subtraktion von Vektoren

Für das Rechnen mit Vektoren gelten folgende Gesetze:

Addition: $\begin{pmatrix} a_1 \\ a_2 \\ a_3 \end{pmatrix} + \begin{pmatrix} b_1 \\ b_2 \\ b_3 \end{pmatrix} = \begin{pmatrix} a_1+b_1 \\ a_2+b_2 \\ a_3+b_3 \end{pmatrix}$ Subtraktion: $\begin{pmatrix} a_1 \\ a_2 \\ a_3 \end{pmatrix} - \begin{pmatrix} b_1 \\ b_2 \\ b_3 \end{pmatrix} = \begin{pmatrix} a_1-b_1 \\ a_2-b_2 \\ a_3-b_3 \end{pmatrix}$

Skalare Multiplikation: $s \cdot \begin{pmatrix} a_1 \\ a_2 \\ a_3 \end{pmatrix} = \begin{pmatrix} s \cdot a_1 \\ s \cdot a_2 \\ s \cdot a_3 \end{pmatrix}$ (Zahl · Vektor = Vektor), für $s \in \mathbb{R}$

Skalarprodukt: $\begin{pmatrix} a_1 \\ a_2 \\ a_3 \end{pmatrix} \cdot \begin{pmatrix} b_1 \\ b_2 \\ b_3 \end{pmatrix} = a_1 \cdot b_1 + a_2 \cdot b_2 + a_3 \cdot b_3$ (Vektor · Vektor = Zahl)

Betrag bzw. Länge: $\left| \begin{pmatrix} a_1 \\ a_2 \\ a_3 \end{pmatrix} \right| = \sqrt{a_1^2 + a_2^2 + a_3^2}$

18.2 Orthogonalität von Vektoren

Zwei Vektoren stehen genau dann senkrecht aufeinander, wenn das Skalarprodukt gleich Null ist. Ist das Skalarprodukt ungleich Null, dann sind die beiden Vektoren nicht orthogonal.

18.3 Auffinden von orthogonalen Vektoren

Es sind Vektoren zu suchen, deren Skalarprodukt mit $\vec{n}$ Null ergibt.

18.4 Orts- und Verbindungsvektoren

Ortsvektoren setzen am Ursprung O$(0 \mid 0 \mid 0)$ an. Verbindungsvektoren zwischen zwei Punkten erhält man mit Hilfe der Ortsvektoren.

18.5 Verschiedene Aufgaben

a) Stellen Sie jeweils drei Verbindungsvektoren zwischen je zwei Punkten auf und berechnen Sie deren Länge.

b) Die Orthogonalität lässt sich mit dem Skalarprodukt überprüfen.

c) Tragen Sie in Ihre Skizze jeweils die gegebenen und gesuchten Punkte sowie den Ursprung O ein. Bestimmen Sie mit Hilfe einer Vektorkette den Ortsvektor des gesuchten Punktes. Geben Sie die Koordinaten des gesuchten Punktes an.

d) Den Schwerpunkt S eines Dreiecks ABC erhalten Sie mit der Formel $\vec{s} = \frac{1}{3} \cdot \left(\vec{a} + \vec{b} + \vec{c}\right)$.

e) Tragen Sie in Ihre Skizze die gegebenen und gesuchten Punkte sowie den Ursprung O ein. Achten Sie dabei auf die Reihenfolge der Punkte (*gegen* den Uhrzeigersinn). Bestimmen Sie mit Hilfe einer Vektorkette den Ortsvektor des gesuchten Punktes. Geben Sie die Koordinaten des gesuchten Punktes an.

f) Da je vier Kanten parallel sind, gilt
$\overrightarrow{BF} = \overrightarrow{CG} = \overrightarrow{DH} = \overrightarrow{AE}$, $\overrightarrow{BC} = \overrightarrow{AD} = \overrightarrow{FG} = \overrightarrow{EH}$ und $\overrightarrow{AB} = \overrightarrow{EF} = \overrightarrow{DC} = \overrightarrow{HG}$.
Bestimmen Sie mit Hilfe einer Vektorkette den Ortsvektor des gesuchten Punktes. Geben Sie die Koordinaten des gesuchten Punktes an.

g) Tragen Sie in Ihre Skizze die gegebenen und gesuchten Punkte sowie den Ursprung O ein. Bestimmen Sie mit Hilfe einer Vektorkette den Ortsvektor des gesuchten Punktes. Geben Sie die Koordinaten des gesuchten Punktes an. Die Länge einer Kante ist die Länge des Verbindungsvektors der beiden Eckpunkte.

18.6 Lineare Abhängigkeit/ Unabhängigkeit

Wenn zwei Vektoren linear abhängig sind, dann ist der eine Vektor ein Vielfaches des anderen, d.h. sie müssen eine Zahl k finden, so dass gilt $k \cdot \vec{a} = \vec{b}$; $k \in \mathbb{R}$.

19 Geraden

19.1 Aufstellen von Geradengleichungen

Verwenden Sie den Ortsvektor des einen Punktes als Stützvektor. Bilden Sie den Richtungsvektor, indem Sie den Verbindungsvektor zwischen den beiden Punkten aufstellen.

19.2 Punktprobe

Setzen Sie den Ortsvektor des Punktes in die Geradengleichung ein und prüfen Sie, ob sich für alle drei Komponenten der gleiche Parameter ergibt.

19.3 Parallele Geraden

Überlegen Sie, wie die Richtungsvektoren der drei Geraden zueinander liegen müssen, damit die Geraden parallel sind. Die Geraden sollen echt parallel sein und nicht identisch. Wie kann man dies mit Hilfe der Eigenschaften der Stützvektoren ausschließen?

19.4 Gegenseitige Lage von Geraden

Für die gegenseitige Lage von zwei Geraden gibt es vier Möglichkeiten: Die Geraden können sich schneiden, parallel, identisch oder windschief sein.

Zur Bestimmung der gegenseitigen Lage prüft man zuerst die Richtungsvektoren auf lineare Abhängigkeit bzw. Unabhängigkeit:

1. Sind die Richtungsvektoren ein Vielfaches voneinander (linear abhängig), können die Geraden parallel oder identisch sein.
   Sie sind identisch, wenn ein Punkt der einen Geraden auf der anderen Geraden liegt (positive Punktprobe), sonst sind sie parallel (negative Punktprobe).

2. Sind die Richtungsvektoren kein Vielfaches voneinander (linear unabhängig), können die Geraden sich schneiden oder windschief sein.
   Durch Gleichsetzen erhält man den Schnittpunkt oder einen Widerspruch, welcher angibt, dass die Geraden windschief sind.

19.5 Parallele Geraden mit Parameter

Damit die Geraden parallel sind, müssen die Richtungsvektoren $\vec{r}$ und $\vec{v}$ linear abhängig sein. Der Parameter t muss also so bestimmt werden, dass $\vec{r}_t = s \cdot \vec{v}$ mit $s,\ t \in \mathbb{R}$ gilt. Dazu prüft man, ob der eine Vektor ein Vielfaches des anderen ist.

19.6 Winkel zwischen Geraden

Überlegen Sie, ob Sie den Stützvektor oder den Richtungsvektor für die Winkelberechnung benutzen müssen.

19.7 Allgemeines Verständnis von Geraden

Legen Sie eine Skizze an, um zu veranschaulichen, welche Beziehung für die Stütz- und Richtungsvektoren gelten muss. Überlegen Sie, welche Beziehung die Richtungsvektoren haben.

20 Ebenen

20.1 Parameterform der Ebenengleichung

a) - b) Nehmen Sie einen der Punkte als «Stützpunkt». Die Verbindungsvektoren zwischen den Punkten ergeben die Spannvektoren.

c) - d) Der Stützvektor der Geraden dient als Stützvektor der Ebene, der Richtungsvektor bildet den ersten Spannvektor. Den zweiten Spannvektor erhalten Sie, indem Sie den Verbindungsvektor zwischen dem Stützpunkt und dem angegebenen Punkt bilden.

20.2 Bestimmen von Geraden und Ebenen in einer Pyramide

a) Der Punkt P ist bekannt. Bestimmen Sie die Koordinaten der restlichen Punkte durch Symmetrieüberlegungen: Für den Punkt Q sind die x- und die z-Koordinate die gleichen wie für P, doch ist die y-Koordinate anders. Aus der Lage des Grundflächenmittelpunktes im Koordinatenursprung ergibt sich die y-Koordinate von Q.

b) Um eine Geradengleichung aufzustellen, braucht man einen Stützvektor und einen Richtungsvektor.

c) Benutzen Sie die drei angegebenen Punkte und stellen Sie die Ebenengleichung wie im vorangegangenen Kapitel auf.

21 Gegenseitige Lage von Geraden und Ebenen

Eine Gerade und eine Ebene können auf drei verschiedene Arten zueinander liegen: g schneidet E, g ist parallel zu E oder g liegt in E.

Liegt die Ebene in der Parameterform vor, werden Ebenengleichung und Geradengleichung gleichgesetzt und das Gleichungssystem mit 3 Unbekannten gelöst.

Beim Lösen des Gleichungssystems bzw. der Gleichung können drei Fälle auftreten:

1. Es gibt eine eindeutige Lösung: Die Gerade schneidet die Ebene.
2. Es tritt ein Widerspruch auf (wie z.B. $3 = 0$): Die Gerade ist parallel zur Ebene.
3. Das Gleichungssystem bzw. die Gleichung hat unendlich viele Lösungen (beim Lösen ergibt sich z.B. $3 = 3$ oder $0 = 0$): Die Gerade liegt in der Ebene.

22 Gegenseitige Lage zweier Ebenen

Zwei Ebenen können auf drei verschiedene Arten zueinander liegen: Die beiden Ebenen schneiden sich, sie liegen parallel zueinander oder sie sind identisch.

Zuerst setzen Sie die beiden Ebenengleichungen gleich. Dies führt zu einem Gleichungssystem mit 4 Unbekannten und 3 Gleichungen. Bringen Sie dieses mit Hilfe des Gauß-Verfahrens oder des GTRs auf Stufenform. Nun sind drei Fälle möglich:

1. Sie erhalten einen Ausdruck wie z.B. $t = 2 - u$. Setzen Sie diesen Ausdruck für t in die Ebenengleichung ein und fassen Sie die Vektoren zusammen um die Gleichung der Schnittgeraden zu erhalten.
2. Sie erhalten eine Nullzeile, d.h. einen Ausdruck $0 = 0$. Dann gibt es unendlich viele Lösungen. Die beiden Ebenen sind identisch.
3. Sie erhalten einen Widerspruch in einer Zeile wie $0 = 5$. Die beiden Ebenen liegen parallel.

Stochastik

23 Grundlegende Begriffe

23.1 Zufallsexperimente und Ereignisse

a) Um eine möglichst einfache Ergebnismenge zu erhalten, können verschiedene mögliche Ausfälle des Experiments zu einem Ergebnis zusammengefasst werden.

b) Beachten Sie, dass es auch ein unmögliches und ein sicheres Ereignis gibt.

c) Prüfen Sie, ob z.B. die Anzahl oder die Reihenfolge der vorkommenden «w» und «z» eine Rolle spielen.
Das Gegenereignis eines Ereignisses A besteht aus allen möglichen Ausfällen, die nicht in A vorkommen.

23.2 Absolute und relative Häufigkeit

Überlegen Sie zunächst, wie oft das «Experiment» durchgeführt wurde; anschließend lesen Sie die absoluten Häufigkeiten ab und bestimmen die relativen Häufigkeiten als Bruch.

23.3 Wahrscheinlichkeit bei Laplace-Versuchen

a) Überlegen Sie, wie sich die relative Häufigkeit eines Ergebnisses verändert, wenn man ein Experiment immer öfter wiederholt.

b) und c) Zur Berechnung einer Laplace-Wahrscheinlichkeit wird die Anzahl der für ein Ereignis günstigen Ausfälle duch die Anzahl aller möglichen Ergebnisse des Zufallsversuchs geteilt.

d) Es gibt mehrere Lösungswege. Eine Möglichkeit besteht darin, alle möglichen Ziehungen zu notieren und zu schauen, welche dazu führen, dass Anke und Britta ein Team bilden.

24 Berechnung von Wahrscheinlichkeiten

24.1 Baumdiagramme und Pfadregeln

a) Beachten Sie beim Baumdiagramm, wie viele Kugeln nach dem ersten Ziehen noch in der Urne sind. Benutzen Sie für II) die Pfadregeln; überlegen Sie zuerst, welche Pfade zu dem jeweiligen Ereignis gehören.

b) Nach der Erstellung des Baumdiagramms schreiben Sie die Ereignisse zunächst als Mengen auf und benutzen Sie dann die Pfadregeln.

c) I) Die Pfade in diesem Baumdiagramm sind unterschiedlich lang, da die Kontrolle abgebrochen wird, wenn ein Fehler erkannt ist.

II) Sie können die Wahrscheinlichkeit aller möglichen Pfade addieren oder mit dem Gegenereignis arbeiten.

d) Auch dieses Baumdiagramm hat unterschiedlich lange Pfade. Sie können es außerdem wesentlich vereinfachen, wenn Sie beim Würfel nur zwischen 6 und $\overline{6}$ («nicht 6») unterscheiden; beachten Sie dabei die verschiedenen Wahrscheinlichkeiten.

e) Auch dieser Baum hat unterschiedlich lange Pfade. Wie groß ist die Wahrscheinlichkeit für «weiß», wenn keine roten Kugeln mehr in der Urne sind? Markieren Sie alle «Gewinnpfade» im Baumdiagramm.

f) Fassen Sie auf jeder Stufe die Augenzahlen, die zu einer Summer größer als 3 führen, zusammen, um den Baum nicht zu kompliziert zu gestalten.

24.2 Unabhängigkeit von zwei Ereignissen

$P(R)$, $P(m)$ und $P(m \cap R)$ entsprechen den jeweiligen relativen Häufigkeiten. Prüfen Sie nach, ob dafür der spezielle Multiplikationssatz gilt.

25 Kombinatorische Zählprobleme

25.1 Geordnete Stichproben mit Zurücklegen

a) - c) Bestimmen Sie zuerst mit Hilfe der Formel die Anzahl aller möglichen Ausfälle, dann für jedes einzelne Ereignis die Anzahl der günstigen Ausfälle und berechnen Sie die entsprechende Laplace-Wahrscheinlichkeit.

25.2 Geordnete Stichproben ohne Zurücklegen

Benutzen Sie wieder die Formel für Laplace-Wahrscheinlichkeiten. Zur Berechnung der Anzahl der günstigen Möglichkeiten gehen Sie Schritt für Schritt die einzelnen Stufen durch und multiplizieren Sie die gefundenen Anzahlen.

a) zu D: Beachten Sie die Fälle «zuerst rot» und «zuerst weiß» getrennt.

b) zu B: Beachten Sie die verschiedenen Reihenfolgen.

c) zu B: Benutzen Sie das Gegenereignis.

25.3 Ungeordnete Stichproben ohne Zurücklegen

Für a) - e) gilt: Bestimmen Sie zuerst die Anzahl aller möglichen Ausfälle und anschließend für das jeweilige Ereignis die Anzahl der günstigen Ausfälle.

a) zu A: Bestimmen Sie die durch 5 teilbaren Zahlen und die Anzahl der Möglichkeiten, davon 4 auszuwählen.
zu B: Bestimmen Sie die geraden Zahlen und die Anzahl der Möglichkeiten, davon 4 auszuwählen.
zu C und D: Probieren Sie einfach aus, welche Ergebnisse günstig sind.

b) zu A: Bestimmen Sie die Anzahl der Möglichkeiten, von 7 weißen Kugeln 3 auszuwählen.
zu B: Teilen Sie das Ereignis für die verschiedenen Farben auf und addieren Sie die Wahrscheinlichkeiten.
zu C: Man kann sich die Urne aufgeteilt denken in 3 Teile mit jeweils nur weißen, schwarzen und roten Kugeln, aus denen die entsprechende Anzahl von Kugeln genommen wird. Die Anzahl der günstigen Möglichkeiten erhält man dann als Produkt.
zu D: Fassen Sie schwarze und weiße Kugeln zusammen.
zu E: siehe Ereignis C.
zu F: Benutzen Sie das Gegenereignis.

c) Sie können die Glühbirnen wie Kugeln in einer Urne behandeln. Siehe auch c) zu C.

d) Teilen Sie die 49 Kugeln in die 6 gezogenen und die 43 nicht gezogenen auf.

26 Wahrscheinlichkeitsverteilung von Zufallsgrößen

26.1 Erwartungswert

a) - c) Bestimmen Sie zunächst z.B. mit Hilfe eines Baumdiagramms die Wahrscheinlichkeiten für die möglichen Ergebnisse. Legen Sie eine Tabelle für die Anzahl der Züge und ihre jeweilige Wahrscheinlichkeit an und bestimmen Sie dann den Erwartungswert.

d) Berechnen Sie die Wahrscheinlichkeiten der einzelnen Ergebnisse als ungeordnete Stichprobe und stellen Sie dann eine Tabelle für die Punktzahlen und ihre Wahrscheinlichkeiten auf.

26.2 Varianz und Standardabweichung

a) Legen Sie eine Tabelle wie in 23.1 für E(X) an und ergänzen Sie diese durch die Spalten $(x_i - E(X))^2$und $(x_i - E(X))^2 \cdot P(x_i)$, um die Berechnung der Varianz übersichtlich zu gestalten.

b) Zur Berechnung von $E(X)$ (Durchschnitt) und $\sigma(X)$ (Standardabweichung) können Sie in der Tabelle (siehe Aufgabe a)) statt der Wahrscheinlichkeiten $P(x_i)$ die angegebenen absoluten Häufigkeiten $H(x_i)$ verwenden und erst am Schluss durch die Gesamtzahl der Schüler teilen.

Lösungen

Analysis

1 Von der Gleichung zur Kurve

1.1 Ganzrationale Funktionen

a) $f(x) = \frac{1}{2}x + 1$
Schnittpunkt mit der y-Achse: $f(0) = \frac{1}{2} \cdot 0 + 1 = 1 \Rightarrow S(0 \mid 1)$
Schnittpunkt mit der x-Achse: $f(x) = 0$ bzw. $\frac{1}{2}x + 1 = 0$ führt zu $x = -2 \Rightarrow N(-2 \mid 0)$
Es handelt sich um eine Gerade mit y-Achsenabschnitt $b = 1$ und Steigung $m = \frac{1}{2}$.

b) $f(x) = -\frac{3}{4}x$
Schnittpunkt mit der y-Achse: $f(0) = -\frac{3}{4} \cdot 0 = 0 \Rightarrow S(0 \mid 0)$
Schnittpunkt mit der x-Achse: $f(x) = 0$ bzw. $-\frac{3}{4}x = 0$ führt zu $x = 0 \Rightarrow N(0 \mid 0)$.
Es handelt sich um eine Ursprungsgerade (Gerade durch den Koordinatenursprung) mit y-Achsenabschnitt $b = 0$ und Steigung $m = -\frac{3}{4}$.

c) $f(x) = -x + 1$
Schnittpunkt mit der y-Achse: $f(0) = -1 \cdot 0 + 1 = 1 \Rightarrow S(0 \mid 1)$
Schnittpunkt mit der x-Achse: $f(x) = 0$ bzw. $-x + 1 = 0$ führt zu $x = 1 \Rightarrow N(1 \mid 0)$
Es handelt sich um eine Gerade mit y-Achsenabschnitt $b = 1$ und Steigung $m = -1$.

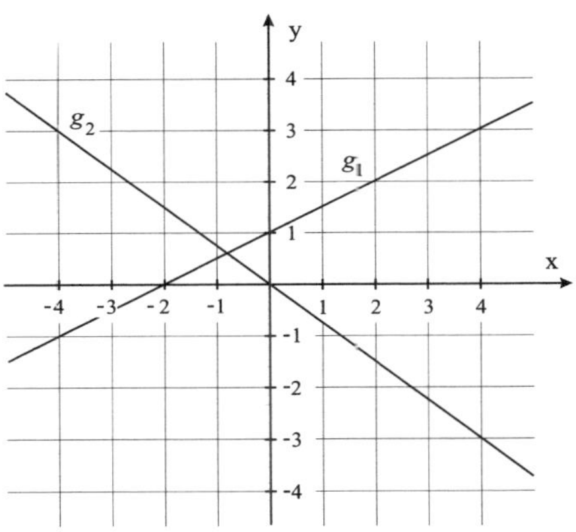

a) g_1: $f(x) = \frac{1}{2}x + 1$, b) g_2: $f(x) = -\frac{3}{4}x$

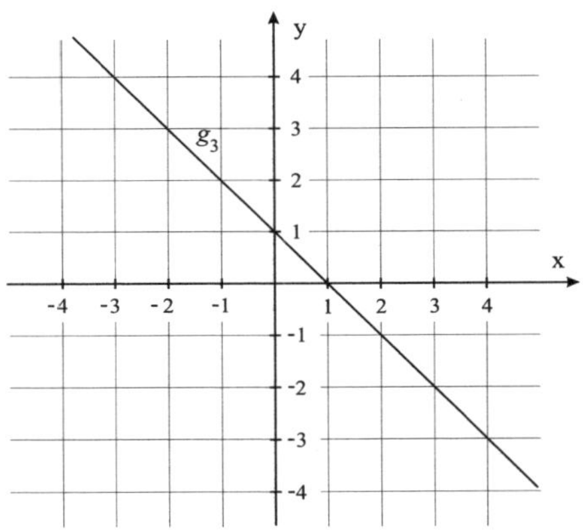

c) g_3: $f(x) = -x + 1$

d) $f(x) = (x-1)^2 - 4$
Schnittpunkt mit der y-Achse: $f(0) = (0-1)^2 - 4 = -3 \Rightarrow S(0 \mid -3)$
Schnittpunkt mit der x-Achse: $f(x) = 0$ bzw. $(x-1)^2 - 4 = 0$ führt zu $x_1 = 3$, $x_2 = -1 \Rightarrow N_1(3 \mid 0), N_2(-1 \mid 0)$. Es handelt sich um eine Normalparabel, die um eine

LE nach rechts und 4 LE nach unten verschoben wurde, d.h. eine nach oben geöffnete Normalparabel mit Scheitel bei $(1 \mid -4)$.

e) $f(x) = -x^2 + 4$
Schnittpunkt mit der y-Achse: $f(0) = -0^2 + 4 = 4 \Rightarrow S(0 \mid 4)$
Schnittpunkt mit der x-Achse: $f(x) = 0$ bzw. $-x^2 + 4 = 0$ führt zu $x_1 = 2, x_2 = -2$
$\Rightarrow N_1(2 \mid 0), N_2(-2 \mid 0)$.
Es handelt sich um eine Normalparabel, die an der x-Achse gespiegelt und dann um vier LE nach oben verschoben wurde, d.h. eine nach unten geöffnete Normalparabel mit Scheitel $(0 \mid 4)$.

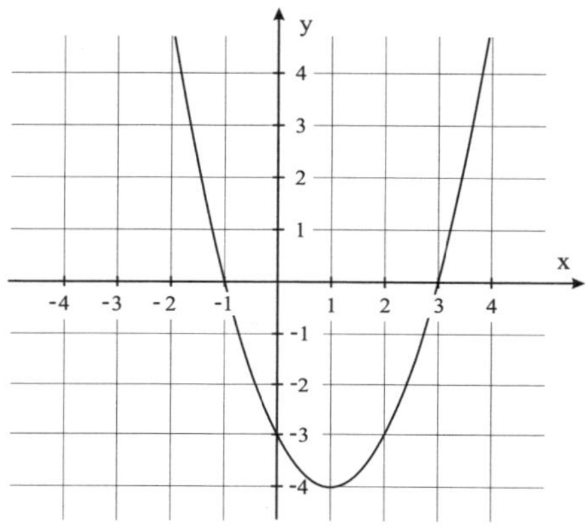

d) $f(x) = (x-1)^2 - 4$

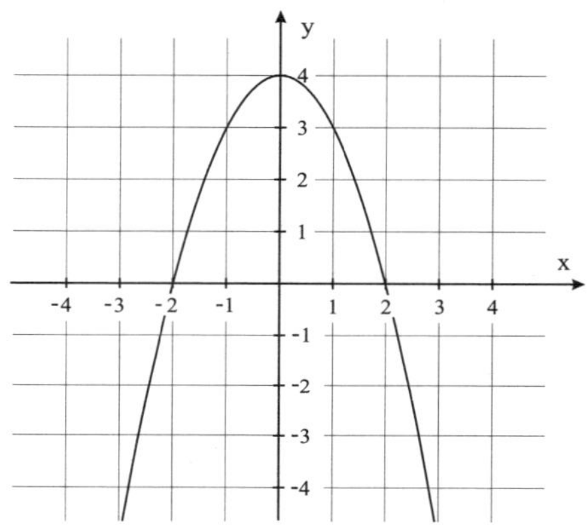

e) $f(x) = -x^2 + 4$

f) $f(x) = -(x+1)^2 + 1$
Schnittpunkt mit der y-Achse: $f(0) = -(0+1)^2 + 1 = 0 \Rightarrow S(0 \mid 0)$
Schnittpunkt mit der x-Achse: $f(x) = 0$ bzw. $f(x) = -(x+1)^2 + 1 = 0$ führt zu $x_1 = 0$, $x_2 = -2 \Rightarrow N_1(0 \mid 0), N_2(-2 \mid 0)$.
Es handelt sich um eine Normalparabel, die an der x-Achse gespiegelt und anschließend um eine LE nach links und eine LE nach oben verschoben wurde, d.h. eine nach unten geöffnete Normalparabel mit Scheitel $(-1 \mid 1)$.

g) $f(x) = (x-1)^3 + 1$
Schnittpunkt mit der y-Achse: $f(0) = (0-1)^3 + 1 = 0 \Rightarrow S(0 \mid 0)$
Schnittpunkt mit der x-Achse: $f(x) = 0$ bzw. $f(x) = (x-1)^3 + 1 = 0$ führt zu $x = 0 \Rightarrow N(0 \mid 0)$.
Es handelt sich um eine kubische Parabel, die um eine LE nach rechts und eine LE nach oben verschoben wurde.

h) $f(x) = -(x+1)^3$
Schnittpunkt mit der y-Achse: $f(0) = -(0+1)^3 = -1 \Rightarrow S(0 \mid -1)$
Schnittpunkt mit der x-Achse: $f(x) = 0$ bzw. $f(x) = -(x+1)^3 = 0$ führt zu $x = -1$
$\Rightarrow N(-1 \mid 0)$.

Es handelt sich um eine kubische Parabel, die an der x-Achse gespiegelt und anschließend um eine LE nach links verschoben wurde.

i) $f(x) = 2x^3 - 2$
Schnittpunkt mit der y-Achse: $f(0) = 2 \cdot 0^3 - 2 = -2 \Rightarrow \mathrm{S}\,(0 \mid -2)$.
Schnittpunkt mit der x-Achse: $f(x) = 0$ bzw. $f(x) = 2x^3 - 2 = 0$ führt zu $x = 1$
$\Rightarrow$ $\mathrm{N}\,(1 \mid 0)$. Es handelt sich um eine kubische Parabel, die mit Faktor 2 in y-Richtung gestreckt und um zwei LE nach unten verschoben wurde.

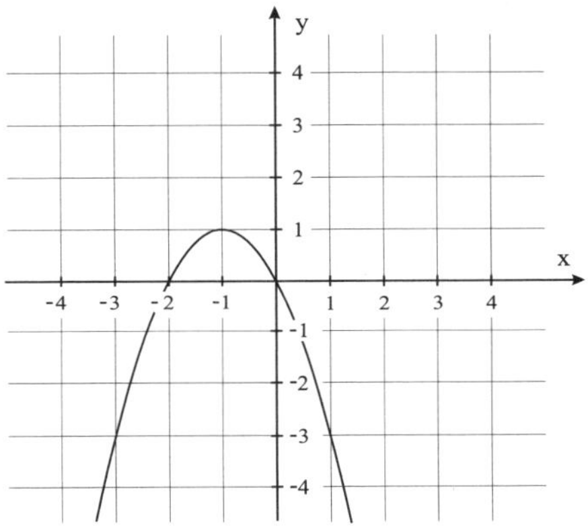

f) $f(x) = -(x+1)^2 + 1$

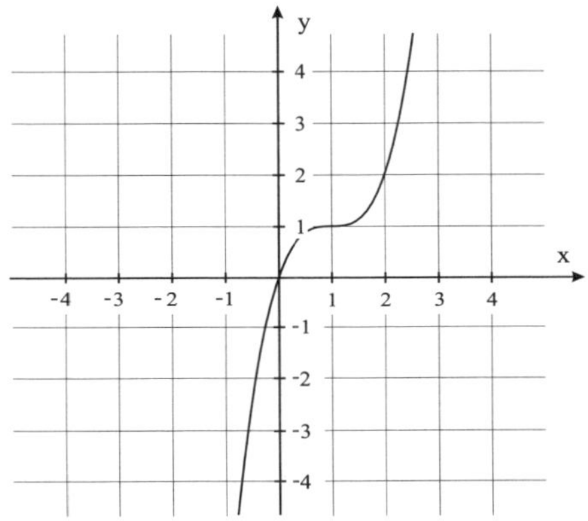

g) $f(x) = (x-1)^3 + 1$

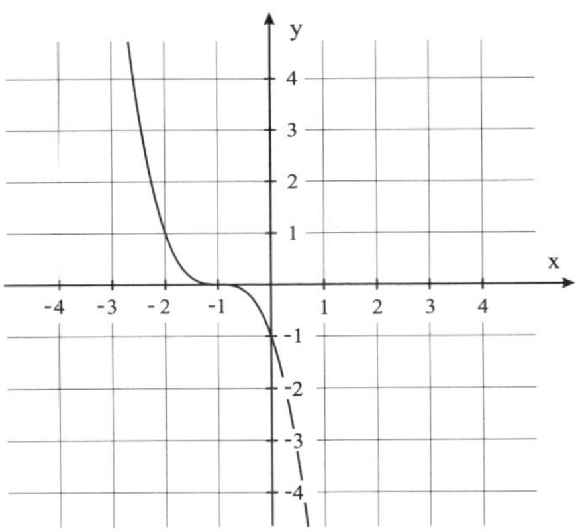

h) $f(x) = -(x+1)^3$

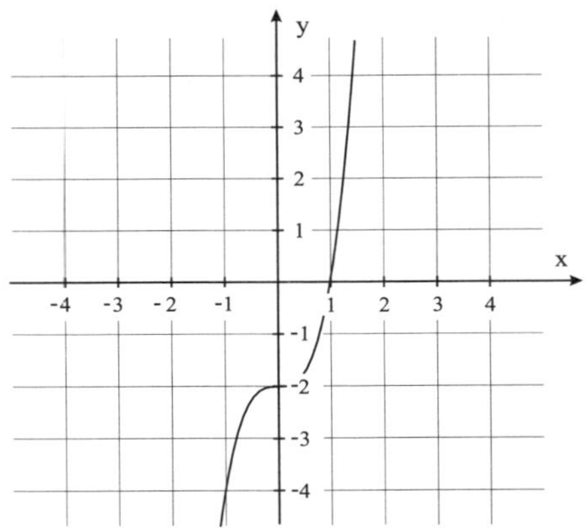

i) $f(x) = 2x^3 - 2$

1.2 Trigonometrische Funktionen

a) $f(x) = 2\sin x$
Periode: $p = \frac{2\pi}{1} = 2\pi$.
Das Schaubild der Funktion $g(x) = \sin x$ wurde mit Faktor 2 in y-Richtung gestreckt.

b) $f(x) = \frac{1}{2}\cos x$
Periode: $p = \frac{2\pi}{1} = 2\pi$.

Das Schaubild von $g(x) = \cos x$ wurde mit Faktor $\frac{1}{2}$ in y-Richtung gestaucht (bzw. gestreckt).

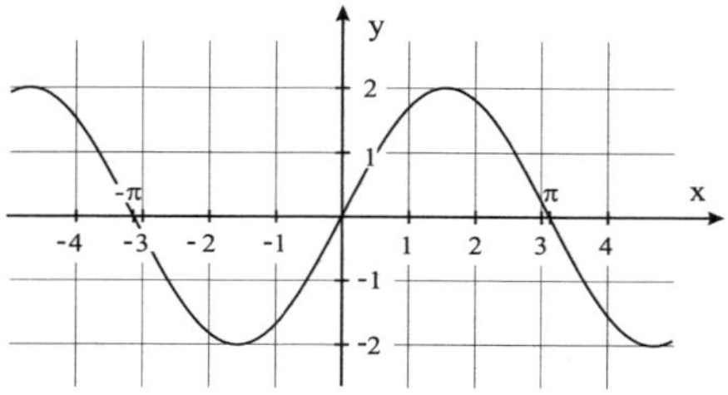

a) $f(x) = 2\sin x$

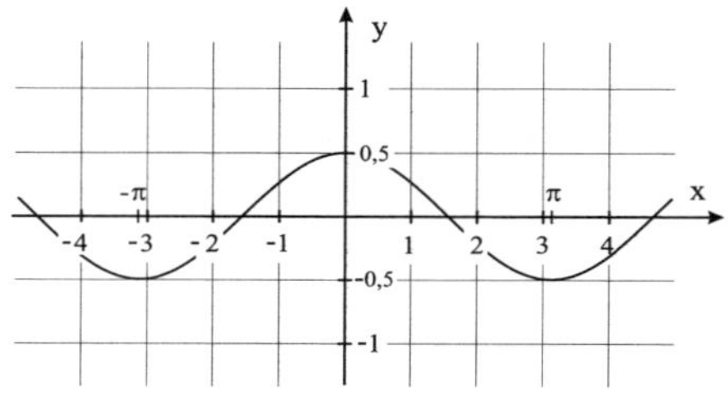

b) $f(x) = \frac{1}{2}\cos x$

c) $f(x) = \sin(2x)$
Periode: $p = \frac{2\pi}{2} = \pi$.
Das Schaubild der Funktion $g(x) = \sin x$ wurde mit Faktor 2 in x-Richtung gestaucht.

d) $f(x) = -\sin(2x) + 1$
Periode: $p = \frac{2\pi}{2} = \pi$.
Das Schaubild der Funktion $g(x) = \sin x$ wurde an der x-Achse gespiegelt, mit Faktor 2 in x-Richtung gestaucht und um eine LE nach oben verschoben.

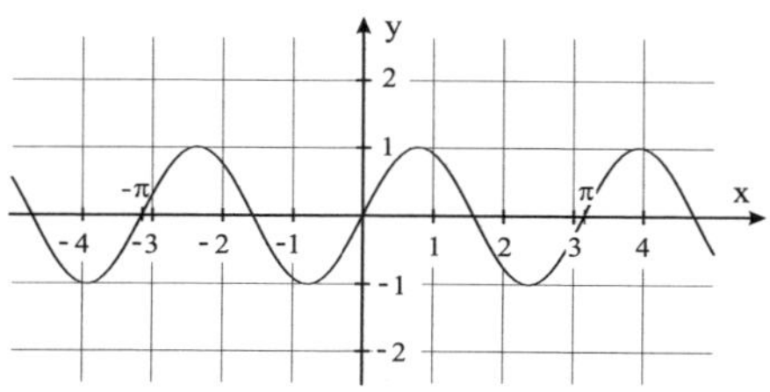

c) $f(x) = \sin(2x)$

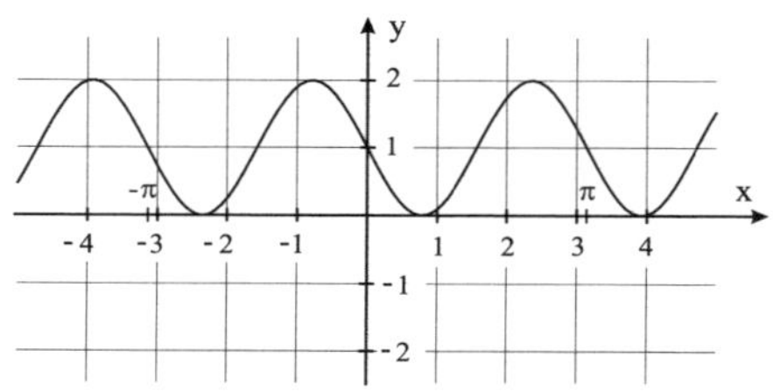

d) $f(x) = -\sin(2x) + 1$

e) $f(x) = \sin(x + 1)$
Periode: $p = \frac{2\pi}{1} = 2\pi$.
Das Schaubild der Funktion $g(x) = \sin x$ wurde um eine LE nach links verschoben.

f) $f(x) = \frac{1}{2}\sin(2x) + \frac{3}{2}$
Periode: $p = \frac{2\pi}{2} = \pi$.
Das Schaubild der Funktion $g(x) = \sin x$ wurde in x-Richtung mit Faktor 2 und in y-Richtung mit Faktor $\frac{1}{2}$ gestaucht, anschließend wurde es um $\frac{3}{2}$ LE nach oben verschoben.

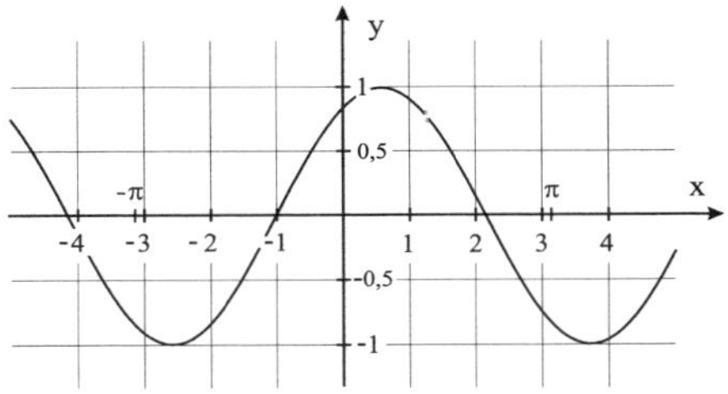

e) $f(x) = \sin(x+1)$

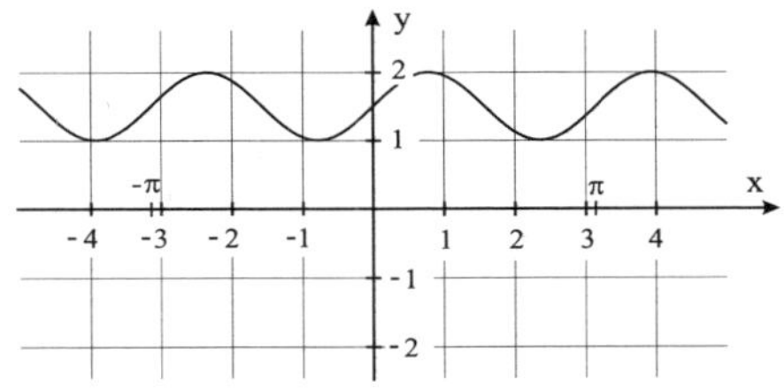

f) $f(x) = \frac{1}{2}\sin(2x) + \frac{3}{2}$

1.3 Exponentialfunktionen

a) $f(x) = e^{x-1} + 1$
Asymptote: $x \longrightarrow -\infty$ führt zu $y = 1$ (waagerechte Asymptote).
Das Schaubild der Funktion $g(x) = e^x$ wurde um eine LE nach rechts und eine LE nach oben verschoben.

b) $f(x) = -e^{x-1} + 1$
Asymptote: $x \longrightarrow -\infty$ führt zu $y = 1$ (waagerechte Asymptote).
Das Schaubild der Funktion $g(x) = e^x$ wurde an der x-Achse gespiegelt und anschließend um eine LE nach rechts und eine LE nach oben verschoben.

c) $f(x) = e^{-(x-1)} + 2$
Asymptote: $x \longrightarrow \infty$ führt zu $y = 2$ (waagerechte Asymptote).
Das Schaubild der Funktion $g(x) = e^{-x}$ wurde um eine LE nach rechts und zwei LE nach oben verschoben.

d) $f(x) = -e^{-x+1} + 1 = -e^{-(x-1)} + 1$
Asymptote: $x \longrightarrow \infty$ führt zu $y = 1$ (waagerechte Asymptote).
Das Schaubild der Funktion $g(x) = e^{-x}$ wurde an der x-Achse gespiegelt und anschließend um eine LE nach rechts und eine LE nach oben verschoben.

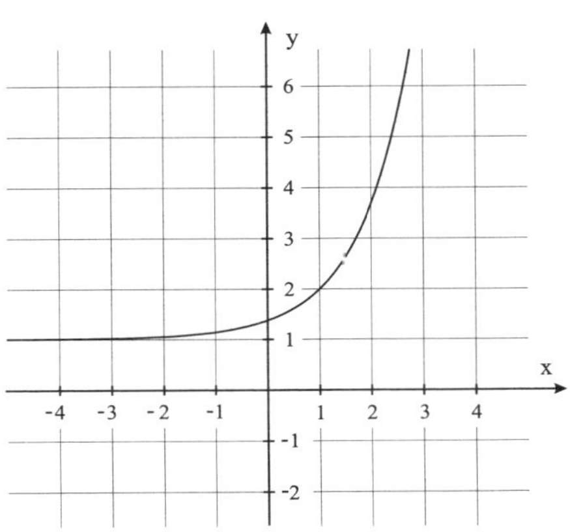

a) $f(x) = e^{x-1} + 1$

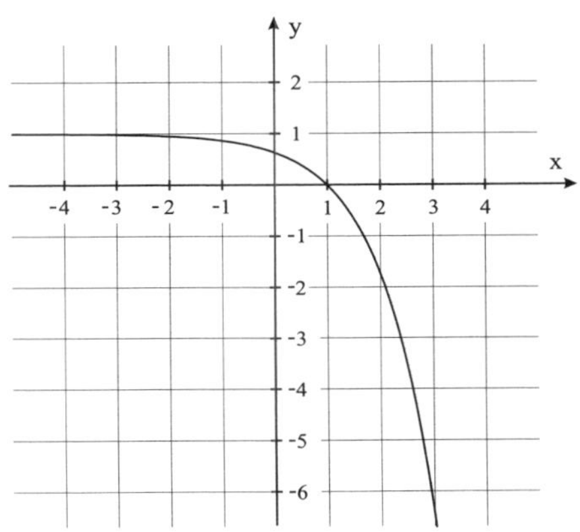

b) $f(x) = -e^{x-1} + 1$

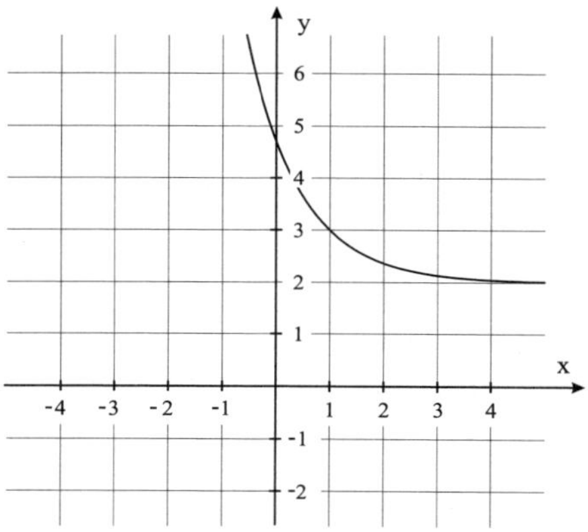

c) $f(x) = e^{-(x-1)} + 2$

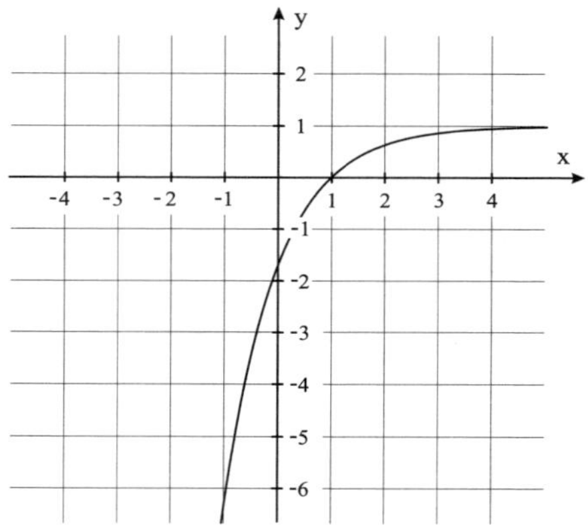

d) $f(x) = -e^{-x+1} + 1$

2 Aufstellen von Funktionen mit Randbedingungen

2.1 Ganzrationale Funktionen

a) Ansatz: $f(x) = ax^2 + bx + c$. Die drei Bedingungen ergeben

$$\begin{array}{llcccccccl} f(0)=4 & \Rightarrow & a\cdot 0^2 & + & b\cdot 0 & + & c & = & 4 \\ f(1)=0 & \Rightarrow & a\cdot 1^2 & + & b\cdot 1 & + & c & = & 0 \\ f(2)=18 & \Rightarrow & a\cdot 2^2 & + & b\cdot 2 & + & c & = & 18 \end{array}$$

Daraus ergibt sich das folgende Gleichungssystem:

$$\begin{array}{lcccccccc} \text{I} & & & & & & c & = & 4 \\ \text{II} & a & + & b & + & & c & = & 0 \\ \text{III} & 4a & + & 2b & + & & c & = & 18 \end{array}$$

Einsetzen von c und Auflösen von II und III führt auf $a = 11$ und $b = -15$. Damit ergibt sich für die Funktionsgleichung $f(x) = 11x^2 - 15x + 4$.

b) Ansatz: $f(x) = ax^2 + bx + c$ und $f'(x) = 2ax + b$. Die drei Bedingungen ergeben

$$\begin{array}{llcccccccl} f(0)=2 & \Rightarrow & a\cdot 0^2 & + & b\cdot 0 & + & c & = & 2 \\ f(1)=3 & \Rightarrow & a\cdot 1^2 & + & b\cdot 1 & + & c & = & 3 \\ f'(1)=0 & \Rightarrow & 2a\cdot 1 & + & b & & & = & 0 \end{array}$$

Daraus ergibt sich das folgende Gleichungssystem:

$$\begin{array}{lccccccc} \text{I} & & & & & c & = & 2 \\ \text{II} & a & + & b & + & c & = & 3 \\ \text{III} & 2a & + & b & & & = & 0 \end{array}$$

Einsetzen von c und Auflösen von II und III führt auf $a = -1$ und $b = 2$. Damit ergibt sich für die Funktionsgleichung $f(x) = -x^2 + 2x + 2$. Da es sich um eine nach unten geöffnete Parabel handelt, muss $\mathrm{M}(1 \mid 3)$ ein Hochpunkt sein.

c) Ansatz: $f(x) = ax^2 + b$ und $f'(x) = 2ax$. Die zwei Bedingungen ergeben

$$\begin{array}{llccccl} f(1)=6 & \Rightarrow & a\cdot 1^2 & + & b & = & 6 \\ f'(1)=2 & \Rightarrow & 2a\cdot 1 & & & = & 2 \end{array}$$

Daraus ergibt sich das folgende Gleichungssystem:

$$\begin{array}{ccccc} a & + & b & = & 6 \\ 2a & & & = & 2 \end{array}$$

Auflösen führt auf $a = 1$ und $b = 5$. Damit ergibt sich für die Funktionsgleichung $f(x) = x^2 + 5$.

d) Ansatz: $f(x) = ax^2 + b$. Die zwei Bedingungen ergeben:

$$\begin{array}{lcrcrcr} f(\sqrt{3}) = 0 & \Rightarrow & a \cdot (\sqrt{3})^2 & + & b & = & 0 \\ f(0) = -3 & \Rightarrow & a \cdot 0 & + & b & = & -3 \end{array}$$

Daraus ergibt sich das folgende Gleichungssystem:

$$\begin{array}{rcrcr} 3a & + & b & = & 0 \\ & & b & = & -3 \end{array}$$

Auflösen führt auf $b = -3$ und $a = 1$. Damit ergibt sich für die Funktionsgleichung: $f(x) = x^2 - 3$.

e) Ansatz: $f(x) = ax^3 + bx^2 + cx + d$, $f'(x) = 3ax^2 + 2bx + c$, $f''(x) = 6ax + 2b$. Die vier Bedingungen ergeben

$$\begin{array}{lcrcrcrcrcr} f(0) = 0 & \Rightarrow & a \cdot 0^3 & + & b \cdot 0^2 & + & c \cdot 0 & + & d & = & 0 \\ f''(0) = 0 & \Rightarrow & 6a \cdot 0 & + & 2b & & & & & = & 0 \\ f(2) = 2 & \Rightarrow & a \cdot 2^3 & + & b \cdot 2^2 & + & c \cdot 2 & + & d & = & 2 \\ f'(2) = 0 & \Rightarrow & 3a \cdot 2^2 & + & 2b \cdot 2 & + & c & & & = & 0 \end{array}$$

Daraus ergibt sich das folgende Gleichungssystem:

$$\begin{array}{rcrcrcrcr} & & & & & & d & = & 0 \\ & & 2b & & & & & = & 0 \\ 8a & + & 4b & + & 2c & + & d & = & 2 \\ 12a & + & 4b & + & c & & & = & 0 \end{array}$$

Es ergeben sich $d = 0$, $b = 0$. Einsetzen in die beiden unteren Gleichungen und Auflösen nach a und c ergibt $a = -\frac{1}{8}$ und $c = \frac{3}{2} = 1,5$. Damit ergibt sich für die Funktionsgleichung $f(x) = -\frac{1}{8}x^3 + 1,5x$.

f) Ansatz: $f(x) = ax^3 + bx^2 + cx + d$, $f'(x) = 3ax^2 + 2bx + c$, $f''(x) = 6ax + 2b$. Die vier Bedingungen ergeben

$$\begin{array}{lcrcrcrcrcr} f(0) = 1 & \Rightarrow & a \cdot 0^3 & + & b \cdot 0^2 & + & c \cdot 0 & + & d & = & 1 \\ f'(0) = -1 & \Rightarrow & 3a \cdot 0^2 & + & 2b \cdot 0 & + & c & & & = & -1 \\ f(-1) = 4 & \Rightarrow & a \cdot (-1)^3 & + & b \cdot (-1)^2 & + & c \cdot (-1) & + & d & = & 4 \\ f''(-1) = 0 & \Rightarrow & 6a \cdot (-1) & + & 2b & + & & & & = & 0 \end{array}$$

Daraus ergibt sich das folgende Gleichungssystem:

$$\begin{array}{rcrcrcrcr} & & & & & & d & = & 1 \\ & & & & c & & & = & -1 \\ -a & + & b & - & c & + & d & = & 4 \\ -6a & + & 2b & & & & & = & 0 \end{array}$$

Es ergeben sich $a = 1$, $b = 3$, $c = -1$, $d = 1$. Damit ergibt sich für die Funktionsgleichung $f(x) = x^3 + 3x^2 - x + 1$.

g) Ansatz: $f(x) = ax^4 + bx^2$, $f'(x) = 4ax^3 + 2bx$, $f''(x) = 12ax^2 + 2b$. Die zwei Bedingungen ergeben

$$\begin{array}{lcrcrcr} f(1) = -2,5 & \Rightarrow & a \cdot 1^4 & + & b \cdot 1^2 & = & -2,5 \\ f''(1) = 0 & \Rightarrow & 12a \cdot 1^2 & + & 2b & = & 0 \end{array}$$

Daraus ergibt sich das folgende Gleichungssystem:

$$\begin{array}{rcrcr} a & + & b & = & -2,5 \\ 12a & + & 2b & = & 0 \end{array}$$

Auflösen führt auf $a = \frac{1}{2}$ und $b = -3$. Damit ergibt sich für die Funktionsgleichung $f(x) = \frac{1}{2}x^4 - 3x^2$.

2.2 Exponentialfunktionen

Der allgemeine Ansatz der e-Funktionen ist $f(x) = a \cdot e^{kx}$. Ihre Ableitung ist $f'(x) = k \cdot a \cdot e^{kx}$.

a) Zuerst wird a bestimmt: $f(0) = 2 \Rightarrow a \cdot e^{k \cdot 0} = 2 \Rightarrow a = 2$. Anschließend setzt man dies in die zweite Gleichung ein und bestimmt k: $f(4) = 2e^{12} \Rightarrow 2 \cdot e^{k \cdot 4} = 2 \cdot e^{12}$. Teilen durch 2 ergibt $e^{k \cdot 4} = e^{12}$. Logarithmieren mit ln führt zu $k \cdot 4 = 12 \Rightarrow k = 3$. Damit ist $f(x) = 2 \cdot e^{3x}$.

b) Zuerst wird a bestimmt: $f(0) = 3 \Rightarrow a \cdot e^{k \cdot 0} = 3 \Rightarrow a = 3$. Anschließend setzt man dies in die zweite Gleichung ein und bestimmt k: $f(2) = 3e^8 \Rightarrow 3 \cdot e^{k \cdot 2} = 3 \cdot e^8$. Teilen durch 3 ergibt $e^{k \cdot 2} = e^8$. Logarithmieren mit ln führt zu $k \cdot 2 = 8 \Rightarrow k = 4$. Damit ist $f(x) = 3 \cdot e^{4x}$

c) Zuerst wird wie in den vorangegangenen Aufgaben a bestimmt: $f(0) = 3 \Rightarrow a \cdot e^{k \cdot 0} = 3 \Rightarrow a = 3$. Dies setzt man in die zweite Aussage über die Ableitung ein, um k zu bestimmen: $f'(0) = 6 \Rightarrow k \cdot 3 \cdot e^{k \cdot 0} = 6 \Rightarrow k \cdot 3 = 6 \Rightarrow k = 2$. Damit ist $f(x) = 3 \cdot e^{2x}$.

d) Zuerst wird wie in den vorangegangenen Aufgaben a bestimmt: $f(0) = 2 \Rightarrow a \cdot e^{k \cdot 0} = 2 \Rightarrow a = 2$. Dies setzt man in die zweite Aussage über die Ableitung ein, um k zu bestimmen: $f'(0) = 4 \Rightarrow k \cdot 2 \cdot e^{k \cdot 0} = 4 \Rightarrow k \cdot 2 = 4 \Rightarrow k = 2$. Damit ist $f(x) = 2 \cdot e^{2x}$.

e) Zuerst wird wie in den vorangegangenen Aufgaben a bestimmt: $f(0) = 5 \Rightarrow a \cdot e^{k \cdot 0} = 5 \Rightarrow a = 5$. Dies setzt man in die zweite Aussage ein, um k zu bestimmen: $f'(0) = 10 \Rightarrow k \cdot 5 \cdot e^{k \cdot 0} = 10 \Rightarrow k \cdot 5 = 10 \Rightarrow k = 2$. Damit ist $f(x) = 5 \cdot e^{2x}$.

2.3 Trigonometrische Funktionen

Eine grundlegende Sinusfunktion hat die Gleichung $f(x) = a \cdot \sin(b \cdot (x-c)) + d$.

a) Verschiebung um 3 LE nach oben: $d = +3$
Periode $p = \pi \Rightarrow b = \frac{2\pi}{p} = \frac{2\pi}{\pi} = 2$
Keine Verschiebung nach links/ rechts: $c = 0$
Keine Streckung in y-Richtung: $a = 1$
Setzt man die Koeffizienten ein, erhält man als Lösung $f(x) = \sin(2x) + 3$.

b) Streckfaktor 2,5 in y-Richtung: $a = 2,5$
Periode $p = \frac{\pi}{2} \Rightarrow b = \frac{2\pi}{p} = \frac{2\pi}{\frac{\pi}{2}} = 4$
Verschiebung um 3 LE nach rechts: $c = +3$
Verschiebung um 1,5 LE nach unten: $d = -1,5$
Setzt man die Koeffizienten ein, erhält man als Lösung $f(x) = 2,5 \cdot \sin(4\,(x-3)) - 1,5$.

c) Verschiebung um 2 LE nach links: $c = -2$
Verschiebung um 4 LE nach oben: $d = +4$
Streckfaktor 0,8 in y-Richtung: $a = 0,8$
Abstand zwischen zwei Hochpunkten = Periodenlänge $\Rightarrow p = 3\pi \Rightarrow b = \frac{2\pi}{p} = \frac{2\pi}{3\pi} = \frac{2}{3}$
Setzt man die Koeffizienten ein, erhält man als Lösung $f(x) = 0,8 \sin\left(\frac{2}{3} \cdot (x+2)\right) + 4$.

d) Verschiebung um 1 LE nach rechts: $c = +1$
Verschiebung um 2 LE nach unten: $d = -2$
Streckfaktor 1,7 in y-Richtung: $a = 1,7$
Abstand zwischen zwei Wendepunkten = halbe Periodenlänge $= \frac{\pi}{2} \Rightarrow p = 2 \cdot \frac{\pi}{2} = \pi$
$\Rightarrow b = \frac{2\pi}{p} = \frac{2\pi}{\pi} = 2$
Setzt man die Koeffizienten ein, erhält man als Lösung $f(x) = 1,7 \sin(2 \cdot (x-1)) - 2$.

e) Streckfaktor 2 in y-Richtung: $a = 2$
Verschiebung um 3 LE nach unten: $d = -3$
Keine Verschiebung nach links/ rechts: $c = 0$
Ansatz: $f(x) = 2 \cdot \sin(b \cdot x) - 3$
Da $P(1 \mid -1)$ auf der Kurve liegt, gilt $f(1) = -1$ also $2 \cdot \sin(b \cdot 1) - 3 = -1 \Rightarrow \sin b = 1$.
Mögliche Lösung: $b = \frac{\pi}{2} \Rightarrow p = \frac{2\pi}{b} = \frac{2\pi}{\frac{\pi}{2}} = 4$.
Die gesuchte Periode ist $p = 4$.

3 Von der Kurve zur Gleichung

3.1 Ganzrationale Funktionen

Zu jeder Aufgabe gibt es verschiedene Lösungswege, diese sind bei den Tipps zu dieser Aufgabe ausführlich beschrieben.

a) 1. Ansatz als allgemeine symmetrische Parabel 2. Grades: $f(x) = ax^2 + b$. Aus der Zeichnung liest man ab: $f(0) = 1$ und $f(1) = 2$. Einsetzen in die allgemeine Funktion ergibt folgende Gleichungen:

$$\begin{array}{ccccc} & & b & = & 1 \\ a & + & b & = & 2 \end{array}$$

Auflösen der beiden Gleichungen führt zu $a = 1$ und $b = 1 \Rightarrow f(x) = x^2 + 1$.

2. Linearfaktoransatz ist nicht möglich, da keine Nullstellen existieren.

3. Ansatz als verschobene Normalparabel: Es handelt sich um eine Normalparabel, die um 1 LE nach oben verschoben wurde. Daher wird $f(x) = x^2$ zu $f(x) = x^2 + 1$.

b) 1. Ansatz als symmetrische Parabel 3. Grades $f(x) = ax^3 + b$. Aus der Zeichnung liest man ab: $f(0) = -3$, $f(1) = -2$. Einsetzen in die allgemeine Funktion ergibt folgende Gleichungen:

$$\begin{array}{ccccc} & & b & = & -3 \\ a & + & b & = & -2 \end{array}$$

Auflösen der beiden Gleichungen führt auf $b = -3$ und $a = 1 \Rightarrow f(x) = x^3 - 3$.

2. Ansatz mit Linearfaktoren lässt sich nicht durchführen, da die Nullstelle nicht genau ablesbar ist.

3. Ansatz als verschobene Parabel 3. Grades: Es handelt sich um eine Parabel, die um 3 LE nach unten verschoben wurde. Daher wird $f(x) = x^3$ zu $f(x) = x^3 - 3$.

c) 1. Ansatz als allgemeine Parabel 2. Grades $f(x) = ax^2 + bx + c$. Aus der Zeichnung liest man ab: $f(-2) = 0$, $f(-1) = 1$, $f(0) = 4$. Einsetzen in die allgemeine Funktion ergibt folgende Gleichungen:

$$\begin{array}{ccccccc} 4a & - & 2b & + & c & = & 0 \\ a & - & b & + & c & = & 1 \\ & & & & c & = & 4 \end{array}$$

Einsetzen von c und Auflösen der beiden oberen Gleichungen führt auf $a = 1$ und $b = 4$, damit ist $f(x) = x^2 + 4x + 4$.

2. Ansatz mit Linearfaktoren: Das Schaubild hat nur eine Nullstelle für $x = -2 \Rightarrow (x+2)\cdot(x+2) = 0 \Rightarrow x^2+4x+4 = 0$. Die Funktion könnte aber noch einen Faktor besitzen, der sie in y-Richtung stauchen oder strecken würde. Daher setzt man zur Kontrolle noch einen Wert (nicht die Nullstelle!) ein und liest an der Zeichnung ab, ob die Werte stimmen. Es bieten sich an: $x = -1$ oder $x = 0$. Vergleich mit der Zeichnung ergibt eine Übereinstimmung, damit ist $f(x) = x^2+4x+4$.

3. Ansatz als verschobene Normalparabel: Es handelt sich um eine um 2 LE nach links verschobene Normalparabel, daher wird $f(x) = x^2$ zu $f(x) = (x+2)^2$. Auch hier zur Kontrolle einsetzen: $f(0) = 4$, es herrscht Übereinstimmung. Ausmultiplizieren führt zu $f(x) = x^2+4x+4$.

d) 1. Ansatz als allgemeine Funktion 2. Grades $f(x) = ax^2+bx+c$. Aus der Zeichnung liest man ab: $f(-1) = -2$, $f(0) = -1$, $f(1) = 2$. Einsetzen in die allgemeine Funktion ergibt folgende Gleichungen:

$$\begin{array}{rcrcrcr} a & - & b & + & c & = & -2 \\ & & & & c & = & -1 \\ a & + & b & + & c & = & 2 \end{array}$$

Einsetzen von c und Auflösen der oberen und unteren Gleichung führt zu $a = 1$ und $b = 2$, damit ist $f(x) = x^2+2x-1$.

2. Ansatz mit Linearfaktoren ist nicht möglich, da sich die Nullstellen nicht genau bestimmen lassen.

3. Ansatz als verschobene Normalparabel: Es handelt sich um eine Normalparabel, die um 1 LE nach links und um 2 LE nach unten verschoben ist:
$f(x) = x^2$ wird zu $f(x) = (x+1)^2-2$. Kontrolle für $x = 0$: $f(0) = -1$, d.h. Übereinstimmung. Ausmultiplizieren führt zu $f(x) = x^2+2x-1$.

e) 1. Ansatz als allgemeine Funktion 2. Grades $f(x) = ax^2+bx+c$. Aus der Zeichnung liest man ab: $f(0) = -3$, $f(1) = 0$, $f(2) = 1$. Einsetzen in die allgemeine Funktion ergibt folgende Gleichungen:

$$\begin{array}{rcrcrcr} a & + & b & + & c & = & 0 \\ 4a & + & 2b & + & c & = & 1 \\ & & & & c & = & -3 \end{array}$$

Einsetzen von c und Auflösen der beiden oberen Gleichungen führt zu $a = -1$ und $b = 4$, damit ist $f(x) = -x^2+4x-3$.

2. Ansatz mit Linearfaktoren: Das Schaubild hat Nullstellen für $x = 1$ und $x = 3$, außerdem ist es eine nach unten geöffnete Parabel, daher muss ein Faktor -1 vor die Gleichung gesetzt werden $\Rightarrow -1\cdot(x-1)\cdot(x-3) = 0 \Rightarrow -x^2+4x-3 = 0$. Kontrolle für $x = 2$: $f(2) = 1$, damit ist $f(x) = -x^2+4x-3$.

3. Ansatz als verschobene Normalparabel: Es handelt sich um eine nach unten geöffnete Normalparabel, die um 2 LE nach rechts und um 1 LE nach oben verschoben ist: $f(x) = -x^2$ wird zu $f(x) = -(x-2)^2 + 1$. Auch hier Kontrolle für $x = 2$: $f(2) = 1$, es herrscht Übereinstimmung. Ausmultiplizieren führt zu $f(x) = -x^2 + 4x - 3$.

f) 1. Der Ansatz als allgemeine Funktion 3. Grades $f(x) = ax^3 + bx^2 + cx + d$ ist zwar möglich, aber etwas langwierig: Aus der Zeichnung liest man ab: $f(-1) = 0$, $f(0) = 3$, $f(1) = 0$ und $f(3) = 0$. Einsetzen in die allgemeine Funktion ergibt folgende Gleichungen:

$$\begin{array}{rcrcrcrcl} -a & + & b & - & c & + & d & = & 0 \\ & & & & & & d & = & 3 \\ a & + & b & + & c & + & d & = & 0 \\ 27a & + & 9b & + & 3c & + & d & = & 0 \end{array}$$

Einsetzen von d und Auflösen der oberen Gleichungen führt zu $a = 1$, $b = -3$ und $c = -1$, damit ist $f(x) = x^3 - 3x^2 - x + 3$.

2. Ansatz mit Linearfaktoren: Das Schaubild hat Nullstellen für $x = -1$, $x = 1$ und $x = 3$ und geht durch den Punkt $P(2 \mid -3)$.
Also ist $f(x) = a \cdot (x+1) \cdot (x-1) \cdot (x-3)$ und es gilt:
$f(2) = -3 \Rightarrow -3 = a \cdot (2+1) \cdot (2-1) \cdot (2-3) \Rightarrow a = 1$.
Damit ist die Lösung $f(x) = x^3 - 3x^2 - x + 3$.

g) 1. Der Ansatz als allgemeine Funktion 3. Grades $f(x) = ax^3 + bx^2 + cx + d$ ist möglich, aber etwas langwierig: Aus der Zeichnung liest man ab: $f(-4) = 0$, $f(-2) = 0$, $f(-1) = 3$ und $f(0) = 0$. Einsetzen in die allgemeine Funktion ergibt folgende Gleichungen:

$$\begin{array}{rcrcrcrcl} -64a & + & 16b & - & 4c & + & d & = & 0 \\ -8a & + & 4b & - & 2c & + & d & = & 0 \\ -a & + & b & - & c & + & d & = & 3 \\ & & & & & & d & = & 0 \end{array}$$

Einsetzen von d und Auflösen der oberen Gleichungen führt zu $a = -1$, $b = -6$ und $c = -8$, damit ist $f(x) = -x^3 - 6x^2 - 8x$.

2. Ansatz mit Linearfaktoren: Das Schaubild hat Nullstellen für $x = -4$, $x = -2$ und $x = 0$ und geht durch den Punkt $P(-1 \mid 3)$.
Also ist $f(x) = a \cdot (x+4) \cdot (x+2) \cdot (x-0)$ und es gilt:
$f(-1) = 3 \Rightarrow 3 = a \cdot (-1+4) \cdot (-1+2) \cdot (-1) \Rightarrow a = -1$.
Damit ist die Lösung $f(x) = -x^3 - 6x^2 - 8x$.

h) 1. Der Ansatz als allgemeine Funktion 4. Grades $f(x) = ax^4 + bx^3 + cx^2 + dx + e$ ist möglich, aber langwierig: Aus der Zeichnung liest man ab: $f(-4) = 0$, $f(-2) = 0$, $f(0) = 8$, $f(2) = 0$ und $f(4) = 0$. Einsetzen in die allg. Funktion und schrittweises

Auflösen mit dem Gauß-Verfahren führt zu $a = \frac{1}{8}$, $b = 0$, $c = -2,5$, $d = 0$ und $e = 8$, damit ist $f(x) = \frac{1}{8}x^4 - 2,5x^2 + 8$.

2. Ansatz mit Linearfaktoren: Das Schaubild hat Nullstellen für $x = -4$, $x = -2$, $x = 2$ und $x = 4$ und geht durch den Punkt $P(0 \mid 8)$.
Also ist $f(x) = a \cdot (x+4) \cdot (x-4) \cdot (x+2) \cdot (x-2)$ und es gilt:
$f(0) = 8 \Rightarrow 8 = a \cdot 4 \cdot (-4) \cdot 2 \cdot (-2) \Rightarrow a = \frac{1}{8}$.
Damit ist die Lösung $f(x) = \frac{1}{8}\left(x^2 - 16\right)\left(x^2 - 4\right) = \frac{1}{8}x^4 - 2,5x^2 + 8$.

3.2 Trigonometrische Funktionen

a) Für $x = 0$ besitzt das Schaubild der Funktion einen Wendepunkt. Daher ist der Ansatz als Sinusfunktion am einfachsten. Die «Mittelachse» der Funktion liegt genau auf der x-Achse, es gibt also kein absolutes Glied. Die einfachste Sinusfunktion $f(x) = \sin x$ besitzt als höchsten Funktionswert $f(\frac{\pi}{2}) = 1$. Da bei der vorliegenden Funktion $f(\frac{\pi}{2}) = 2$ ist, muss ein Faktor 2 vorangestellt werden. Eine mögliche Funktion ist damit $f(x) = 2 \cdot \sin x$.
Für die trigonometrischen Funktionen gilt: $\sin x = \cos\left(x - \frac{\pi}{2}\right)$. Daher könnte man auch eine Kosinusfunktion finden, die ein entsprechendes Schaubild besitzt.

b) An der Stelle $x = 0$ besitzt das Schaubild der Funktion weder Maximum noch Wendepunkt. Daher kann man die Funktion sowohl als Sinus- als auch als Kosinusfunktion ansetzen. Die «Mittelachse» des Schaubildes liegt genau auf der x-Achse, es gibt also kein absolutes Glied. Das Maximum liegt im Punkt $H(1 \mid 1,5)$, daher liegt es nahe, die Funktion als verschobene Kosinusfunktion anzusetzen: $f(x) = \cos(x-1)$. Da das Maximum den Wert $f(1) = 1,5$ besitzt, muss der Funktion noch ein Faktor 1,5 vorangestellt werden. Ein möglicher Funktionsterm ist damit $f(x) = 1,5 \cdot \cos(x-1)$.

c) Das Schaubild besitzt für $x = 0$ einen Wendepunkt, daher ist es am einfachsten, eine Sinusfunktion zu wählen. Die «Mittelachse» des Schaubilds liegt auf der Geraden $y = 1$, das absolute Glied ist also $= 1$. Da die Auslenkung des Schaubilds der Funktion 4 LE beträgt, besitzt die Funktion einen Faktor 2. Eine mögliche Funktion ist also $f(x) = 2 \cdot \sin x + 1$.

d) Die Funktion besitzt für $x = 0$ einen Wendepunkt, daher handelt es sich vermutlich um eine Sinusfunktion. Die «Mittelachse» des Schaubilds liegt genau auf der x-Achse, es gibt also kein absolutes Glied. Das Maximum der Funktion besitzt den Funktionswert $f(1,8) \approx 4,1$, also muss der Funktion ein Faktor 4,1 vorangestellt werden. Die Periodenlänge lässt sich an den Schnittpunkten mit der x-Achse ablesen, sie beträgt ca. $7,4$ LE, daher ist das Schaubild in x-Richtung gestreckt. Der Faktor ist $\frac{2\pi}{7,4} = \frac{6,28}{7,4} \approx 0,85$. Eine mögliche Funktion ist damit die Funktion $f(x) = 4,1 \cdot \sin(0,85 \cdot x)$.
Bemerkung: Diese Aussagen sind über diese Funktion nur möglich, weil vorher bekannt war, dass es sich um eine trigonometrische Funktion handelt. Wäre dies nicht bekannt, hätte es sich auch um eine Funktion der Gestalt $f(x) = ax^4 - bx^2$ handeln können.

4 Differenzieren

Bemerkung: Klammern und das Multiplikationszeichen werden bei den Lösungen dazu verwendet, die Ausdrücke übersichtlich zu machen (z.B. um bei der Quotientenregel zu zeigen, wo sich u' und v befinden).

4.1 Ganzrationale Funktionen

a) $f'(x) = 5 \cdot 4x^4 - 3 \cdot 2x^2 = 20x^4 - 6x^2$

b) $f'(x) = 2a \cdot 3x^2 - 6a^2 \cdot 2x = 6ax^2 - 12a^2x$

c) $f'(x) = t^2 \cdot 4x^3 - 3t^3 \cdot 2x + 0 = 4t^2x^3 - 6t^3x$

d) $f'(x) = 3 \cdot (4x+1)^2 \cdot 4 = 12 \cdot (4x+1)^2$

e) $f'(x) = 4 \cdot \left(2x^2+a\right)^3 \cdot 2 \cdot 2x = 16x \cdot \left(2x^2+a\right)^3$

f) $f'(x) = 3 \cdot \left(2ax^3+3\right)^2 \cdot 2a \cdot 3x^2 = 18ax^2 \cdot \left(2ax^3+3\right)^2$

g) $f'(x) = 1 \cdot (x-k)^2 + (x-1) \cdot 2 \cdot (x-k) \cdot 1 = (x-k)^2 + 2 \cdot (x-1) \cdot (x-k)$

h) $f'(x) = 2a \cdot (x-a)^2 + 2ax \cdot 2 \cdot (x-a) \cdot 1 = 2a \cdot (x-a)^2 + 4ax \cdot (x-a)$

4.2 Exponentialfunktionen

a) $f'(x) = 6x \cdot e^{-4x} + 3x^2 \cdot e^{-4x} \cdot (-4) = e^{-4x}\left(6x - 12x^2\right) = 6xe^{-4x}(1-2x)$

b) $f'(x) = \frac{3}{2}x^2 \cdot e^{2x} + \frac{1}{2}x^3 \cdot e^{2x} \cdot 2 = e^{2x}\left(\frac{3}{2}x^2 + x^3\right)$

c) $f'(x) = 2e^{-x} + (2x+5) \cdot e^{-x} \cdot (-1) = e^{-x}(-2x-3)$

d) $f'(x) = 1 \cdot e^{-kx} + (x+k) \cdot e^{-kx} \cdot (-k) = e^{-kx}\left(1 - kx - k^2\right)$

e) $f'(x) = 2 \cdot (4x + e^{-x}) \cdot (4 + e^{-x} \cdot (-1)) = 2 \cdot (4x + e^{-x}) \cdot (4 - e^{-x})$

f) $f'(x) = 2 \cdot \left(x^2 + e^{2x}\right) \cdot \left(2x + e^{2x} \cdot 2\right) = 2 \cdot \left(x^2 + e^{2x}\right) \cdot \left(2x + 2e^{2x}\right)$
$= 4x^3 + \left(4x^2 + 4x\right)e^{2x} + 4e^{4x}$

g) $f'(x) = 2 \cdot (e^x + e^{-x}) \cdot (e^x - e^{-x}) = 2 \cdot \left(e^{2x} - e^{-2x}\right)$

h) $f'(x) = 2 \cdot \left(2k + e^{-2x}\right) \cdot e^{-2x} \cdot (-2) = -4e^{-2x} \cdot \left(2k + e^{-2x}\right)$

4.3 Trigonometrische Funktionen

a) $f'(x) = 2 \cdot \cos\left(\frac{1}{2}x^2+4\right) + 2x \cdot \left(-\sin\left(\frac{1}{2}x^2+4\right)\right) \cdot x = 2 \cdot \cos\left(\frac{1}{2}x^2+4\right) - 2x^2 \cdot \sin\left(\frac{1}{2}x^2+4\right)$

b) $f'(x) = 2x \cdot \sin(4x+3) + x^2 \cdot \cos(4x+3) \cdot 4 = 2x \cdot \sin(4x+3) + 4x^2 \cdot \cos(4x+3)$

c) $f'(x) = 2x \cdot \sin\left(\frac{1}{3}x^2+2\right) + \left(x^2-4\right) \cdot \cos\left(\frac{1}{3}x^2+2\right) \cdot \frac{2}{3}x$
$= 2x \cdot \sin\left(\frac{1}{3}x^2+2\right) + \left(\frac{2}{3}x^3 - \frac{8}{3}x\right) \cdot \cos\left(\frac{1}{3}x^2+2\right)$

d) $f'(x) = 2x \cdot \cos\left(\frac{1}{2}x-1\right) + x^2 \cdot \left(-\sin\left(\frac{1}{2}x-1\right) \cdot \frac{1}{2}\right) = 2x \cdot \cos\left(\frac{1}{2}x-1\right) - \frac{1}{2}x^2 \cdot \sin\left(\frac{1}{2}x-1\right)$

e) $f'(x) = 2 \cdot (x+\cos x) \cdot (1-\sin x)$

f) $f'(x) = 2 \cdot (\sin x + \cos x) \cdot (\cos x - \sin x) = 2 \cdot \left(\cos^2 x - \sin^2 x\right)$

g) $f'(x) = 3 \cdot \left(x^2 - \sin x\right)^2 \cdot (2x - \cos x)$

h) $f'(x) = 2 \cdot (ax - \sin(ax)) \cdot (a - a \cdot \cos(ax))$

4.4 Exponentialfunktionen und trigonometrische Funktionen

a) $f'(x) = \cos(e^x+1) \cdot e^x$

b) $f'(x) = -\sin(2e^{-x}+1) \cdot 2e^{-x} \cdot (-1) = 2e^{-x}\sin(2e^{-x}+1)$

c) $f'(x) = 2e^x \cdot \cos(2e^x+3)$

d) $f'(x) = e^x \cdot \sin x + e^x \cos x = e^x(\sin x + \cos x)$

e) $f'(x) = \frac{1}{2}e^{-x} \cdot (-1) \cdot \cos(2x) + \frac{1}{2}e^{-x} \cdot (-\sin(2x)) \cdot 2 = e^{-x} \cdot \left(-\frac{1}{2}\cos(2x) - \sin(2x)\right)$

f) $f'(x) = e^{3x} \cdot 3\sin(e^{2x}) + e^{3x} \cdot \cos(e^{2x}) \cdot e^{2x} \cdot 2 = e^{3x} \cdot \left(3\sin(e^{2x}) + 2e^{2x}\cos(e^{2x})\right)$

5 Gleichungslehre

5.1 Quadratische, biquadratische und nichtlineare Gleichungen

Die quadratische Gleichung $x^2 + px + q = 0$ lässt sich mit der pq-Formel $x_{1,2} = -\frac{p}{2} \pm \sqrt{\frac{p^2}{4} - q}$, die quadratische Gleichung $ax^2 + bx + c = 0$ lässt sich mit der abc-Formel $x_{1,2} = \frac{-b \pm \sqrt{b^2-4ac}}{2a}$ lösen.

a) Die Gleichung lässt sich mit der pq- bzw. der abc-Formel lösen, z.B. durch

$$x_{1,2} = v - \frac{3}{2} \pm \sqrt{\frac{3^2}{4} - (-4)} = -\frac{3}{2} \pm \sqrt{\frac{9}{4} + \frac{16}{4}} = -\frac{3}{2} \pm \sqrt{\frac{25}{4}} = -\frac{3}{2} \pm \frac{5}{2}$$

Damit sind $x_1 = 1$ und $x_2 = -4$.
Die Gleichung hat damit die Lösungsmenge $L = \{1; -4\}$.

b) Die Gleichung lässt sich mit der pq- bzw. der abc-Formel lösen: $x_1 = 7$, $x_2 = -8$.
Die Gleichung hat damit die Lösungsmenge $L = \{7; -8\}$.

c) Die Gleichung lässt sich mit der pq- bzw. der abc-Formel lösen: $x_1 = \frac{3}{5}$, $x_2 = -1$.
Die Gleichung hat damit die Lösungsmenge $L = \{\frac{3}{5}; -1\}$.

d) $(2x-5)\cdot(2x+5)+1 = (x-3)^2 + 2x\cdot(x-1)$ führt zu $4x^2 - 25 + 1 = x^2 - 6x + 9 + 2x^2 - 2x$ bzw. $x^2 + 8x - 33 = 0$. Diese Gleichung lässt sich mit der pq- bzw. der abc-Formel lösen: $x_{1,2} = -4 \pm \sqrt{16+33} \Rightarrow$ Lösungen: $x_1 = 3$, $x_2 = -11$. $L = \{-11; 3\}$.

e) $(x-2)\cdot(x+3) - 2\cdot(x-1)^2 = 2\cdot(2-x)$ führt zu $x^2 + 3x - 2x - 6 - 2\cdot(x^2 - 2x + 1) = 4 - 2x$ bzw. $x^2 - 7x + 12 = 0$. Diese Gleichung lässt sich mit der pq- bzw. der abc-Formel lösen: $x_{1,2} = \frac{7}{2} \pm \sqrt{\frac{49}{4} - 12} \Rightarrow$ Lösungen: $x_1 = 3$, $x_2 = 4$. $L = \{3; 4\}$.

f) $(x-1)\cdot(x-a)^2 = 0$ führt zu $x - 1 = 0$ mit der Lösung: $x_1 = 1$ und zu $(x-a)^2 = 0$ bzw. $x - a = 0$ mit der Lösung: $x_2 = a$. $L = \{1; a\}$.

g) $x^2\cdot(ax - 4a) = 0$ führt zu $x^2 = 0$ mit der Lösung: $x_1 = 0$ und zu $ax - 4a = 0$ bzw. $x - 4 = 0$ mit der Lösung: $x_2 = 4$. $L = \{0; 4\}$.

h) Ausklammern von x^3 führt zu $x^3\cdot(2x-3) = 0$. Dies führt zu $x^3 = 0$ mit der Lösung $x_1 = 0$ und zu $2x - 3 = 0$ mit der Lösung $x_2 = \frac{3}{2}$. Die Gleichung hat damit die Lösungsmenge $L = \{0; \frac{3}{2}\}$.

i) Ausklammern von x^2 führt zu $x^2\cdot(x^2 - 3x + 2) = 0$. Dies führt zu $x^2 = 0$ mit der Lösung $x_1 = 0$ und zu $x^2 - 3x + 2 = 0$. Lösen mit Hilfe der pq- oder abc-Formel führt zu $x_2 = 1$ und $x_3 = 2$. Die Gleichung hat damit die Lösungsmenge $L = \{0; 1; 2\}$.

j) x ausklammern führt zu $x \cdot (x^2 - 4) = 0$. Dies führt zu $x = 0$ mit der Lösung $x_1 = 0$ und zu $x^2 - 4 = 0$ mit den Lösungen $x_2 = 2$ und $x_3 = -2$. Die Gleichung hat damit die Lösungsmenge $\mathrm{L} = \{-2; 0; 2\}$.

k) x^2 ausklammern führt zu $x^2 \cdot (x^2 - 2) = 0 \Rightarrow x_1 = 0$. Die Gleichung $x^2 - 2 = 0$ führt zu $x_2 = \sqrt{2}$ und $x_3 = -\sqrt{2}$. Die Gleichung hat damit die Lösungsmenge $\mathrm{L} = \left\{-\sqrt{2}; 0; \sqrt{2}\right\}$.

l) x ausklammern führt zu $x \cdot \left(x^2 - 5x + 6\right) = 0$. Die erste Lösung ist damit $x_1 = 0$. Lösen von $x^2 - 5x + 6 = 0$ mit der pq- bzw. abc-Formel führt zu $x_2 = 2$ und $x_3 = 3$. Die Gleichung hat damit die Lösungsmenge $\mathrm{L} = \{0; 2; 3\}$.

m) Substitution $x^2 = v$: Die Gleichung wird zu $v^2 - 4v + 3 = 0$. Lösen mit Hilfe der pq- oder abc-Formel ergibt $v_1 = 1$ und $v_2 = 3$. Rücksubstitution: $x^2 = 1$ und $x^2 = 3$. Die Lösungen sind damit $x_{1,2} = \pm 1$ und $x_{3,4} = \pm\sqrt{3}$. Die Gleichung hat damit die Lösungsmenge $\mathrm{L} = \{-\sqrt{3}; -1; 1; \sqrt{3}\}$.

n) Die Substitution $x^2 = v$ führt zu $v^2 - 13v + 36 = 0$. Lösen mit Hilfe der pq- oder abc-Formel ergibt $v_1 = 9$ und $v_2 = 4$. Rücksubstitution: $x^2 = 9$ und $x^2 = 4$. Für die Lösungen ergibt sich damit: $x_{1,2} = \pm 3$ und $x_{3,4} = \pm 2$. Die Gleichung hat damit die Lösungsmenge $\mathrm{L} = \{-3; -2; 2; 3\}$.

5.2 Exponentialgleichungen

a) $(2x - 5) \cdot e^{-x} = 0$ führt zu $2x - 5 = 0$ mit der Lösung: $x = \frac{5}{2}$. Der Term $e^{-x} = 0$ besitzt keine Lösung, also ist $\mathrm{L} = \{\frac{5}{2}\}$.

b) $\left(x^2 - 4\right) \cdot e^{0,5x} = 0$ führt zu $x^2 - 4 = 0$ mit den Lösungen: $x_1 = -2$, $x_2 = 2$. Der Term $e^{0,5x} = 0$ besitzt keine Lösung, also ist $\mathrm{L} = \{-2; 2\}$.

c) $x \cdot e^x = 0$ führt zu $x = 0$. Der Term $e^x = 0$ besitzt keine Lösung, also ist $\mathrm{L} = \{0\}$.

d) $(x - t) \cdot e^{-x} = 0$ führt zu $x - t = 0$ mit der Lösung: $x = t$. Der Term $e^{-x} = 0$ besitzt keine Lösung, also ist $\mathrm{L} = \{t\}$.

e) $(2x - 4k) \cdot e^{2kx} = 0$ führt zu $2x - 4k = 0$ mit der Lösung: $x = 2k$. Der Term $e^{2kx} = 0$ besitzt keine Lösung, also ist $\mathrm{L} = \{2k\}$.

f) $\left(kx^2 - k\right) \cdot e^{-kx} = 0$ führt zu $kx^2 - k = 0 \Rightarrow k \cdot (x^2 - 1) = 0$ bzw. $x^2 - 1 = 0$ mit den Lösungen: $x_1 = -1$, $x_2 = 1$. Der Term $e^{-kx} = 0$ besitzt keine Lösung, also ist $\mathrm{L} = \{-1; 1\}$.

g) Substitution $e^x = v$: Wegen $e^{2x} = (e^x)^2$ gilt $e^{2x} = v^2$. Die Gleichung $e^{2x} - 6e^x + 5 = 0$ wird damit zu $v^2 - 6v + 5 = 0$. Lösen mit pq- oder abc-Formel ergibt $v_1 = 5$ und $v_2 = 1$. Rücksubstitution: $e^{x_1} = 1$ und $e^{x_2} = 5$. Die Lösungen sind damit: $x_1 = \ln 1 = 0$ und $x_2 = \ln 5$. Die Gleichung hat damit die Lösungsmenge $\mathrm{L} = \{0; \ln 5\}$.

h) Substitution $e^{2x} = v$: Da $e^{4x} = \left(e^{2x}\right)^2$ gilt $e^{4x} = v^2$. Die Gleichung $e^{4x} - 5e^{2x} + 6 = 0$ wird damit zu $v^2 - 5v + 6 = 0$. Lösen mit Hilfe der pq- oder abc-Formel ergibt $v_1 = 2$ und $v_2 = 3$. Rücksubstitution führt auf $e^{2x_1} = 2$ und $e^{2x_2} = 3$. Die Lösungen sind damit $x_1 = \frac{1}{2}\ln 2$ und $x_2 = \frac{1}{2}\ln 3$. Die Gleichung hat damit die Lösungsmenge $\mathrm{L} = \left\{ \frac{1}{2}\ln 2;\ \frac{1}{2}\ln 3 \right\}$.

i) $2 \cdot (1 - \ln x) = 1$ führt zu $2 - 2\ln x = 1$ bzw. $\ln x = \frac{1}{2}$. Nimmt man beide Seiten «e-hoch», so erhält man: $e^{\ln x} = e^{\frac{1}{2}} \Rightarrow x = e^{\frac{1}{2}}$, also ist $\mathrm{L} = \left\{ e^{\frac{1}{2}} \right\}$.

j) Die Gleichung $\ln(3 - x) = 0$ kann man lösen, indem man beide Seiten «e-hoch» nimmt; man erhält: $e^{\ln(3-x)} = e^0 \Rightarrow 3 - x = 1 \Rightarrow x = 2$, also ist $\mathrm{L} = \{2\}$.

k) Die Gleichung $\ln(2x - 3) = 0$ kann man lösen, indem man beide Seiten «e-hoch» nimmt; man erhält: $e^{\ln(2x-3)} = e^0 \Rightarrow 2x - 3 = 1 \Rightarrow x = 2$, also ist $\mathrm{L} = \{2\}$.

5.3 Bruchgleichungen

a) $\frac{150x-50}{(x-50)^2} = 0$ führt zu $150x - 50 = 0$ mit der Lösung: $x = \frac{1}{3}$. Da der Nenner für $x = \frac{1}{3}$ nicht Null wird, gilt: $\mathrm{L} = \left\{ \frac{1}{3} \right\}$.

b) $\frac{x^2-4}{(x-3)^2} = 0$ führt zu $x^2 - 4 = 0$ mit den Lösungen: $x_1 = -2$, $x_2 = 2$. Da der Nenner für $x_1 = -2$ bzw. für $x_2 = 2$ nicht Null wird, gilt: $\mathrm{L} = \{-2; 2\}$.

c) $\frac{ax^2-4x}{(a+x)^2} = 0$ führt zu $ax^2 - 4x = 0 \Rightarrow x \cdot (ax - 4) = 0$ mit den Lösungen: $x_1 = 0$ und $x_2 = \frac{4}{a}$. Da der Nenner für $x_1 = 0$ bzw. für $x_2 = \frac{4}{a}$ nicht Null wird, gilt: $\mathrm{L} = \left\{ 0; \frac{4}{a} \right\}$.

5.4 Trigonometrische Gleichungen

a) Die Substitution $3x = z$ führt zu $\sin z = 1$ mit den Lösungen $z = \frac{\pi}{2} + k \cdot 2\pi;\ k \in \mathbb{Z}$, also sind $z_1 = \frac{\pi}{2}$, $z_2 = \frac{5}{2}\pi$, $z_3 = \frac{9}{2}\pi, \ldots$ mögliche Lösungen.
Die Resubstitution $z_1 = \frac{\pi}{2} = 3x_1$ ergibt $x_1 = \frac{\pi}{6}$, $z_2 = \frac{5}{2}\pi = 3x_2$ ergibt $x_2 = \frac{5}{6}\pi$, $z_3 = \frac{9}{2}\pi = 3x_3$ ergibt $x_3 = \frac{3}{2}\pi$, $z_4 = \frac{13}{2}\pi$ ergibt keine weitere Lösung.
Als Lösungsmenge erhält man $\mathrm{L} = \left\{ \frac{1}{6}\pi;\ \frac{5}{6}\pi;\ \frac{3}{2}\pi \right\}$.

b) Die Substitution $4x = z$ führt zu $\sin z = 0$ mit den Lösungen $z = k \cdot \pi;\ k \in \mathbb{Z}$, also sind $z_1 = 0$, $z_2 = \pi$, $z_3 = 2\pi, \ldots$ mögliche Lösungen.
Die Resubstitution $z_1 = 0 = 4x_1$ ergibt $x_1 = 0$, $z_2 = \pi = 4x_2$ ergibt $x_2 = \frac{\pi}{4}$, $z_3 = 2\pi = 4x_3$ ergibt $x_3 = \frac{\pi}{2}$, $z_4 = 3\pi = 4x_4$ ergibt $x_4 = \frac{3}{4}\pi$, $z_5 = 4\pi = 4x_5$ ergibt $x_5 = \pi$, $z_6 = 5\pi$ ergibt keine weitere Lösung.
Als Lösungsmenge erhält man $\mathrm{L} = \left\{ 0;\ \frac{1}{4}\pi;\ \frac{1}{2}\pi;\ \frac{3}{4}\pi;\ \pi \right\}$.

c) Die Substitution $2x = z$ führt zu $\cos z = -1$ mit den Lösungen $z = \pi + k \cdot 2\pi;\ k \in \mathbb{Z}$, also sind $z_1 = \pi$, $z_2 = 3\pi$, $z_3 = 5\pi, \ldots$ mögliche Lösungen.
Die Resubstitution $z_1 = \pi = 2x_1$ ergibt $x_1 = \frac{\pi}{2}$, $z_2 = 3\pi = 2x_2$ ergibt $x_2 = \frac{3}{2}\pi$, $z_3 = 5\pi$ ergibt keine weitere Lösung.
Als Lösungsmenge erhält man $\mathrm{L} = \left\{ \frac{1}{2}\pi;\ \frac{3}{2}\pi \right\}$.

d) Die Substitution $3x = z$ führt zu $\cos z = 0$ mit den Lösungen $z = \frac{\pi}{2} + k \cdot \pi$; $k \in \mathbb{Z}$, also sind $z_1 = \frac{\pi}{2}$, $z_2 = \frac{3}{2}\pi$, $z_3 = \frac{5}{2}\pi, \ldots$ mögliche Lösungen.
Die Resubstitution $z_1 = \frac{\pi}{2} = 3x_1$ ergibt $x_1 = \frac{\pi}{6}$, $z_2 = \frac{3}{2}\pi = 3x_2$ ergibt $x_2 = \frac{\pi}{2}$, $z_3 = \frac{5}{2}\pi = 3x_3$ ergibt $x_3 = \frac{5}{6}\pi$, $z_4 = \frac{7}{2}\pi$ ergibt keine weitere Lösung.
Als Lösungsmenge erhält man $\mathrm{L} = \{\frac{1}{6}\pi; \frac{1}{2}\pi; \frac{5}{6}\pi\}$.

e) Die Substitution $x - \pi = z$ führt zu $\sin z = 0$ mit den Lösungen $z = k \cdot \pi$; $k \in \mathbb{Z}$, also sind $z_1 = 0$, $z_2 = \pi$, $z_3 = -\pi$, $z_4 = 2\pi$, $z_5 = -2\pi$
Die Resubstitution $z_1 = 0 = x_1 - \pi$ ergibt $x_1 = \pi$, $z_2 = \pi = x_2 - \pi$ ergibt $x_2 = 2\pi$, $z_3 = -\pi = x_3 - \pi$ ergibt $x_3 = 0$, $z_{4,5} = \pm 2\pi$ ergeben keine weiteren Lösungen.
Als Lösungsmenge erhält man $\mathrm{L} = \{0; \pi; 2\pi\}$.

f) Die Substitution $2x - \pi = z$ führt zu $\sin z = 1$ mit den Lösungen $z = \frac{\pi}{2} + k \cdot 2\pi$; $k \in \mathbb{Z}$, also sind $z_1 = \frac{\pi}{2}$, $z_2 = \frac{5}{2}\pi$, $z_3 = \frac{9}{2}\pi, \ldots$ mögliche Lösungen.
Die Resubstitution $z_1 = \frac{\pi}{2} = 2x_1 - \pi$ ergibt $x_1 = \frac{3}{4}\pi$, $z_2 = \frac{5}{2}\pi = 2x_2 - \pi$ ergibt $x_2 = \frac{7}{4}\pi$, $z_3 = \frac{9}{2}\pi$ ergibt keine weitere Lösung.
Als Lösungsmenge erhält man $\mathrm{L} = \{\frac{3}{4}\pi; \frac{7}{4}\pi\}$.

g) Die Substitution $2x + \pi = z$ führt zu $\cos z = -1$ mit den Lösungen $z = \pi + k \cdot 2\pi$; $k \in \mathbb{Z}$, also $z_1 = \pi$, $z_2 = 3\pi$, $z_3 = 5\pi, \ldots$ mögliche Lösungen.
Die Resubstitution von $z_1 = \pi = 2x_1 + \pi$ ergibt $x_1 = 0$, $z_2 = 3\pi = 2x + \pi$ ergibt $x_2 = \pi$, $z_3 = 5\pi = 2x_3 + \pi$ ergibt $x_3 = 2\pi$, $z_4 = 7\pi$ ergibt keine weitere Lösung.
Als Lösungsmenge erhält man $\mathrm{L} = \{0; \pi; 2\pi\}$.

h) Die Substitution $2x + \pi = z$ führt zu $\cos z = 0$ mit den Lösungen $z = \frac{\pi}{2} + k \cdot \pi$; $k \in \mathbb{Z}$, also sind $z_1 = \frac{\pi}{2}$, $z_2 = \frac{3}{2}\pi$, $z_3 = \frac{5}{2}\pi, \ldots$ mögliche Lösungen.
Die Resubstitution $z_1 = \frac{\pi}{2} = 2x_1 + \pi$ ergibt keine mögliche Lösung, $z_2 = \frac{3}{2}\pi = 2x_2 + \pi$ ergibt $x_2 = \frac{\pi}{4}$, $z_3 = \frac{5}{2}\pi = 2x_3 + \pi$ ergibt $x_3 = \frac{3}{4}\pi$, $z_4 = \frac{7}{2}\pi$ ergibt keine weitere Lösung.
Als Lösungsmenge erhält man $\mathrm{L} = \{\frac{1}{4}\pi; \frac{3}{4}\pi\}$.

5.5 Lineare Gleichungssysteme

a) Gegeben ist das Gleichungssystem:

$$\begin{array}{lrcrcrcr} \text{I} & x_1 & + & 2x_2 & - & x_3 & = & 8 \\ \text{II} & -x_1 & + & x_2 & + & 2x_3 & = & 0 \\ \text{III} & -x_1 & - & 5x_2 & - & 4x_3 & = & -12 \end{array}$$

Addieren von I zu II und I zu III führt zu:

$$\begin{array}{lrcrcrcr} \text{I} & x_1 & + & 2x_2 & - & x_3 & = & 8 \\ \text{IIa} & & & 3x_2 & + & x_3 & = & 8 \\ \text{IIIa} & & - & 3x_2 & - & 5x_3 & = & -4 \end{array}$$

Addieren von IIa und IIIa führt zu:

$$\begin{array}{lcrcrcl} \text{I} & x_1 & + & 2x_2 & - & x_3 & = & 8 \\ \text{IIa} & & & 3x_2 & + & x_3 & = & 8 \\ \text{IIIb} & & & & - & 4x_3 & = & 4 \end{array}$$

Aus IIIb folgt: $x_3 = -1$. Einsetzen in IIa ergibt: $3x_2 + (-1) = 8 \Rightarrow x_2 = 3$.
Einsetzen in I ergibt: $x_1 + 2 \cdot 3 - (-1) = 8 \Rightarrow x_1 = 1$.
Die Lösungsmenge ist damit: $\mathrm{L} = \{(1;3;-1)\}$.
Alternativ kann man das Gleichungssystem auch mit dem GTR lösen, indem man es als Matrix schreibt und vereinfacht:

$$\begin{pmatrix} 1 & 2 & -1 & 8 \\ -1 & 1 & 2 & 0 \\ -1 & -5 & -4 & -12 \end{pmatrix} \Rightarrow \begin{pmatrix} 1 & 0 & 0 & 1 \\ 0 & 1 & 0 & 3 \\ 0 & 0 & 1 & -1 \end{pmatrix}$$

Die Werte in der Spalte ganz rechts in der transformierten Matrix sind die Lösung des LGS.

b) Gegeben ist das Gleichungssystem:

$$\begin{array}{lcrcrcrcr} \text{I} & x_1 & + & 2x_2 & - & 2x_3 & = & 7 \\ \text{II} & x_1 & - & x_2 & - & 4x_3 & = & -9 \\ \text{III} & x_1 & + & 4x_2 & + & 3x_3 & = & 25 \end{array}$$

Multiplikation von I mit (-1) und addieren zu II und III führt zu:

$$\begin{array}{lcrcrcrcr} \text{I} & x_1 & + & 2x_2 & - & 2x_3 & = & 7 \\ \text{IIa} & & - & 3x_2 & - & 2x_3 & = & -16 \\ \text{IIIa} & & & 2x_2 & + & 5x_3 & = & 18 \end{array}$$

Multiplikation von IIa mit 2 und IIIa mit 3 und addieren führt zu:

$$\begin{array}{lcrcrcrcr} \text{I} & x_1 & + & 2x_2 & - & 2x_3 & = & 7 \\ \text{IIb} & & - & 6x_2 & - & 4x_3 & = & -32 \\ \text{IIIb} & & & & & 11x_3 & = & 22 \end{array}$$

Aus IIIb folgt: $x_3 = 2$. Einsetzen in IIb ergibt: $-6x_2 - 4 \cdot 2 = -32 \Rightarrow x_2 = 4$.
Einsetzen in I ergibt: $x_1 + 2 \cdot 4 - 2 \cdot 2 = 7 \Rightarrow x_1 = 3$.
Die Lösungsmenge ist damit: $\mathrm{L} = \{(3;4;2)\}$.
Alternativ kann man das Gleichungssystem auch mit dem GTR lösen, indem man es als Matrix schreibt und vereinfacht:

$$\begin{pmatrix} 1 & 2 & -2 & 7 \\ 1 & -1 & -4 & -9 \\ 1 & 4 & 3 & 25 \end{pmatrix} \Rightarrow \begin{pmatrix} 1 & 0 & 0 & 3 \\ 0 & 1 & 0 & 4 \\ 0 & 0 & 1 & 2 \end{pmatrix}$$

Die Werte in der Spalte ganz rechts in der transformierten Matrix sind die Lösung des LGS.

c) Gegeben ist das Gleichungssystem:

$$\begin{array}{lrcrcrcr} \text{I} & x_1 & + & x_2 & + & 7x_3 & = & 2 \\ \text{II} & 2x_1 & - & x_2 & - & 3x_3 & = & -5 \\ \text{III} & 4x_1 & - & x_2 & + & 4x_3 & = & -7 \end{array}$$

Multiplikation von I mit (-2) und addieren zu II, sowie Multiplikation von I mit (-4) und addieren zu III führt zu:

$$\begin{array}{lrcrcrcr} \text{I} & x_1 & + & x_2 & + & 7x_3 & = & 2 \\ \text{IIa} & & - & 3x_2 & - & 17x_3 & = & -9 \\ \text{IIIa} & & - & 5x_2 & - & 24x_3 & = & -15 \end{array}$$

Multiplikation von IIa mit (-5) und von IIIa mit 3 und addieren führt zu:

$$\begin{array}{lrcrcrcr} \text{I} & x_1 & + & x_2 & + & 7x_3 & = & 2 \\ \text{IIb} & & & 15x_2 & + & 85x_3 & = & 45 \\ \text{IIIb} & & & & & 13x_3 & = & 0 \end{array}$$

Aus IIIb folgt: $x_3 = 0$. Einsetzen in IIb ergibt: $15x_2 + 0 = 45 \Rightarrow x_2 = 3$. Einsetzen in I ergibt: $x_1 + 3 + 7 \cdot 0 = 2 \Rightarrow x_1 = -1$.
Die Lösungsmenge ist damit: $\mathrm{L} = \{(-1\,;3\,;0)\}$.
Alternativ kann man das Gleichungssystem auch mit dem GTR lösen, indem man es als Matrix schreibt und vereinfacht:

$$\begin{pmatrix} 1 & 1 & 7 & 2 \\ 2 & -1 & -3 & -5 \\ 4 & -1 & 4 & -7 \end{pmatrix} \Rightarrow \begin{pmatrix} 1 & 0 & 0 & -1 \\ 0 & 1 & 0 & 3 \\ 0 & 0 & 1 & 0 \end{pmatrix}$$

Die Werte in der Spalte ganz rechts in der transformierten Matrix sind die Lösung des LGS.

d) Gegeben ist das Gleichungssystem

$$\begin{array}{rcrcrcr} x_1 & + & 2x_2 & - & x_3 & = & 4 \\ -x_1 & + & 2x_2 & - & 3x_3 & = & 6 \\ 2x_1 & + & 4x_2 & - & 2x_3 & = & 8 \end{array}$$

Der Vergleich der verschiedenen Gleichungen ergibt, dass die erste und die dritte Gleichung Vielfache voneinander sind, da die dritte Gleichung das Doppelte der ersten Gleichung ist. Es bleiben daher folgende Gleichungen übrig:

$$\begin{array}{lrcrcrcr} \text{I} & x_1 & + & 2x_2 & - & x_3 & = & 4 \\ \text{II} & -x_1 & + & 2x_2 & - & 3x_3 & = & 6 \end{array}$$

addieren von I zu II führt zu:

$$\begin{array}{lrcrcrcr} \text{I} & x_1 & + & 2x_2 & - & x_3 & = & 4 \\ \text{IIa} & & & 4x_2 & - & 4x_3 & = & 10 \end{array}$$

Man wählt nun z.B. $x_3 = t$ und setzt dies in Gleichung IIa ein:

$$\begin{array}{lrcrcrcr} \text{I} & x_1 & + & 2x_2 & - & x_3 & = & 4 \\ \text{IIb} & & & 4x_2 & - & 4t & = & 10 \end{array}$$

auflösen von IIb nach x_2 führt zu: $x_2 = t + 2,5$.
Nun wird in I eingesetzt und nach x_1 aufgelöst: $x_1 + 2(t+2,5) - t = 4 \Rightarrow x_1 = -t - 1$.
Damit ist die Lösungsmenge: $\mathrm{L} = \{(-t-1\,; t+2,5\,; t) \mid t \in \mathbb{R}\}$.
Alternativ kann man das Gleichungssystem auch mit dem GTR lösen, indem man es als Matrix schreibt und vereinfacht:

$$\begin{pmatrix} 1 & 2 & -1 & 4 \\ -1 & 2 & -3 & 6 \\ 2 & 4 & -2 & 8 \end{pmatrix} \Rightarrow \begin{pmatrix} 1 & 0 & 1 & -1 \\ 0 & 1 & -1 & 2,5 \\ 0 & 0 & 0 & 0 \end{pmatrix}$$

Da die unterste Zeile der rechten Matrix eine Nullzeile ist, gibt es unendliche viele Lösungen. Diese werden durch die oberen beiden Zeilen festgelegt. Man kann nun eine Variable beliebig wählen und damit die beiden anderen Variablen bestimmen. Wählt man z.B. $x_3 = t$, ergibt sich die gleiche Lösungsmenge wie oben angegeben.

e) Gegeben ist das Gleichungssystem:

$$\begin{array}{lrcrcrcr} \text{I} & x & + & 2y & + & z & = & 4 \\ \text{II} & -x & - & 4y & + & z & = & 7 \\ \text{III} & 2x & + & 8y & - & 2z & = & 18 \end{array}$$

addieren von I zu II, sowie Multiplikation von I mit (-2) und addieren zu III führt zu:

$$\begin{array}{lrcrcrcr} \text{I} & x & + & 2y & + & z & = & 4 \\ \text{IIa} & & - & 2y & + & 2z & = & 11 \\ \text{IIIa} & & & 4y & - & 4z & = & 10 \end{array}$$

Multiplikation von IIa mit 2 und addieren zu IIIa führt zu:

$$\begin{array}{lrcrcrcr} \text{I} & x & + & 2y & + & z & = & 4 \\ \text{IIb} & & - & 4y & + & 4z & = & 22 \\ \text{IIIb} & & & & & 0 & = & 32 \end{array}$$

Gleichung IIIb ist ein Widerspruch. Damit ist das Gleichungssystem nicht lösbar und die Lösungsmenge ist leer: $\mathrm{L} = \{\,\}$.
Alternativ kann man das Gleichungssystem auch mit dem GTR lösen, indem man es als

Matrix schreibt und vereinfacht:

$$\begin{pmatrix} 1 & 2 & 1 & 4 \\ -1 & -4 & 1 & 7 \\ 2 & 8 & -2 & 18 \end{pmatrix} \Rightarrow \begin{pmatrix} 1 & 0 & 3 & 0 \\ 0 & 1 & -1 & 0 \\ 0 & 0 & 0 & 1 \end{pmatrix}$$

Da die unterste Zeile der rechten Matrix ein Widerspruch ist, ist die Lösungsmenge des Gleichungssystems leer.

f) Gegeben ist das Gleichungssystem

$$\begin{array}{lrcrcrcr} \text{I} & x & - & y & + & 2z & = & 6 \\ \text{II} & -2x & + & 2y & - & 4z & = & -12 \\ \text{III} & 2x & + & y & + & z & = & 3 \end{array}$$

Der Vergleich der verschiedenen Gleichungen ergibt, dass die erste und die zweite Gleichung ein Vielfaches voneinander sind, denn es ist $\text{II} = -2 \cdot \text{I}$. Die zweite Gleichung kann daher gestrichen werden. Es bleiben folgende Gleichungen:

$$\begin{array}{lrcrcrcr} \text{I} & x & - & y & + & 2z & = & 6 \\ \text{III} & 2x & + & y & + & z & = & 3 \end{array}$$

Addieren von I zu III führt zu:

$$\begin{array}{lrcrcrcr} \text{I} & x & - & y & + & 2z & = & 6 \\ \text{IIIa} & 3x & & & + & 3z & = & 9 \end{array}$$

Man wählt nun z.B. $z = t$ und setzt dies in die Gleichung IIIa ein:

$$\begin{array}{lrcrcrcr} \text{I} & x & - & y & + & 2z & = & 6 \\ \text{IIIb} & 3x & & & + & 3t & = & 9 \end{array}$$

Auflösen von IIIb nach x führt zu: $x = 3 - t$.
Nun wird in I eingesetzt und nach y aufgelöst: $(3-t) - y + 2t = 6 \Rightarrow y = t - 3$. Damit ist die Lösungsmenge: $\text{L} = \{(3-t\,;t-3\,;t) \mid t \in \mathbb{R}\}$.
Alternativ kann man das Gleichungssystem auch mit dem GTR lösen, indem man es als Matrix schreibt und vereinfacht

$$\begin{pmatrix} 1 & -1 & 2 & 6 \\ -2 & 2 & -4 & -12 \\ 2 & 1 & 1 & 3 \end{pmatrix} \Rightarrow \begin{pmatrix} 1 & 0 & 1 & 3 \\ 0 & 1 & -1 & -3 \\ 0 & 0 & 0 & 0 \end{pmatrix}$$

Da die unterste Zeile der rechten Matrix eine Nullzeile ist, gibt es unendliche viele Lösungen. Diese werden durch die oberen beiden Zeilen festgelegt. Man kann nun eine Variable beliebig wählen und damit die beiden anderen Variablen bestimmen. Wählt man z.B. $x_3 = t$, ergibt sich die gleiche Lösungsmenge wie oben angegeben.

6 Eigenschaften von Kurven

6.1 Schaubild der Ableitungsfunktion, Aussagen bewerten

6.1.1 f_1 bis f_4

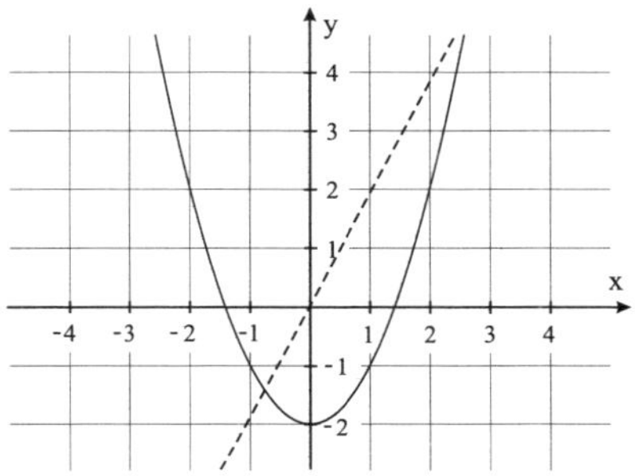

f_1

Extremwert:	$x = 0$	$\Rightarrow f'(0) = 0$
Punkt 1	$x = 1$	$\Rightarrow f'(1) = 2$

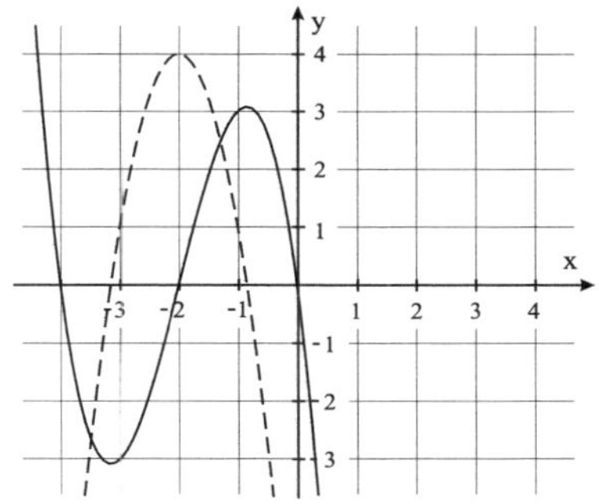

f_2

Extremwert:	$x \approx -3,1$	$\Rightarrow f'(-3,1) = 0$
Wendepunkt:	$x = -2$	$\Rightarrow f'(-2) \approx 4$
Extremwert:	$x \approx -0,8$	$\Rightarrow f'(-0,8) = 0$

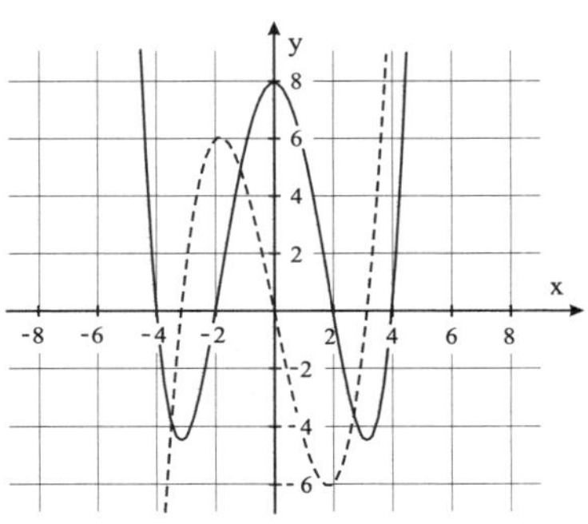

f_3

Extremwert:	$x \approx -3,2$	$\Rightarrow f'(-3,2) = 0$
Wendepunkt:	$x \approx -1,8$	$\Rightarrow f'(-1,8) \approx 6$
Extremwert:	$x = 0$	$\Rightarrow f'(0) = 0$
Wendepunkt:	$x \approx 1,8$	$\Rightarrow f'(1,8) \approx -6$
Extremwert:	$x \approx 3,2$	$\Rightarrow f'(3,2) = 0$

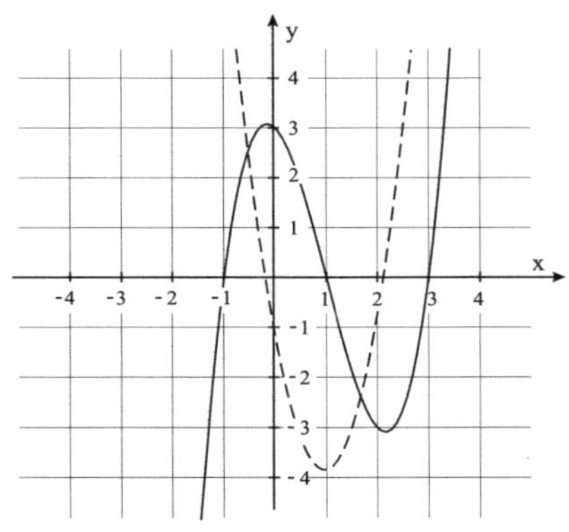

f_4

Extremwert:	$x \approx -0,1$	$\Rightarrow f'(-0,1) = 0$
Wendepunkt:	$x = 1$	$\Rightarrow f'(1) \approx -4$
Extremwert:	$x \approx 2,2$	$\Rightarrow f'(2,2) = 0$

Bewertung der Aussagen:	$f'(1) \geqslant 0$	f_1	~~f_2~~	~~f_3~~	~~f_4~~
	$f'(0) = 0$	f_1	~~f_2~~	f_3	~~f_4~~
	$f''(1) = 0$	~~f_1~~	~~f_2~~	~~f_3~~	f_4

6.1.2 f_5 bis f_8

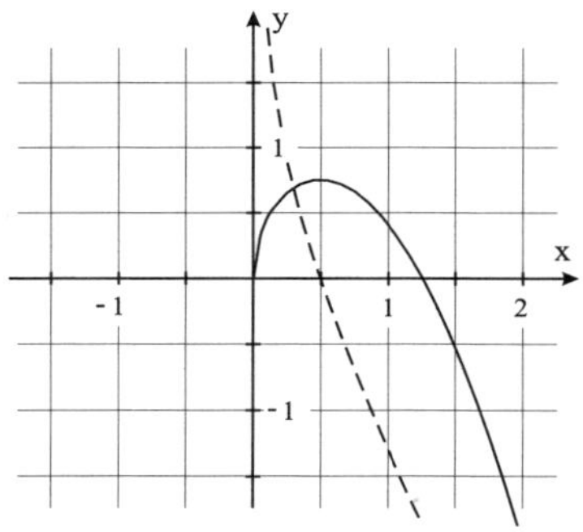

f_5

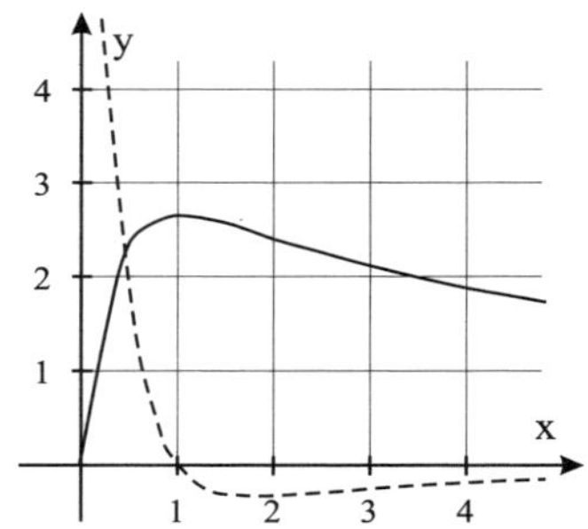

f_6

Extremwert:	$x = 0,5$	$\Rightarrow f'(0,5) \approx 0$
Punkt 1:	$x = 0,75$	$\Rightarrow f'(0,75) \approx -\frac{1}{2}$
Punkt 2:	$x = 1,5$	$\Rightarrow f'(1,5) \approx -2$

Punkt 1:	$x = 0,5$	$\Rightarrow f'(0,5) \approx 2$
Extremwert:	$x \approx 1$	$\Rightarrow f'(1) = 0$
Wendepunkt:	$x \approx 2,2$	$\Rightarrow f'(2,2) \approx -\frac{1}{3}$

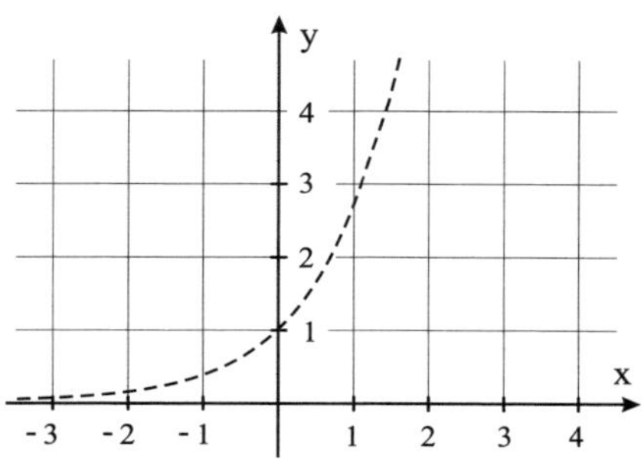

f_7

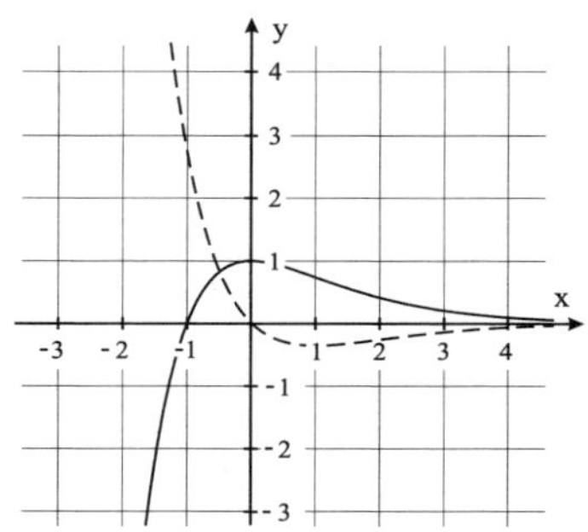

f_8

Punkt 1:	$x = -1$	$\Rightarrow f'(-1) \approx \frac{1}{3}$
Punkt 2:	$x = 0$	$\Rightarrow f'(0) \approx 1$
Punkt 3:	$x = 1$	$\Rightarrow f'(1) \approx 3$

Punkt 1:	$x = -1$	$\Rightarrow f'(-1) \approx 2$
Extremwert:	$x = 0$	$\Rightarrow f'(0) = 0$
Wendepunkt:	$x \approx 1$	$\Rightarrow f'(1) \approx -\frac{1}{3}$

Bemerkung: Bei f_7 handelt es sich um die Funktion $f(x) = e^x$, daher sind Kurve und Ableitungskurve identisch.

Bewertung der Aussagen:

f' hat bei x = 1 ein relatives Maximum	~~f_5~~	~~f_6~~	~~f_7~~	~~f_8~~
f' ist für $x > 0$ monoton fallend	f_5	~~f_6~~	~~f_7~~	~~f_8~~
f' ist für $x > 0$ monoton steigend	~~f_5~~	~~f_6~~	f_7	~~f_8~~
f' ist für x > 1 negativ	f_5	f_6	~~f_7~~	f_8

6.2 Stamm- und Ableitungsfunktionen

Aufgabe I

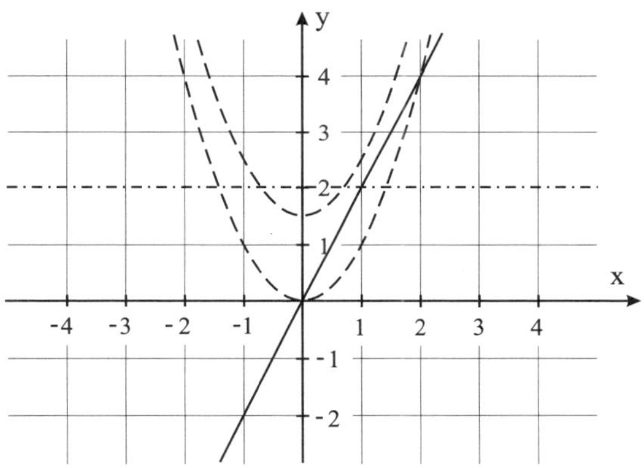

- Funktion $f(x)$: ——
- Mögliche Stammfunktionen F(x): – – –
- Ableitung $f'(x)$: – · – ·
- Die eingezeichneten Stammfunktionen sind nur einige von vielen möglichen Stammfunktionen, da diese in Bezug auf eine Verschiebung in y-Richtung nicht festgelegt sind.

a) Antwort: ja, die Ableitung einer Geraden ist immer eine waagerechte Gerade, da die Steigung einer Geraden konstant ist. Daher ist das Schaubild der Ableitungsfunktion parallel zur Geraden $y = 1$.

b) Antwort: unentscheidbar, die Lage einer allgemeinen Stammfunktion ist in Bezug auf Verschiebung in y-Richtung (nach «oben» und «unten») nicht bestimmt.

c) Antwort: nein, streng monoton wachsend bedeutet für das Schaubild, dass die y-Werte für zunehmende x-Werte auch immer größer werden. Mathematisch heißt das: $f'(x) > 0$, die Steigung ist an jedem Punkt des Schaubildes positiv. Dies gilt zwar für f, nicht aber für f'.

d) Antwort: ja, das Schaubild der Ableitungsfunktion ist eine waagerechte Gerade. Diese erfüllt die Bedingung $f'(-x) = f'(x) = 2$.

Aufgabe II

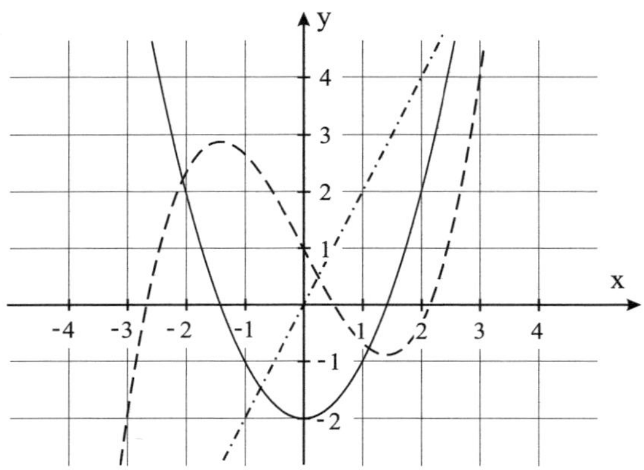

- Funktion $f(x)$: ——
- Mögliche Stammfunktionen F(x): – – –
- Ableitung $f'(x)$: – · – ·
- Die eingezeichnete Stammfunktion ist nur eine von vielen möglichen Stammfunktionen, da diese in Bezug auf eine Verschiebung in y-Richtung nicht festgelegt sind.

a) Antwort: ja, die Ableitungskurve einer Parabel ist eine Gerade mit einer Steigung ungleich Null. Diese besitzt genau eine Nullstelle am Extrempunkt der Parabel. Da die Parabel diesen für $x = 0$ hat, liegt die Nullstelle auch im fraglichen Intervall.

b) Antwort: unentscheidbar, die Lage einer allgemeinen Stammfunktion ist in Bezug auf Verschiebung in y-Richtung (nach «oben» und «unten») nicht bestimmt.

c) Antwort: ja, die Extremstellen einer Funktion sind Nullstellen der 1. Ableitung. Da die Funktion f die Ableitung von F ist, besitzt F genau 2 Extremstellen im Intervall. Da die Nullstellen von f an den Stellen $x \approx \pm 1{,}4$ liegen, befinden sich die Extrempunkte an den Punkten $(1{,}4 \mid (\mathrm{F}(1{,}4))$ bzw. $(-1{,}4 \mid (\mathrm{F}(-1{,}4))$.

6.3 Interpretation von Schaubildern

Aufgabe I

a) Besondere Punkte im Schaubild sind alle Punkte, an denen sich die Steigung der Kurve stark ändert. Dies ist zuerst am Anfang ($t = 0$), dann nach ca. 10 Tagen der Fall, wenn die Kurve waagerecht wird. Der nächste besondere Punkt ist nach ca. 40 Tagen: die Kurve steigt wieder an. Der letzte wichtige Punkt kommt bei ca. 60 Tagen: Die Anzahl der verkauften Artikel steigt fast nicht mehr an.

b) Keine! Die y-Achse gibt die Absolutanzahl der verkauften Artikel an (und nicht die verkauften Artikel pro Tag). Da die Kurve in der Zeit zwischen der 3. und 4. Woche waagerecht verläuft, sind keine Artikel verkauft worden.

c) Nach 40 Tagen hat die Firma ca. 150 Artikel verkauft, nach 60 Tagen ca. 680. Um die durchschnittliche Verkaufszahl zu ermitteln, berechnet man den Durchschnitt:

$\frac{680-150}{60-40} = \frac{530}{20} = 26{,}5$. Soweit sich die Zahlen an der Kurve genau ablesen lassen, hat die Firma in der Zeit vom 40. bis zum 60. Tag durchschnittlich 27 Artikel pro Tag verkauft.

d) Man legt eine Hilfsgerade durch die Kurve, die der Steigung des 50. Tages entspricht. Die Steigung dieser Gerade ermittelt man durch «Abzählen»: $m \approx \frac{780}{20} = 39$. Also ist die Verkaufsrate am 50. Tag ca. 39 Artikel pro Tag.

e) Die Zukunftsprognose ist eher schlecht, da die Kurve sich der 800-Artikel-Marke nur sehr langsam annähert. In der Zeit zwischen dem 65. und dem 130. Tag wurden fast keine Artikel mehr verkauft.

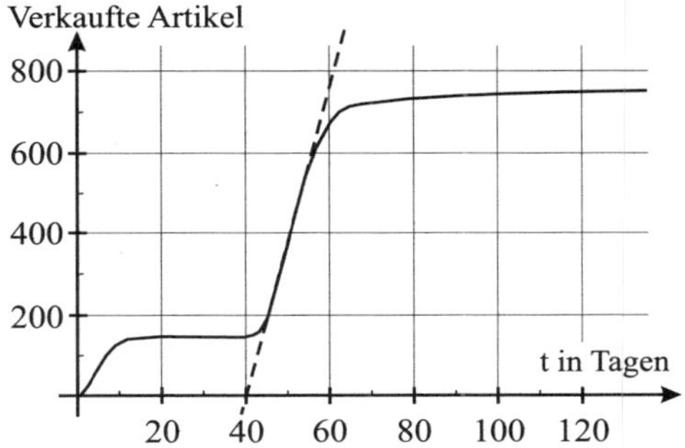

Aufgabe I

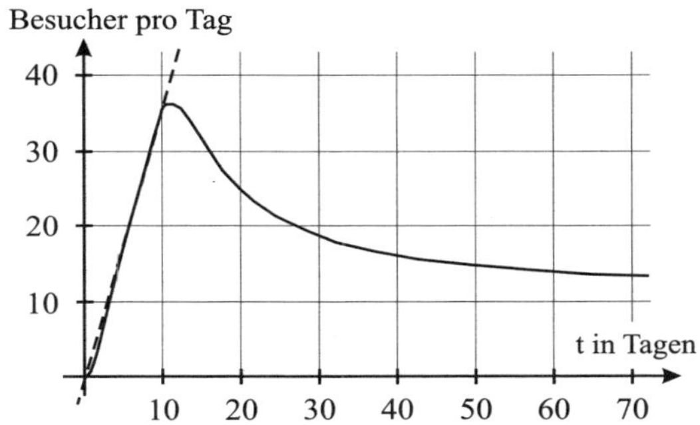

Aufgabe II

Aufgabe II

a) Besondere Punkte im Schaubild der Funktion sind die Punkte, an denen sich die Steigung der Kurve stark ändert. In dieser Aufgabe betrifft dies vor allem den Bereich zwischen 10 und 12 Tagen, da hier die Anzahl der Besucher pro Tag nicht mehr zunimmt, sondern kurz stagniert, um dann abzunehmen.
Auch die Punkte zwischen 12 und 60 Tagen könnten als «besondere» Punkte bezeichnet werden: Die Steigung verändert sich auch hier, die Abnahme der Besucherzahlen ist nicht mehr so stark wie am Anfang, sondern langsamer.

b) Der Bereich um $t = 11$ sind die Tage, an denen die Ausstellung am besten besucht war.

c) Um genau herauszufinden, wie viele Besucher die Ausstellung in den ersten 10 Tagen besucht haben, müsste man die Kurve integrieren. Ohne eine Kenntnis des Funktionsterms ist dies aber nicht ohne weiteres möglich. Da die Kurve am Anfang aber fast gerade verläuft, kann man sie durch eine Gerade mit der Steigung $m = \frac{35}{10} \approx 3{,}5$ annähern. Die Gesamtbesucherzahl entspricht der Fläche unter dieser Geraden. Diese Fläche kann man mit der Dreiecksflächenformel ausrechnen: $A = \frac{1}{2} \cdot 10 \cdot 35 = 175$ FE. Das bedeutet, dass in den ersten 10 Tagen ca. 175 Besucher die Ausstellung gesehen haben (alternativ könnte man auch die Gleichung der Gerade aufstellen: $y = 3,5x$ und diese in den Grenzen $t = 0$ und $t = 10$ integrieren).

d) Nach 80 Tagen kann man ca. 12 Besucher pro Tag erwarten. Die tägliche Besucherzahl nähert sich dem Wert 10 asymptotisch an.

Aufgabe III

a) Die Werbeaktion mit den Flyern wurde wahrscheinlich in der 1. Woche durchgeführt, die Fernsehspots ab Anfang der 3. Woche gesendet (diese Werte müssen Schätzungen bleiben, da nicht bekannt ist, wie lange die Werbeaktionen durchgeführt wurden).

b) Das Schaubild der Funktion besitzt für $t = 1$ eine lokale Extremstelle (ein lokales Maximum). Ein lokales Maximum ist nur auf eine Umgebung um t bezogen ein Maximum. Das Maximum für $t = 4$ hingegen ist ein globales Maximum. An der Stelle $t = 2$ besitzt die Funktion ein lokales Minimum. Auch dieses Minimum ist nur in Bezug auf die Umgebung von t ein Minimum. Der Punkt P(0 | 0) ist ein Randminimum, da er am Rand des in der Zeichnung angegebenen Intervalls liegt.

c) Funktionen, die keine lokalen Extremstellen besitzen, sind Geraden wie $f(x) = x$ oder $f(x) = 2x + 1$. Auch die e-Funktion $f(x) = e^x$ besitzt keine lokalen Extremstellen.

7 Kurvendiskussion

7.1 Elemente der Kurvendiskussion

a) $f(x) = x^2 \cdot e^x$, Ableiten (Produktregel) und Ausklammern ergibt $f'(x) = (x^2 + 2x) \cdot e^x$. Erneutes Ableiten (Produktregel) und Ausklammern ergibt $f''(x) = \left(x^2 + 4x + 2\right) \cdot e^x$. Einsetzen von $x = 0$: $f'(0) = (0^2 + 2 \cdot 0)e^0 = 0 \Rightarrow$ die Funktion hat einen Extremwert für $x = 0$. Überprüfen in $f''(x) : f''(0) = (0^2 + 4 \cdot 0 + 2)e^0 = 2$, es ist $2 > 0 \Rightarrow$ Es handelt sich um ein Minimum.

b) Nein, die Kurve berührt die x-Achse nur, da es sich bei dem Punkt $\mathrm{P}(x_0 \mid 0)$ um einen Hochpunkt handelt.

c) Die Steigung ist kleiner als Null für x-Werte, die etwas kleiner sind als x_0 («links» von x_0) und größer als Null für x-Werte, die größer sind als x_0 («rechts» von x_0). Der nächstfolgende Extremwert (falls existent) einer ganzrationalen Funktion muss ein Maximum sein.

d) Das Schaubild der Stammfunktion von f hat an der Stelle x_0 einen Extrempunkt oder einen Sattelpunkt. (Ausnahme: $f(x) = 0$.) In diesem Fall wäre $\mathrm{F}(x) = 3$ eine mögliche Stammfunktion. Es ist $f(2) = 0$, $(2 \mid 3)$ ist aber kein Extrempunkt und kein Sattelpunkt.)

e) $f(x) = 3x^3 + 4$, Ableiten ergibt $f'(x) = 9x^2$, $f''(x) = 18x$, $f'''(x) = 18$. Einsetzen von $x = 0$: $f'(0) = 0$. Außerdem hat $f'(x)$ bei $x = 0$ keinen Vorzeichenwechsel $\Rightarrow$ das Schaubild der Funktion besitzt einen Sattelpunkt in $(0 \mid 4)$.

f) $\lim\limits_{x \to \infty} \left(x^2 \cdot e^{-x} + 1\right) = \lim\limits_{x \to \infty} x^2 \cdot e^{-x} + \lim\limits_{x \to \infty} 1$.
Es ist $\lim\limits_{x \to \infty} x^2 \cdot e^{-x} = 0$ und $\lim\limits_{x \to \infty} 1 = 1$.
Damit ist $y = 1$ die Asymptote der Funktion für $x \to \infty$.

g) Es ist $f(x) = \frac{1}{4}x^4 - x^3 + 4x - 2$, $f'(x) = x^3 - 3x^2 + 4$, $f''(x) = 3x^2 - 6x$, $f'''(x) = 6x - 6$
Einsetzen von $x = 2$: $f'(2) = 0$, $f''(2) = 0$, $f'''(2) = 6 \neq 0$. Der Punkt $(2 \mid 2)$ ist daher ein Sattelpunkt und kein Tiefpunkt.

h) Es ist $f'(x) = 2xe^{-x} + x^2\ e^{-x} \cdot (-1) = \left(2x - x^2\right) e^{-x}$.
Bei Punkten mit waagerechter Tangente ist $f'(x) = 0$, also $\left(2x - x^2\right) e^{-x} = 0 \Rightarrow x_1 = 0$ und $x_2 = 2$. Um die y-Werte zu erhalten, setzt man die x-Werte in $f(x)$ ein: $y_1 = 0^2 e^{-0} = 0$ und $y_2 = 2^2 e^{-2} = 4e^{-2} \Rightarrow \mathrm{P}_1\,(0 \mid 0)$ und $\mathrm{P}_2\left(2 \mid 4e^{-2}\right)$. Die Steigung zwischen den zwei Punkten ist $m = \frac{y_2 - y_1}{x_2 - x_1} = \frac{4e^{-2} - 0}{2 - 0} = 2 \cdot e^{-2}$. Eingesetzt in die Punkt-Steigungsform $y - y_1 = m \cdot (x - x_1)$ ergibt sich $y - 0 = 2e^{-2} \cdot (x - 0)$, also hat die Gerade die Gleichung $y = 2e^{-2} \cdot x$.

i) Es ist $f'(x) = 1e^{-x} + x \cdot e^{-x} \cdot (-1) = (1 - x)e^{-x}$,
$f''(x) = -1e^{-x} + (1 - x)e^{-x} \cdot (-1) = (x - 2)e^{-x}$,
$f'''(x) = 1e^{-x} + (x - 2)e^{-x} \cdot (-1) = (3 - x)e^{-x}$.

Setzt man $f''(x) = 0$, so erhält man $(x-2)e^{-x} = 0 \Rightarrow x = 2$.
Setzt man $x = 2$ in $f'''(x)$ ein, so ergibt sich $f'''(2) = (3-2)e^{-2} \neq 0$, also existiert genau ein Wendepunkt W $\left(2 \mid 2e^{-2}\right)$.

j) Es ist $f'(x) = g'(x)e^{-x} + g(x)e^{-x} \cdot (-1) = (g'(x) - g(x))\, e^{-x}$.
Bei Punkten mit waagerechter Tangente ist $f'(x) = 0$, also $(g'(x) - g(x))\, e^{-x} = 0$ bzw. $g'(x) - g(x) = 0$. Dies ist eine quadratische Gleichung, da $g'(x)$ 1. Grades und $g(x)$ 2. Grades ist. (Somit ist $g'(x) - g(x)$ 2. Grades.) Eine quadratische Gleichung hat maximal zwei Lösungen, also hat das Schaubild von f maximal zwei Punkte mit waagerechter Tangente.

k) Es ist $f'(x) = (x-2)^3$.
Da $f'(2) = (2-2)^3 = 0$, ist die notwendige Bedingung für einen lokalen Tiefpunkt erfüllt. Zur Ermittlung des Vorzeichenwechsels betrachtet man $x-$Werte, die kleiner bzw. größer als 2 sind:
$x < 2 \Rightarrow f'(x) < 0$, da der Term in der Klammer kleiner als Null ist und «hoch 3» das Vorzeichen beibehält.
$x > 2 \Rightarrow f'(x) > 0$, da der Term in der Klammer größer als Null ist und «hoch 3» das Vorzeichen beibehält.
Somit wechselt f' das Vorzeichen an der Stelle $x = 2$ von $-$ nach $+$.
Also hat das Schaubild von f bei $x = 2$ einen Tiefpunkt.

l) Es ist $f(x) = 2 \cdot \sin\left(x - \frac{\pi}{2}\right)$. P liegt auf dem Schaubild von f, da $f(\pi) = 2 \cdot \sin\left(\pi - \frac{\pi}{2}\right) = 2 \cdot \sin\left(\frac{\pi}{2}\right) = 2$.
Es ist $f'(x) = 2 \cdot \cos\left(x - \frac{\pi}{2}\right)$. Die Steigung im Punkt P$(\pi \mid 2)$ erhält man durch Einsetzen von $x = \pi$ in $f'(x)$:
$f'(\pi) = 2 \cdot \cos\left(\pi - \frac{\pi}{2}\right) = 2 \cdot \cos\left(\frac{\pi}{2}\right) = 0$, also liegt im Punkt P eine waagrechte Tangente vor.

m) Es ist $f(x) = \frac{1}{2} \cdot \sin(2x - \pi)$,
$f'(x) = \frac{1}{2} \cdot \cos(2x - \pi) \cdot 2 = \cos(2x - \pi)$,
$f''(x) = -\sin(2x - \pi) \cdot 2 = -2 \cdot \sin(2x - \pi)$,
$f'''(x) = -2 \cdot \cos(2x - \pi) \cdot 2 = -4 \cdot \cos(2x - \pi)$.
Da $f''(\pi) = -2 \cdot \sin(2\pi - \pi) = -2 \cdot \sin(\pi) = -2 \cdot 0 = 0$ und $f'''(\pi) = -4 \cdot \cos(2\pi - \pi) = -4 \cdot \cos(\pi) = 4 \neq 0$, hat das Schaubild von f bei $x = \pi$ einen Wendepunkt.

7.2 Funktionenscharen/ Funktionen mit Parameter

a) I) Es handelt sich bei den Schaubildern von f_t um parallele Geraden mit der Steigung $m = \frac{1}{2}$, die je nach Wert von t entlang der y-Achse verschoben werden (siehe Zeichnung).

II) Der Punkt $P_1(2 \mid 3)$ wird in die Gleichung eingesetzt und liefert $3 = \frac{1}{2} \cdot 2 + t$. Umstellen nach t ergibt $t = 2$. Die Funktion ist damit $f_2(x) = \frac{1}{2}x + 2$.

Der Punkt $P_2(1 \mid 2)$ wird in die Gleichung eingesetzt und liefert $2 = \frac{1}{2} \cdot 1 + t$. Umstellen nach t ergibt $t = \frac{3}{2}$. Die Funktion ist damit $f_{\frac{3}{2}}(x) = \frac{1}{2}x + \frac{3}{2}$.

b) I) Es handelt sich bei den Schaubildern von f_t um Geraden, die alle durch den Punkt $(0 \mid 2)$ gehen (siehe Zeichnung), bei Variation von t verändert sich die Steigung der Geraden.

II) Der Punkt $P_1(1 \mid 5)$ wird in die Gleichung eingesetzt und liefert $5 = t \cdot 1 + 2$. Umstellen nach t ergibt $t = 3$. Die Funktion ist damit $f_3(x) = 3x + 2$.
Der Punkt $P_2(1 \mid 1{,}5)$ wird in die Gleichung eingesetzt und liefert $1{,}5 = t \cdot 1 + 2$. Umstellen nach t ergibt $t = -\frac{1}{2}$. Die Funktion ist damit $f_{-\frac{1}{2}}(x) = -\frac{1}{2}x + 2$.

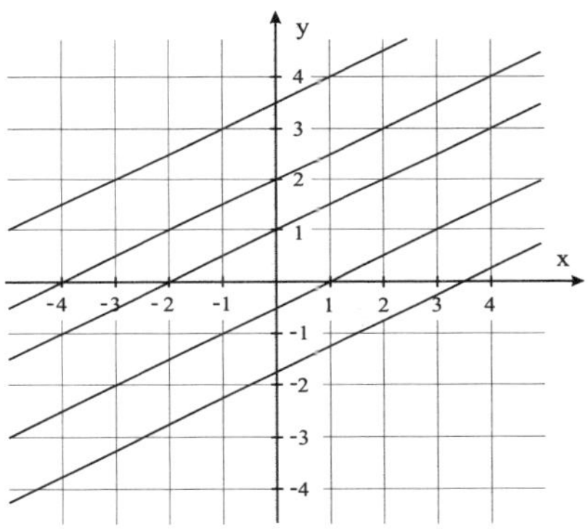

Kurvenschar a)

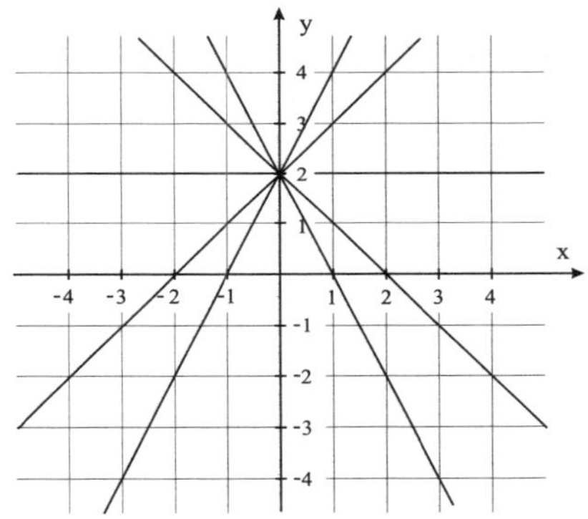

Kurvenschar b)

c) I) Es handelt sich bei den Schaubildern von f_t um Geraden, die alle durch den Punkt $(2 \mid 0)$ gehen. Man kann dies an der Funktion sehen, wenn man t ausklammert: $f_t(x) = tx - 2t = t(x-2)$. Es handelt sich um eine gegenüber der Geraden $y = t \cdot x$ um 2 LE nach rechts verschobene Gerade (siehe Zeichnung).

II) Der Punkt $P_1(3 \mid 2)$ wird in die Gleichung eingesetzt und liefert $2 = t \cdot 3 - 2 \cdot t$. Umstellen nach t ergibt $t = 2$. Die Funktion ist damit $f_2(x) = 2x - 4$.
Der Punkt $P_2(1 \mid \frac{1}{2})$ wird in die Gleichung eingesetzt und liefert $\frac{1}{2} = t \cdot 1 - 2 \cdot t$. Umstellen nach t ergibt $t = -\frac{1}{2}$. Die Funktion ist damit $f_{-\frac{1}{2}}(x) = -\frac{1}{2}x + 1$.

d) I) Es handelt sich bei den Schaubildern von f_t um Parabeln, die symmetrisch zur y-Achse sind. Je nach Wert von t sind die Parabeln «gestreckt» oder «gestaucht». Für positive Werte von t sind die Parabeln nach oben geöffnet, für negative Werte sind sie nach unten geöffnet (siehe Zeichnung).

II) Der Punkt $P_1(2 \mid 2)$ wird in die Gleichung eingesetzt und liefert $2 = t \cdot 2^2$. Umstellen nach t ergibt $t = \frac{1}{2}$. Die Funktion damit $f_{\frac{1}{2}}(x) = \frac{1}{2}x^2$.
Der Punkt $P_2(-1 \mid -2)$ wird in die Gleichung eingesetzt und liefert $-2 = t \cdot (-1)^2$.

Umstellen nach t ergibt $t = -2$. Die Funktion ist damit $f_{-2}(x) = -2x^2$.

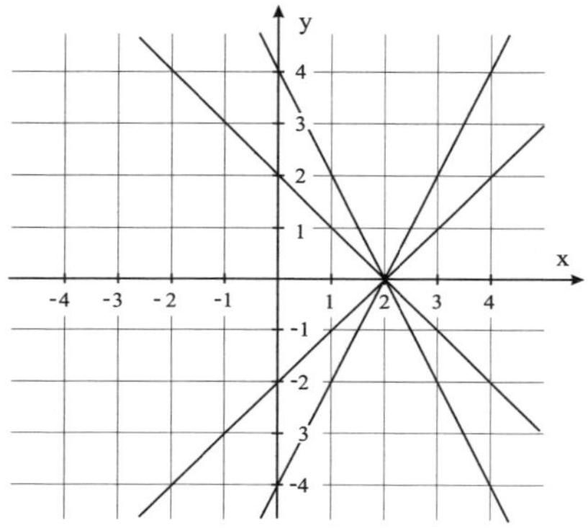

Kurvenschar c)

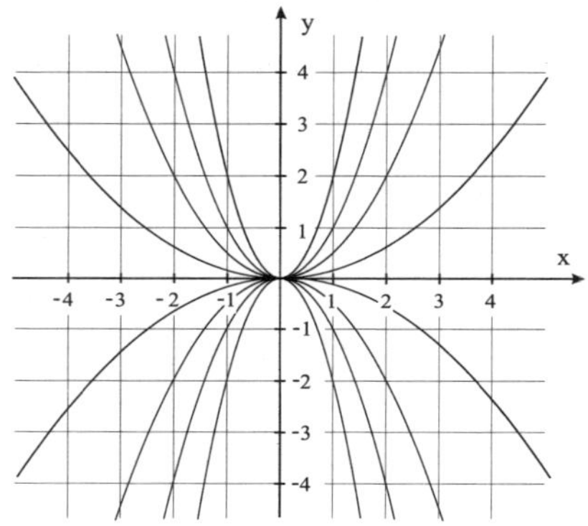

Kurvenschar d)

e) Um die Nullstellen der Funktion $f(x) = x^2 - ax + 1$; $a > 0$ in Abhängigkeit von a zu bestimmen, wird der Funktionsterm gleich Null gesetzt:
$x^2 - ax + 1 = 0$ wird mit de pq-Formel gelöst. Es ergibt sich $x_{1,2} = \frac{a}{2} \pm \sqrt{\frac{a^2}{4} - 1}$. Für die Anzahl der Lösungen ist der Term unter der Wurzel – die Diskriminante – verantwortlich. Je nachdem, ob sie größer, gleich oder kleiner als Null ist gibt es zwei, eine oder keine Lösung:

- Für $\frac{a^2}{4} - 1 > 0$ d.h. $a > 2$ gibt es zwei Lösungen
- Für $\frac{a^2}{4} - 1 = 0$ d.h. $a = 2$ gibt es eine Lösung
- Für $\frac{a^2}{4} - 1 < 0$ d.h. $a < 2$ gibt es keine Lösung.

f) Die Ableitungen der Funktionen sind
$f(x) = -x^2 + 2 \Rightarrow f'(x) = -2x$
$g_t(x) = tx^2 - 1 \Rightarrow g_t{}'(x) = 2tx$
Damit die Schaubilder der Funktionen im Schnittpunkt aufeinander senkrecht stehen, müssen folgende Gleichungen gelten:

$$\begin{array}{lrcl} \text{I} & f(x) & = & g_t(x) \\ \text{II} & f'(x) \cdot g_t'(x) & = & -1 \end{array}$$

Dabei ist Gleichung I die Gleichung für den Schnittpunkt und Gleichung II die Orthogonalitätsbedingung. Setzt man die Funktionen bzw. die Ableitungen ein, führt dies zu

$$\begin{array}{lrclcrclcrcl} \text{Ia} & -x^2+2 & = & tx^2-1 & \Rightarrow & 3 & = & x^2\cdot(t+1) & \Rightarrow & x^2 & = & \frac{3}{t+1} \\ \text{IIa} & -2x\cdot 2tx & = & -1 & \Rightarrow & & & & & -4tx^2 & = & -1 \end{array}$$

Nun setzt man Gleichung Ia in Gleichung IIa ein: $-4t \cdot \frac{3}{t+1} = -1$. Auflösen nach t ergibt $t = \frac{1}{11}$. Die beiden Kurven stehen also für $t = \frac{1}{11}$ im Schnittpunkt senkrecht aufeinander.

g) Die Ableitungen sind
$f(x) = 2x^2 \Rightarrow f'(x) = 4x$
$g_t(x) = -tx^2 + 4 \Rightarrow g_t{}'(x) = -2tx$
Damit die Schaubilder der Funktionen im Schnittpunkt aufeinander senkrecht stehen, müssen folgende Gleichungen gelten:

$$\begin{array}{lrcl} \text{I} & f(x) & = & g_t(x) \\ \text{II} & f'(x) \cdot g_t{}'(x) & = & -1 \end{array}$$

Dabei ist Gleichung I die Gleichung für den Schnittpunkt und Gleichung II die Orthogonalitätsbedingung. Setzt man die Funktionen bzw. die Ableitungen ein, führt dies zu

$$\begin{array}{lrclcrcl} \text{Ia} & 2x^2 & = & -tx^2+4 & \Rightarrow & x^2 & = & \frac{4}{t+2} \\ \text{IIa} & 4x\cdot(-2)tx & = & -1 & \Rightarrow & -8tx^2 & = & -1 \end{array}$$

Nun setzt man Gleichung Ia in Gleichung IIa ein: $-8t \cdot \frac{4}{t+2} = -1$. Auflösen nach t ergibt $t = \frac{2}{31}$. Die beiden Kurven stehen also für $t = \frac{2}{31}$ im Schnittpunkt senkrecht aufeinander.

h) Es ist $f_t(x) = (2x+t)\cdot e^{-x}$; $x \in \mathbb{R}$; $t \geqslant 0$. Um den abgebildeten Schaubildern der Funktionenschar f_t den jeweiligen Parameter t zuzuordnen, kann man die Nullstellen der Schaubilder betrachten. Die Nullstelle von f_t erhält man rechnerisch, indem man die Funktionsgleichung gleich Null setzt:
$f_t(x) = 0$ führt zu $(2x+t)\cdot e^{-x} = 0$ bzw. $2x+t = 0 \Rightarrow x = -\frac{t}{2}$ ist einzige Nullstelle.
Das Schaubild G hat als einzige Nullstelle $x = -2$, somit gilt: $-\frac{t}{2} = -2 \Rightarrow t = 4$.
Das Schaubild G* hat als einzige Nullstelle $x = -1$, somit gilt: $-\frac{t}{2} = -1 \Rightarrow t = 2$.
Das Schaubild G** hat als einzige Nullstelle $x = 0$, somit gilt: $-\frac{t}{2} = 0 \Rightarrow t = 0$.
Damit gehört zu G der Parameter $t = 4$, zu G* der Parameter $t = 2$ und zu G** der Parameter $t = 0$.

Alternativ kann man auch den Schnittpunkt mit der y-Achse untersuchen. Für $x = 0$ ergibt sich: $f_t(0) = (2\cdot 0+t)\cdot e^{-0} = t\cdot 1 = t$. Anhand der Schaubilder kommt man zu den gleichen Lösungen wie oben angegeben.

i) Man erhält Extremstellen von $f_a(x) = \sin(ax)$; $x \in \mathbb{R}$; $0 < a < \frac{\pi}{2}$, indem man die 1. Ableitung von $f_a(x)$, die man mit Hilfe der Kettenregel bestimmt, gleich Null setzt:
$f_a{}'(x) = \cos(ax)\cdot a = 0$ führt wegen $a > 0$ zu $\cos(ax) = 0 \Rightarrow ax = \frac{\pi}{2} + k\cdot\pi$; $k \in \mathbb{Z}$.
Da $x = 3$ Extremstelle sein soll, muss gelten: $a\cdot 3 = \frac{\pi}{2} + k\cdot\pi$ bzw. $a = \frac{\pi}{6} + k\cdot\frac{\pi}{3}$.
Wegen $0 < a < \frac{\pi}{2}$ ist $a = \frac{\pi}{6}$ die einzige Lösung.
Für $a = \frac{\pi}{6}$ hat das Schaubild von f_a bei $x = 3$ eine Extremstelle.
Alternativ hätte man sich auch direkt, d.h. aufgrund des Verlaufs der Sinuskurve, überlegen können, dass das Schaubild von $f_a(x) = \sin(ax)$ für $ax = \frac{\pi}{2} + k\cdot\pi$; $k \in \mathbb{Z}$ Extremstellen hat, so dass man zum gleichen Ergebnis kommt.

j) Die Steigung m_k im Ursprung des Schaubilds von f_k mit $f_k(x) = k\cdot\sin(kx)$; $x \in \mathbb{R}$; $k > 0$ erhält man, indem man $x = 0$ in die 1. Ableitung von f_k (Kettenregel) einsetzt:

$f_k{}'(x) = k \cdot \cos(kx) \cdot k = k^2 \cdot \cos(kx)$, d.h. $m_k = f_k{}'(0) = k^2 \cdot \cos(k \cdot 0) = k^2$.
Die Steigung m im Ursprung des Schaubilds von g mit $g(x) = 2x^3 + 4x$ erhält man, indem man $x = 0$ in die 1. Ableitung von g einsetzt:
$g'(x) = 6x^2 + 4$, d.h. $m = g'(0) = 6 \cdot 0^2 + 4 = 4$.
Da die beiden Steigungen gleich sein sollen, muss gelten: $m_k = m$ bzw. $k^2 = 4$ mit den Lösungen $k_1 = -2$ und $k_2 = 2$.
Wegen $k > 0$ haben die beiden Schaubilder im Ursprung nur für $k = 2$ die gleiche Steigung.

k) Man erhält die Extremstellen von $f_t(x) = x \cdot e^{tx}$; $x \in \mathbb{R}$; $t < 0$, indem man die 1. Ableitung (Produkt- und Kettenregel) gleich Null setzt:
$f_t{}'(x) = 1 \cdot e^{tx} + x \cdot e^{tx} \cdot t = (1 + tx) \cdot e^{tx} = 0$ führt zu $1 + tx = 0$ bzw. $x = -\frac{1}{t}$.
Setzt man $x = -\frac{1}{t}$ in die 2. Ableitung $f_t{}''(x) = t \cdot e^{tx} + (1 + tx) \cdot e^{tx} \cdot t = \left(2t + t^2 x\right) \cdot e^{tx}$ ein, so erhält man:
$f_t{}''\left(-\frac{1}{t}\right) = \left(2t + t^2 \cdot \left(-\frac{1}{t}\right)\right) \cdot e^{t \cdot \left(-\frac{1}{t}\right)} = t \cdot e^{-1} \neq 0 \Rightarrow x = -\frac{1}{t}$ ist die einzige Extremstelle von $f_t(x)$.
Da $x = 2$ Extremstelle sein soll, muss gelten: $2 = -\frac{1}{t} \Rightarrow t = -\frac{1}{2}$.
Für $t = -\frac{1}{2}$ hat das Schaubild von f_t bei $x = 2$ eine Extremstelle.

7.3 Symmetrie

a) Da die Funktion f mit $f(x) = \frac{1}{x^2} + 3$ nur gerade Exponenten enthält, erfüllt sie das Kriterium für y-Achsensymmetrie: $f(-x) = \frac{1}{(-x)^2} + 3 = \frac{1}{x^2} + 3 = f(x)$.

b) Da die Funktion f mit $f(x) = 3x^5 - 7{,}2x^3 + x$ nur ungerade Exponenten enthält, erfüllt sie das Kriterium für Punktsymmetrie zum Ursprung: $f(-x) = 3 \cdot (-x)^5 - 7{,}2 \cdot (-x)^3 + (-x)$
$= -3x^5 + 7{,}2x^3 - x = -\left(3x^5 - 7{,}2x^3 + x\right) = -f(x)$.

7.4 Krümmungsverhalten von Kurven

a) Es ist $f(x) = \frac{1}{3}x^3 - x$. Zur Bestimmung des Krümmungsverhaltens benötigt man die 2. Ableitung: Es ist $f'(x) = x^2 - 1$ und $f''(x) = 2x$.
Der Graph von f ist linksgekrümmt, wenn $f''(x) > 0$ gilt: $2x > 0 \Rightarrow x > 0$. Also ist f für $x > 0$ linksgekrümmt.
Der Graph von f ist rechtsgekrümmt, wenn $f''(x) < 0$ gilt: $2x < 0 \Rightarrow x < 0$. Also ist f für $x < 0$ rechtsgekrümmt.

b) Es ist $f(x) = (x - 1)^5$. Zur Bestimmung des Krümmungsverhaltens benötigt man die 2. Ableitung (Kettenregel): Es ist $f'(x) = 5 \cdot (x - 1)^4$ und $f''(x) = 20 \cdot (x - 1)^3$.
Der Graph von f ist linksgekrümmt, wenn $f''(x) > 0$ gilt: $20 \cdot (x - 1)^3 > 0 \Rightarrow x > 1$. Also ist f für $x > 1$ linksgekrümmt.
Der Graph von f ist rechtsgekrümmt, wenn $f''(x) < 0$ gilt: $20 \cdot (x - 1)^3 < 0 \Rightarrow x < 1$. Also ist f für $x < 1$ rechtsgekrümmt.

c) Es ist $f(x) = (2x-3) \cdot e^{-x}$. Zur Bestimmung des Krümmungsverhaltens benötigt man die 2. Ableitung (Produkt- und Kettenregel): Es ist $f'(x) = 2 \cdot e^{-x} + (2x-3) \cdot e^{-x} \cdot (-1) = (-2x+5) \cdot e^{-x}$ und $f''(x) = -2 \cdot e^{-x} + (-2x+5) \cdot e^{-x} \cdot (-1) = (2x-7) \cdot e^{-x}$.
Der Graph von f ist linksgekrümmt, wenn $f''(x) > 0$ gilt: $(2x-7) \cdot e^{-x} > 0 \Rightarrow x > \frac{7}{2}$. Also ist f für $x > \frac{7}{2}$ linksgekrümmt.
Der Graph von f ist rechtsgekrümmt, wenn $f''(x) < 0$ gilt: $(2x-7) \cdot e^{-x} < 0 \Rightarrow x < \frac{7}{2}$. Also ist f für $x < \frac{7}{2}$ rechtsgekrümmt.

7.5 Tangenten und Normalen

a) Aus $f(x) = x^2 - 4x + 2$ folgt $f'(x) = 2x - 4$. Für die Steigung m_t der Tangente im Punkt x_0 gilt $m_t = f'(x_0)$. Damit ist die Tangente in $P(1 \mid -1)$: $m_t = f'(1) = 2 \cdot 1 - 4 = -2$. Setzt man $P(1 \mid -1)$ und $m_t = -2$ in die Punkt-Steigungsform $y - y_1 = m \cdot (x - x_1)$ einer Geraden ein, so erhält man $y - (-1) = -2 \cdot (x-1)$ und damit die Tangentengleichung $t: \ y = -2x + 1$. Für die Normalensteigung m_n gilt $m_n = -\frac{1}{m_t} = -\frac{1}{-2} = \frac{1}{2}$. Setzt man P und m_n in die Punkt-Steigungsform ein, so erhält man $y - (-1) = \frac{1}{2} \cdot (x-1)$ und damit die Normalengleichung $n: \ y = \frac{1}{2}x - \frac{3}{2}$.

b) Aus $f(x) = x^3 + x + 1$ folgt $f'(x) = 3x^2 + 1$, $f''(x) = 6x$ und $f'''(x) = 6$. Um den Wendepunkt zu bestimmen, wird die 2. Ableitung gleich Null gesetzt: $f''(x) = 6x = 0 \Rightarrow x_W = 0$. Probe in f''' ergibt $f'''(0) = 6 \neq 0$, es handelt sich also um einen Wendepunkt. Der y-Wert wird bestimmt, indem man $x_W = 0$ in $f(x)$ einsetzt, was zu $W(0 \mid 1)$ führt.
Die Tangentensteigung in W ist $m_t = f'(0) = 1$. Setzt man $W(0 \mid 1)$ und $m_t = 1$ in die Punkt-Steigungsform ein, so erhält man $y - 1 = 1 \cdot (x - 0)$ und damit die Tangentengleichung $t: \ y = x + 1$. Für die Normalensteigung m_n gilt $m_n = -\frac{1}{m_t} = -\frac{1}{1} = -1$. Setzt man $W(0 \mid 1)$ und $m_n = -1$ in die Punkt-Steigungsform ein, so erhält man $y - 1 = -1 \cdot (x - 0)$ und damit die Normalengleichung $n: \ y = -x + 1$.

c) I) Da die Steigung der Tangente schon angegeben ist, muss zuerst der Punkt P bestimmt werden, in dem die Tangente die Kurve berührt. In diesem Punkt soll die Steigung der Kurve gleich -2 sein. Daher setzt man die 1. Ableitung gleich -2. Es ist $f(x) = x^2 + 4x - 3$ und $f'(x) = 2x + 4$. Gleichsetzen der 1. Ableitung: $f'(x) = 2x + 4 = -2 \Rightarrow x_P = -3$. Durch Einsetzen in $f(x)$ wird die y-Koordinate des Punktes bestimmt. Damit ist der gesuchte Punkt $P(-3 \mid -6)$. Setzt man $P(-3 \mid -6)$ und $m_t = -2$ in die Punkt-Steigungsform ein, so erhält man $y - (-6) = -2 \cdot (x - (-3))$ und damit die Tangentengleichung $t: \ y = -2x - 12$.

II) Da die Tangente orthogonal zu der angegebenen Geraden g ist, gilt für ihre Steigung $m_t = -\frac{1}{m_g}$, die Steigung der Tangente ist damit $m_t = -\frac{1}{-\frac{1}{3}} = 3$. Nun muss der Punkt P bestimmt werden, in dem die Tangente die Kurve berührt: Da in diesem Punkt die Steigung der Kurve gleich 3 sein muss, setzt man die 1. Ableitung gleich 3 und löst nach x auf: $f'(x) = 2x + 4 = 3 \Rightarrow x_P = -\frac{1}{2}$. Durch Einsetzen in $f(x)$ wird die y-Koordinate des Punktes bestimmt. Damit ist der gesuchte Punkt $P\left(-\frac{1}{2} \mid -\frac{19}{4}\right)$. Setzt man $P\left(-\frac{1}{2} \mid -\frac{19}{4}\right)$ und $m_t = 3$ in die Punkt-Steigungsform ein, so erhält man $y - \left(-\frac{19}{4}\right) = 3 \cdot \left(x - \left(-\frac{1}{2}\right)\right)$ und damit die Tangentengleichung $t:\ y = 3x - \frac{13}{4}$.

III) Da die Tangente parallel zur angegebenen Geraden ist und die Tangentensteigung damit gleich groß ist wie die Geradensteigung, muss zuerst der Punkt P bestimmt werden, in dem die Tangente die Kurve berührt: In diesem Punkt ist die Steigung gleich 4. Daher setzt man die 1. Ableitung gleich 4: $f'(x) = 2x + 4 = 4 \Rightarrow x_P = 0$. Durch Einsetzen in $f(x)$ wird der y-Wert des Punktes bestimmt. Damit ist der gesuchte Punkt $P(0 \mid -3)$. Setzt man $P(0 \mid -3)$ und $m_t = 4$ in die Punkt-Steigungsform ein, so erhält man $y - (-3) = 4 \cdot (x - 0)$ und damit die Tangentengleichung $t:\ y = 4x - 3$.

d) I) Da die Tangente parallel zur angegebenen Gerade ist, ist die Tangentensteigung m_t genauso groß wie die Geradensteigung, welche man mit Hilfe der Punkte $A(0 \mid 3)$ und $B(-4 \mid 7)$ bestimmt: $m_g = \frac{y_2 - y_1}{x_2 - x_1} = \frac{7-3}{-4-0} = \frac{4}{-4} = -1$.
Als nächstes muss der Punkt P bestimmt werden, in dem die Tangente die Kurve berührt: In diesem Punkt soll die Steigung der Kurve gleich -1 sein. Daher setzt man die 1. Ableitung gleich -1. Es ist $f(x) = 2x^2 - 5x + 1$ und $f'(x) = 4x - 5$. Gleichsetzen der 1. Ableitung: $f'(x) = 4x - 5 = -1 \Rightarrow x_P = 1$.
Durch Einsetzen in $f(x)$ wird die y-Koordinate des Punktes bestimmt. Damit ist der gesuchte Punkt: $P(1 \mid -2)$. Setzt man $P(1 \mid -2)$ und $m_t = -1$ in die Punkt-Steigungsform ein, so erhält man $y - (-2) = -1 \cdot (x - 1)$ und damit die Tangentengleichung $t:\ y = -x - 1$.

II) Da die Normale parallel zur angegebenen Geraden ist, ist die Normalensteigung m_n genauso groß wie die Geradensteigung, also $m_n = -\frac{1}{3}$. Da Tangente und Normale senkrecht aufeinander stehen, gilt $m_t = -\frac{1}{m_n} = -\frac{1}{-\frac{1}{3}} = 3$.
Als nächstes muss der Punkt P bestimmt werden, in dem die Tangente die Kurve berührt: In diesem Punkt soll die Steigung der Kurve gleich 3 sein. Daher setzt man die 1. Ableitung gleich 3. Es ist $f(x) = 2x^2 - 5x + 1$ und $f'(x) = 4x - 5$. Gleichsetzen der 1. Ableitung: $f'(x) = 4x - 5 = 3 \Rightarrow x_P = 2$.
Durch Einsetzen in $f(x)$ wird die y-Koordinate des Punktes bestimmt. Damit ist der gesuchte Punkt $P(2 \mid -1)$. Setzt man $P(2 \mid -1)$ und $m_n = -\frac{1}{3}$ in die Punkt-Steigungsform ein, so erhält man $y - (-1) = -\frac{1}{3} \cdot (x - 2)$ und damit die Normalengleichung $n:\ y = -\frac{1}{3}x - \frac{1}{3}$.

III) Da die Normale zur angegebenen Geraden und auch zur Tangente t orthogonal ist, ist t parallel zur angegebenen Geraden, damit ist die Tangentensteigung m_t genauso groß wie die Geradensteigung $m_g = 7$. Als nächstes muss der Punkt P bestimmt werden, in dem t die die Kurve berührt: In diesem Punkt soll die Steigung der Kurve gleich 7 sein. Daher setzt man die 1. Ableitung gleich 7. Es ist $f(x) = 2x^2 - 5x + 1$ und $f'(x) = 4x - 5$. Gleichsetzen der 1. Ableitung: $f'(x) = 4x - 5 = 7 \Rightarrow x_P = 3$.

Durch Einsetzen in $f(x)$ wird die y-Koordinate des Punktes bestimmt. Damit ist der gesuchte Punkt $P(3 \mid 4)$. Setzt man $P(3 \mid 4)$ und $m_n = -\frac{1}{7}$ in die Punkt-Steigungsform ein, so erhält man $y - 4 = -\frac{1}{7} \cdot (x-3)$ und damit die Normalengleichung
n: $y = -\frac{1}{7}x + \frac{31}{7}$.

e) I) Die Tangente berührt die Kurve in einem noch unbekannten Punkt $B(u \mid f(u))$ bzw. $B\left(u \mid u^2 - 2u + 3\right)$. Die Tangentensteigung in diesem Punkt bestimmt man mit Hilfe der 1. Ableitung und Einsetzen von u: Es ist $f(x) = x^2 - 2x + 3$ und $f'(x) = 2x - 2$. Somit gilt $m_t = f'(u) = 2u - 2$. Setzt man $B(u \mid f(u))$ und $m_t = f'(u)$ in die Punkt-Steigungsform ein, so erhält man als Tangentengleichung in Abhängigkeit von u:
$y - f(u) = f'(u) \cdot (x - u)$ bzw. $t:\ y - \left(u^2 - 2u + 3\right) = (2u-2) \cdot (x-u)$.
Da $P(0 \mid -6)$ auf der Tangente liegt, kann man diesen in die Tangentengleichung einsetzen: $-6 - \left(u^2 - 2u + 3\right) = (2u-2) \cdot (0-u)$ bzw. $u^2 = 9 \Rightarrow u_1 = 3 \quad u_2 = -3$.
Setzt man u_1 bzw. u_2 in $B(u \mid f(u))$ ein, so erhält man $B_1(3 \mid 6)$ und $B_2(-3 \mid 18)$.
Setzt man u_1 bzw. u_2 in die Tangentengleichung ein, so erhält man $y - \left(3^2 - 2 \cdot 3 + 3\right)$ $= (2 \cdot 3 - 2) \cdot (x - 3)$ bzw. $y - \left((-3)^2 - 2 \cdot (-3) + 3\right) = (2 \cdot (-3) - 2) \cdot (x - (-3))$.
Somit ergeben sich als Tangentengleichungen $t_1:\ y = 4x - 6$ und $t_2:\ y = -8x - 6$.

II) Die Tangente berührt die Kurve in einem noch unbekannten Punkt $B(u \mid f(u))$ bzw. $B\left(u \mid u^2 - 2u + 3\right)$. Die Tangentensteigung in diesem Punkt bestimmt man mit Hilfe der 1. Ableitung und Einsetzen von u: Es ist $f(x) = x^2 - 2x + 3$ und $f'(x) = 2x - 2$. Somit gilt $m_t = f'(u) = 2u - 2$. Setzt man $B(u \mid f(u))$ und $m_t = f'(u)$ in die Punkt-Steigungsform ein, so erhält man als Tangentengleichung in Abhängigkeit von u:
$y - f(u) = f'(u) \cdot (x - u)$ bzw. $t:\ y - \left(u^2 - 2u + 3\right) = (2u-2) \cdot (x-u)$.
Da $Q(1 \mid -7)$ auf der Tangente liegt, kann man diesen in die Tangentengleichung einsetzen: $-7 - \left(u^2 - 2u + 3\right) = (2u-2) \cdot (1-u)$ und man erhält $u^2 - 2u - 8 = 0$.
Diese quadratische Gleichung hat die Lösungen $u_1 = 4$ und $u_2 = -2$.
Setzt man u_1 bzw. u_2 in $B(u \mid f(u))$ ein, so erhält man die Koordinaten der Berührpunkte $B_1(4 \mid 11)$ und $B_2(-2 \mid 11)$.

7.6 Ortskurven

Um die Gleichung der Ortskurve zu erhalten, wird der x-Wert so umgeformt, dass der Parameter alleine steht. Der Parameter wird dann in den y-Wert eingesetzt und man erhält die Gleichung der Ortskurve durch Ausrechnen.

a) Es ist $E\left(\frac{2}{3}t \mid \frac{2}{9}t^3\right)$; zuerst wird der x-Wert $x = \frac{2}{3}t$ nach t aufgelöst: $t = \frac{3}{2}x$. In den y-Wert $y = \frac{2}{9}t^3$ wird für $t = \frac{3}{2}x$ eingesetzt $y = \frac{2}{9} \cdot \left(\frac{3}{2}x\right)^3$.
Ausrechnen ergibt $y = \frac{2}{9} \cdot \frac{3^3}{2^3}x^3 = \frac{3}{4}x^3$.
Die Gleichung der Ortskurve lautet $y = \frac{3}{4}x^3$.

b) Es ist H$\left(\frac{2}{3}t \mid \frac{9}{2t}\right)$; zuerst wird der x-Wert $x = \frac{2}{3}t$ nach t aufgelöst: $t = \frac{3}{2}x$.
In den y-Wert $y = \frac{9}{2t}$ wird für $t = \frac{3}{2}x$ eingesetzt $y = \frac{9}{2\cdot\left(\frac{3}{2}x\right)}$.
Ausrechnen ergibt $y = \frac{9}{3x} = \frac{3}{x}$.
Die Gleichung der Ortskurve lautet $y = \frac{3}{x}$.

c) Es ist H$\left(\frac{t}{2} \mid \frac{t^3}{4} - t\right)$; zuerst wird der x-Wert $x = \frac{t}{2}$ nach t aufgelöst: $t = 2x$.
In den y-Wert $y = \frac{t^3}{4} - t$ wird für $t = 2x$ eingesetzt $y = \frac{(2x)^3}{4} - 2x$.
Ausrechnen ergibt $y = \frac{2^3 \cdot x^3}{4} - 2x = 2x^3 - 2x$.
Die Gleichung der Ortskurve lautet $y = 2x^3 - 2x$.

d) Es ist $f_t(x) = x^3 - 3tx^2$; $t > 0$,
Ableiten ergibt $f_t{}'(x) = 3x^2 - 6tx$ und $f_t{}''(x) = 6x - 6t$.
Setzt man $f_t{}'(x) = 0$, so erhält man $3x^2 - 6tx = 0$ bzw. $x \cdot (3x - 6t) = 0 \Rightarrow x_1 = 0$ und $x_2 = 2t$.
Für den Parameter t gilt $t > 0$, also ist t eine beliebige positive Zahl.
Setzt man $x_1 = 0$ in $f_t{}''(x)$ ein, so ergibt sich $f_t{}''(0) = 6 \cdot 0 - 6t = -6t < 0 \Rightarrow$ Hochpunkt.
Setzt man $x_2 = 2t$ in $f_t{}''(x)$ ein, so ergibt sich $f_t{}''(2t) = 6 \cdot 2t - 6t = 6t > 0 \Rightarrow$ Tiefpunkt.
Den y-Wert von T erhält man durch Einsetzen von $x = 2t$ in $f_t(x)$:
$f_t(2t) = (2t)^3 - 3t \cdot (2t)^2 = 8t^3 - 12t^3 = -4t^3$.
Somit haben die Tiefpunkte der Kurvenschar die Koordinaten $\mathrm{T}_t\left(2t \mid -4t^3\right)$.
Um die Gleichung der Ortskurve aller Tiefpunkte zu erhalten, wird zuerst der x-Wert $x = 2t$ nach t aufgelöst: $t = \frac{x}{2}$.
In den y-Wert $y = -4t^3$ wird für $t = \frac{x}{2}$ eingesetzt: $y = -4\left(\frac{x}{2}\right)^3$.
Ausrechnen ergibt $y = -4 \cdot \frac{x^3}{8} = -\frac{1}{2}x^3$.
Die Gleichung der Ortskurve lautet $y = -\frac{1}{2}x^3$.

e) Es ist $f_a(x) = (x - a) \cdot e^x$, mit der Produktregel erhält man:
$f_a{}'(x) = 1 \cdot e^x + (x - a) \cdot e^x = (x + 1 - a) \cdot e^x$
$f_a{}''(x) = 1 \cdot e^x + (x + 1 - a) \cdot e^x = (x + 2 - a) \cdot e^x$
$f_a{}'''(x) = 1 \cdot e^x + (x + 2 - a) \cdot e^x = (x + 3 - a) \cdot e^x$.
Setzt man $f_a{}''(x) = 0$, so erhält man $(x + 2 - a) \cdot e^x = 0 \Rightarrow x + 2 - a = 0 \Rightarrow x = a - 2$.
Setzt man $x = a - 2$ in $f_a{}'''(x)$ ein, so ergibt sich:
$f_a{}'''(a - 2) = (a - 2 + 3 - a) \cdot e^{a-2} = e^{a-2} \neq 0 \Rightarrow$ Wendepunkt.
Den y-Wert des Wendepunktes erhält man durch Einsetzen von $x = a - 2$ in $f_a(x)$:
$f_a(a - 2) = (a - 2 - a) \cdot e^{a-2} = -2 \cdot e^{a-2}$.
Somit haben die Wendepunkte der Kurvenschar die Koordinaten $\mathrm{W}_a\left(a - 2 \mid -2 \cdot e^{a-2}\right)$.
Um die Gleichung der Ortskurve aller Wendepunkte zu erhalten, wird zuerst wird der x-Wert $x = a - 2$ nach a aufgelöst: $a = x + 2$.
In den y-Wert $y = -2 \cdot e^{a-2}$ wird für $a = x + 2$ eingesetzt: $y = -2 \cdot e^{x+2-2}$.
Ausrechnen ergibt $y = -2 \cdot e^x$.
Die Gleichung der Ortskurve lautet damit $y = -2 \cdot e^x$.

8 Integralrechnung

8.1 Stammfunktionen

8.1.1 Ganzrationale Funktionen

a) $\mathrm{F}(x) = \frac{2}{4}x^4 - \frac{\frac{4}{3}}{3}x^3 + 2x = \frac{1}{2}x^4 - \frac{4}{9}x^3 + 2x$

b) $\mathrm{F}(x) = \frac{a}{5}x^5 + \frac{2a}{4}x^4 - \frac{1}{2}x^2 = \frac{a}{5}x^5 + \frac{a}{2}x^4 - \frac{1}{2}x^2$

c) $\mathrm{F}(x) = \frac{t^2}{4}x^4 - \frac{t}{3}x^3$

d) $\mathrm{F}(x) = \frac{4}{5}x^5 - \frac{2t}{3}x^3 + \frac{t}{2}x^2$

Für verkettete (verschachtelte) Funktionen mit innerem *linearem* Audruck gilt die Integrationsregel für lineare Substitution:
«Äußere Stammfunktion geteilt durch innere Ableitung»

e) Lineare Substitution: $\mathrm{F}(x) = -12 \cdot \frac{\frac{1}{3}(2x-3)^3}{2} = -2\,(2x-3)^3$

f) Lineare Substitution: $\mathrm{F}(x) = 6 \cdot \frac{\frac{1}{4}(3x-1)^4}{3} = \frac{1}{2}\,(3x-1)^4$

g) Lineare Substitution: $\mathrm{F}(x) = 5 \cdot \frac{\frac{1}{5}(ax-4)^5}{a} = \frac{1}{a}\,(ax-4)^5$

8.1.2 Exponentialfunktionen

a) $\mathrm{F}(x) = 3e^x$

b) Lineare Substitution: $\mathrm{F}(x) = 4 \cdot \frac{e^{-x}}{-1} = -4e^{-x}$

c) Lineare Substitution: $\mathrm{F}(x) = t \cdot \frac{e^{-tx}}{-t} = -e^{-tx}$

d) Lineare Substitution: $\mathrm{F}(x) = a \cdot \frac{e^{3x+2}}{3} = \frac{a}{3}e^{3x+2}$

e) Zuerst wird die Klammer aufgelöst: $f(x) = 2x^2 - 12e^{3x}$, daraus folgt:
$\mathrm{F}(x) = 2 \cdot \frac{1}{3} \cdot x^3 - 12 \cdot \frac{1}{3} \cdot e^{3x} = \frac{2}{3}x^3 - 4e^{3x}$

f) Zuerst wird die Klammer aufgelöst: $f(x) = ax^2 - 4ae^{4x}$, daraus folgt:
$\mathrm{F}(x) = a \cdot \frac{1}{3} \cdot x^3 - 4 \cdot a \cdot \frac{1}{4} \cdot e^{4x} = \frac{a}{3}x^3 - ae^{4x}$

8.1.3 Trigonometrische Funktion

a) Lineare Substitution: $\mathrm{F}(x) = 3 \cdot \frac{\sin(2x+1)}{2} = \frac{3}{2}\sin(2x+1)$

b) Lineare Substitution: $\mathrm{F}(x) = 4 \cdot \frac{-\cos(-3x+2)}{-3} = \frac{4}{3}\cos(-3x+2)$

c) Lineare Substitution: $\mathrm{F}(x) = \frac{2}{3} \cdot \frac{\sin(\pi x)}{\pi} = \frac{2}{3\pi}\sin(\pi x)$

d) Lineare Substitution: $\mathrm{F}(x) = t \cdot \frac{\sin(tx+t)}{t} = \sin(tx+t)$

e) Lineare Substitution: $\mathrm{F}(x) = a \cdot \frac{-\cos\left(ax-a^2\right)}{a} = -\cos\left(ax-a^2\right)$

f) Lineare Substitution: $\mathrm{F}(x) = k^2 \cdot \frac{\sin(kx)}{k} = k\sin(kx)$

8.2 Flächeninhalt zwischen zwei Kurven

a) Bestimmen der Schnittstellen durch Gleichsetzen und Lösen der quadratischen Gleichung: $x_1 = -2$, $x_2 = 1$. Obere Kurve durch Abschätzen bestimmen (z.B. Einsetzen von $x = 0$): $f(x)$ ist die obere Kurve. Für den Flächeninhalt ergibt sich damit
$$\mathrm{A} = \int_{-2}^{1}\left(-x+2-x^2\right)dx = \int_{-2}^{1}\left(-x^2-x+2\right)dx = \left[-\tfrac{1}{3}x^3-\tfrac{1}{2}x^2+2x\right]_{-2}^{1} = 4,5 \text{ FE.}$$

b) Schnittstellen bestimmen durch Gleichsetzen und Ausrechnen: $x_1 = -2$, $x_2 = 2$.
Obere Kurve: $f(x)$ (nach unten geöffnete Parabel).
$$\mathrm{A} = \int_{-2}^{2}\left(4-x^2-\left(x^2-4\right)\right)dx = \int_{-2}^{2}\left(-2x^2+8\right)dx = \left[-\tfrac{2}{3}x^3+8x\right]_{-2}^{2}$$
$$= -\tfrac{16}{3}+16-\left(+\tfrac{16}{3}-16\right) = 32-\tfrac{32}{3} = \tfrac{64}{3} = 21,33 \text{ FE.}$$

c) Schnittstellen bestimmen durch Gleichsetzen und Ausklammern: $x_1 = 0$, $x_2 = 1$.
Obere Kurve: $g(x)$ (z.B. durch Einsetzen für $x = \frac{1}{2}$).
$$\mathrm{A} = \int_{0}^{1}\left(x+1-\left(x^2+1\right)\right)dx = \int_{0}^{1}\left(-x^2+x\right)dx = \left[-\tfrac{1}{3}x^3+\tfrac{1}{2}x^2\right]_{0}^{1} = -\tfrac{1}{3}+\tfrac{1}{2}-0 = \tfrac{1}{6} \text{ FE.}$$

d) Überlegung am Anfang: Bei der Integralberechnung entfällt der e^x-Term. Schnittstellen bestimmen: $e^x-\frac{1}{2}x^2 = e^x-x \Rightarrow \frac{1}{2}x^2 = x \Rightarrow x^2-2x = 0 \Rightarrow x_1 = 0, x_2 = 2$.
Obere Kurve: $f(x)$ (z.B. durch Einsetzen für $x = \frac{1}{2}$).
$$\mathrm{A} = \int_{0}^{2}\left(e^x-\tfrac{1}{2}x^2-\left(e^x-x\right)\right)dx = \int_{0}^{2}\left(-\tfrac{1}{2}x^2+x\right)dx = \left[-\tfrac{1}{6}x^3+\tfrac{1}{2}x^2\right]_{0}^{2} = -\tfrac{8}{6}+2-0$$
$$= \tfrac{2}{3} \text{ FE.}$$

e) Gesucht ist die Fläche im Intervall I $[0;\pi]$. Schnittstellen bestimmen durch Gleichsetzen: $2\cdot\sin x = -\sin x \Rightarrow 3\cdot\sin x = 0 \Rightarrow x_1 = 0$, $x_2 = \pi$.
Obere Kurve: $f(x)$, (da $2\sin x \geqslant 0$ und $-\sin x \leqslant 0$ im Intervall I gilt)
$$\mathrm{A} = \int_{0}^{\pi}(2\cdot\sin x-(-\sin x))\,dx = \int_{0}^{\pi}(3\cdot\sin x)\,dx = \left[-3\cdot\cos x\right]_{0}^{\pi}$$
$$= -3\cdot\cos\pi-(-3\cdot\cos 0) = -3\cdot(-1)+3\cdot 1 = 6 \text{ FE.}$$

8.3 Angewandte Integrale

a) Es ist $r(t) = 23 - 0,02 \cdot e^t$ mit $t \geqslant 0$.

I) Um den Zeitpunkt zu bestimmen, an dem der Regen aufhört, wird die Funktion r gleich Null gesetzt: $r(t) = 23 - 0,02 \cdot e^t = 0 \Rightarrow 23 = 0,02 \cdot e^t \Rightarrow t \approx 7,048$.
Nach 7 Tagen hört es also auf zu regnen.

II) Die Wassermenge, die im Laufe dieser Zeit auf jeden Quadratmeter niedergegangen ist, wird ermittelt, indem die Niederschlagsratenfunktion in den Grenzen von 0 bis 7 integriert wird.

$$\int_0^7 r(t)dt = \int_0^7 (23 - 0,02 \cdot e^t)\,dt = \left[23t - 0,02 \cdot e^t\right]_0^7 = 23 \cdot 7 - 0,02 \cdot e^7 - (0 - 0,02 \cdot e^0)$$
$$\approx 139,09$$

Auf jeden Quadratmeter sind also rund 139,1 Liter Wasser niedergegangen.

III) Die mittlere Regenmenge erhält man, indem man die Gesamtmenge des Regens durch die Anzahl der Tage teilt: $\frac{139,1}{7} = 19,87$.
Also sind im Mittel 19,87 Liter Regen pro Tag auf jeden Quadratmeter niedergegangen.

b) Da $f(t) = -0,5t + 3$; $t \geqslant 0$ die Zu- und Abflussrate beschreibt, muss man eine Stammfunktion F bestimmen, die die Menge des im Becken vorhandenen Wassers beschreibt:

$\mathrm{F}(t) = -0,25t^2 + 3t + c$.

Die Konstante c wird mit Hilfe des Anfangswerts bestimmt. Am Anfang befinden sich 10 Liter Wasser im Becken, daher gilt: $\mathrm{F}(0) = -0,25 \cdot 0^2 + 3 \cdot 0 + c = 10 \Rightarrow c = 10$.
Also ist $\mathrm{F}(t) = -0,25 \cdot t^2 + 3t + 10$.
Um zu berechnen, wie viel Wasser das Becken nach 9 Stunden enthält, wird $t = 9$ in $\mathrm{F}(t)$ eingesetzt: $\mathrm{F}(9) = -0,25 \cdot 9^2 + 3 \cdot 9 + 10 = 16,75$.
Das Becken enthält nach 9 Stunden 16,75 Liter Wasser.

8.4 Rotationskörper

a) Es ist $f(x) = \frac{1}{4}e^{2x}$ über dem Intervall $[0;1]$. Für das Volumen des Rotationskörpers gilt:

$$\mathrm{V}_{rot} = \pi \cdot \int_0^1 \left(\tfrac{1}{4}e^{2x}\right)^2 dx = \pi \cdot \int_0^1 \tfrac{1}{16}e^{4x}dx = \pi \cdot \left[\tfrac{1}{4 \cdot 16}e^{4x}\right]_0^1 = \pi \cdot \left(\tfrac{1}{64}e^4 - \tfrac{1}{64}e^0\right) = \tfrac{\pi}{64} \cdot (e^4 - 1)$$

b) Es ist $f(x) = x^2 + 1$ über dem Intervall $[0;2]$. Für das Volumen des Rotationskörpers gilt:

$$\mathrm{V}_{rot} = \pi \cdot \int_0^2 (x^2+1)^2 dx = \pi \cdot \int_0^2 (x^4 + 2x^2 + 1)\,dx = \pi \cdot \left[\tfrac{1}{5}x^5 + \tfrac{2}{3}x^3 + x\right]_0^2$$
$$= \pi \cdot \left(\tfrac{1}{5}2^5 + \tfrac{2}{3} \cdot 2^3 + 2^1 - 0\right) = \pi \cdot \left(\tfrac{32}{5} + \tfrac{16}{3} + 2\right) = \pi \cdot \tfrac{206}{15}$$

c) Es ist $f(x) = \frac{2}{x}$ über dem Intervall $[1;2]$. Für das Volumen des Rotationskörpers gilt:

$$\mathrm{V}_{rot} = \pi \cdot \int_1^2 \left(\tfrac{2}{x}\right)^2 dx = \pi \cdot \int_1^2 \tfrac{4}{x^2}\,dx = \pi \cdot \int_1^2 4x^{-2}dx = \pi \cdot \left[\tfrac{4}{-1} \cdot x^{-1}\right]_1^2 = \pi \cdot (-2 - (-4))$$
$$= 2\pi$$

d) Der entstandene Rotationskörper wird in unendlich viele unendlich kleine Teilzylinder zerlegt. Die Grundfläche eines Teilzylinders ist $G = \pi \cdot r^2$, wobei $r = f(x)$ ist. Die Höhe eines Zylinders ist das Differential $h = dx$ (unendlich kleine Länge). Das Volumen eines Teilzylinders ist $dV = G \cdot h = \pi \cdot r^2 \cdot h = \pi \cdot f(x)^2 \cdot dx$. Das gesamte Volumen des Rotationskörpers erhält man durch Summieren (= Integrieren) aller Teilzylinder:

$$V_{rot} = \int_a^b dV = \int_a^b \pi \cdot \left(f(x)^2\right) dx = \pi \cdot \int_a^b \left(f(x)^2\right) dx$$

8.5 Verschiedene Aufgaben

a) Ansatz: $F(x) = 4x^2 - 3e^{-x} + c$. Durch Einsetzen des Punktes $P(0 \mid 5)$ erhält man $5 = 4 \cdot 0^2 - 3 \cdot e^{-0} + c \Rightarrow c = 8$. Die gesuchte Stammfunktion ist $F(x) = 4x^2 - 3e^{-x} + 8$.

b) Ansatz: $F(x) = \frac{1}{4} \cdot \sin(2x) + c$. Durch Einsetzen des Punktes $R\left(\frac{\pi}{4} \mid 1\right)$ erhält man $1 = \frac{1}{4} \cdot \sin(2 \cdot \frac{\pi}{4}) + c \Rightarrow 1 = \frac{1}{4} \cdot \sin(\frac{\pi}{2}) + c$. Da $\sin(\frac{\pi}{2}) = 1$, gilt: $1 = \frac{1}{4} \cdot 1 + c \Rightarrow c = \frac{3}{4}$. Die gesuchte Stammfunktion ist $F(x) = \frac{1}{4} \cdot \sin(2x) + \frac{3}{4}$.

9 Extremwertaufgaben/ Wachstumsprozesse

9.1 Extremwertaufgaben

a) Die gesuchte Größe ist die Fläche eines Rechtecks mit maximalem Flächeninhalt. Die Seiten des Rechtecks seien x und y. Dann gilt für die Fläche: $\mathrm{A} = x \cdot y$. Die Nebenbedingung ist die festgelegte Gesamtlänge des Drahtes, diese entspricht dem Umfang des Rechtecks: $\mathrm{U} = 2x + 2y = 20$. Auflösen der Nebenbedingung nach y ergibt: $y = 10 - x$. Einsetzen in den Ausdruck für die Fläche ergibt: $\mathrm{A} = x \cdot (10 - x)$. Damit ist die Zielfunktion eine Funktion in Abhängigkeit von x: $\mathrm{A}(x) = x \cdot (10 - x) = 10x - x^2$ mit $0 \leqslant x \leqslant 10$. Ableiten führt zu $\mathrm{A}'(x) = 10 - 2x$ und $\mathrm{A}''(x) = -2$. Die 1. Ableitung wird nun gleich Null gesetzt, nach x aufgelöst und liefert $x_{\mathrm{E}} = 5$. Einsetzen in A'' ergibt $\mathrm{A}''(5) = -2 < 0$. Da die Zielfunktion eine quadratische Funktion ist, handelt es sich um ein globales Maximum. Ein Überprüfen der Fläche für die Randstellen des Intervalles ist daher nicht nötig. Zum Schluss wird y mit Hilfe der Nebenbedingung bestimmt: $y = 10 - 5 \Rightarrow y = 5$. Die beiden Rechteckseiten sind also je 5 cm lang: Das Rechteck mit maximalem Flächeninhalt ist daher ein Quadrat.

b) Die gesuchten Größen sind die Breite und die Länge des Spielplatzes. Da die Fläche maximal groß sein soll, stellt man für diese die Funktion auf. Die eine Seite des Spielplatzes sei x, die andere y. Für die Fläche gilt $\mathrm{A} = x \cdot y$. Die Nebenbedingung ist die festgelegte Gesamtlänge des Zauns, von der 2 m für die Einfahrt abgezogen werden: $2x + 2y - 2 = 40$. Auflösen der Nebenbedingung nach y ergibt: $y = 21 - x$. Einsetzen des Ausdrucks für die Fläche ergibt: $\mathrm{A} = x \cdot (21 - x)$. Damit ist die Zielfunktion: $\mathrm{A}(x) = x \cdot (21 - x) = 21x - x^2$ mit $0 \leqslant x \leqslant 21$. Ableiten führt zu $\mathrm{A}'(x) = 21 - 2x$ und $\mathrm{A}''(x) = -2$. Die 1. Ableitung wird nun gleich Null gesetzt, nach x aufgelöst und liefert $x_{\mathrm{E}} = 10{,}5$. Einsetzen in A'' ergibt: $\mathrm{A}''(10{,}5) = -2 < 0$. Da die Zielfunktion eine quadratische Funktion ist, handelt es sich um ein globales Maximum. Ein Überprüfen der Fläche für die Randstellen des Intervalles ist daher nicht nötig. Zum Schluss wird y mit Hilfe der Nebenbedingung bestimmt: $y = 21 - 10{,}5 \Rightarrow y = 10{,}5$. Die beiden Rechteckseiten müssen also je 10,5 m lang sein, es handelt sich also wie in Aufgabe a) um ein Quadrat. (Dies verwundert vielleicht zunächst, aber ein Quadrat hat bei vorgegebenem Umfang immer die größte Fläche. Wäre das Tor nicht vorhanden, dann wäre die Seitenlänge des Quadrats $\frac{40\,\mathrm{m}}{4} = 10$ m.)

c) I) Es ist $f(x) = 6 - \frac{1}{4}x^2$. Gesucht ist ein Rechteck mit maximalem Umfang, das der angegebenen Kurve einbeschrieben werden soll. Nebenbedingung: Zwei Eckpunkte des Rechtecks müssen auf der Kurve, die anderen beiden auf der x-Achse liegen. Der Punkt auf der Kurve im 1. Quadranten sei $\mathrm{P}(u \mid v)$ mit $v = f(u)$. Damit gilt für die Höhe $h = f(u)$. Für das Rechteck ist die Grundseite $2u$, mit $0 \leqslant u \leqslant \sqrt{24}$. ($x = \pm\sqrt{24}$ sind die Nullstellen von f.) Durch Einsetzen der Nebenbedingung ergibt sich als Zielfunktion für den Umfang: $\mathrm{U}(u) = 4 \cdot u + 2 \cdot f(u) \Rightarrow \mathrm{U}(u) = 4u + 2 \cdot \left(6 - \frac{1}{4}u^2\right) = 4u + 12 - \frac{1}{2}u^2$. Ableiten führt auf: $\mathrm{U}'(u) = 4 - u$. Die Ableitung wird gleich Null gesetzt, um die Extremstelle zu bestimmen: $u = 4$. Einsetzen in die 2. Ableitung $U''(u) = -1$ ergibt: $U''(4) = -1 < 0$, daraus folgt, dass es sich um ein lokales Maximum handelt. Es muss also noch überprüft werden, ob die Randstellen eventuell größere Funktionswerte liefern. Es ist $U(0) = 12$ und $U(\sqrt{24}) \approx 19{,}59$. Es ist $U(4) = 20\,\text{LE}$, damit ist $u = 4$ ein globales Maximum und der gesuchteUmfang beträgt 20 LE.

II) Gesucht ist ein Rechteck mit maximaler Fläche, das der angegebenen Kurve einbeschrieben werden soll. Nebenbedingung: Zwei Eckpunkte des Rechtecks müssen auf der Kurve, die anderen beiden auf der x-Achse liegen. Der Punkt auf der Kurve im 1. Quadranten sei $P(u \mid v)$ mit $v = f(u)$. Damit gilt für die Höhe $h = f(u)$. Für dieses Rechteck ist die Grundseite $2u$, mit $0 \leqslant u \leqslant \sqrt{24}$. (Es sind $x = \pm\sqrt{24}$ Schnittstellen der Kurve mit der x-Achse.) Durch Einsetzen der Nebenbedingung ergibt sich als Zielfunktion für die Fläche: $A(u) = 2 \cdot u \cdot f(u) \Rightarrow A(u) = 2u \cdot \left(6 - \frac{1}{4}u^2\right) = 12u - \frac{1}{2}u^3$. Ableiten führt auf: $A'(u) = 12 - \frac{3}{2}u^2$. Die Ableitung wird gleich Null gesetzt, um die Extremstelle zu bestimmen: $\frac{3}{2}u^2 = 12 \Rightarrow u_{1,2} = \pm\sqrt{8} = \pm 2{,}83$. Der Wert $-\sqrt{8}$ scheidet aus, da es sich bei u um eine Länge handelt, daher muss u positiv sein. Also ist $u = \sqrt{8}$. Einsetzen in die 2. Ableitung $A''(u) = -3u$ ergibt: $A''(\sqrt{8}) = -3\sqrt{8} < 0$. Daraus folgt, dass es sich um ein lokales Maximum handelt. Es muss noch überprüft werden, ob die Randstellen eventuell größere Funktionswerte liefern. Es ist $A(0) = 0$ und $A(\sqrt{24}) = 0$, damit existieren keine Randextremwerte und $u = \sqrt{8}$ ist ein globales Maximum. Eingesetzt in die Zielfunktion ergibt sich für die gesuchte Fläche: $A(\sqrt{8}) = 2 \cdot \sqrt{8} \cdot f(\sqrt{8}) = 2 \cdot \sqrt{8} \cdot 4 = 8 \cdot \sqrt{8}\,\text{FE}$.

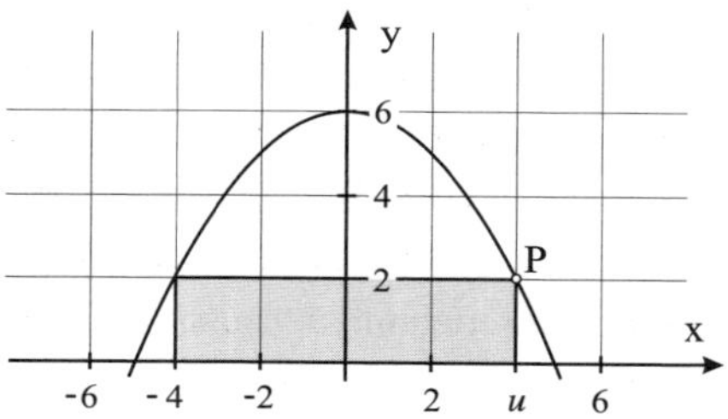

Aufgabe c) I)

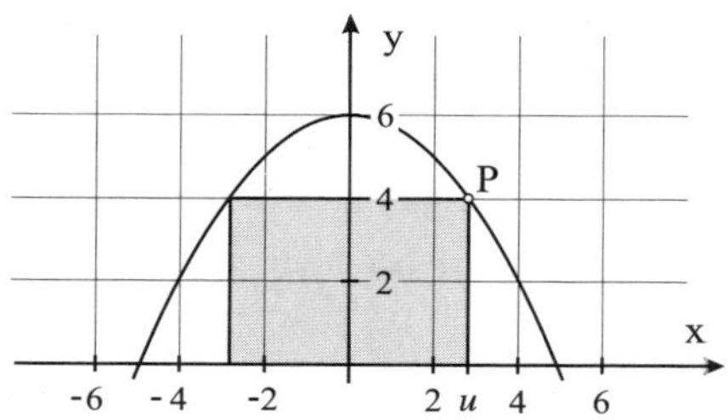

Aufgabe c) II)

d) Es ist $f(x) = -(x+2)e^{-x}$. Zuerst werden f' und f'' bestimmt. Mit der Produktregel folgt:

$f(x) = -(x+2)e^{-x}$

$f'(x) = e^{-x}(x+1)$

$f''(x) = -x \cdot e^{-x}$.

Gesucht ist die Normale in W$(0 \mid -2)$. Es ist $m_n = -\frac{1}{f'(0)} = -\frac{1}{1} = -1$. Damit folgt für die Gleichung der Normale: $y = -x - 2$.

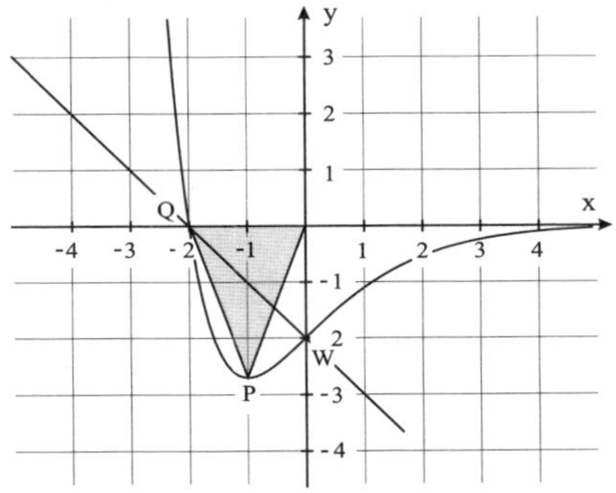

Bestimmung des zweiten Schnittpunktes Q der Normalen mit der Kurve K:
$-(x+2)e^{-x} = -x-2 \Rightarrow (x+2)-(x+2)e^{-x} = 0$. Ausklammern von $(x+2)$ führt nun zu: $(x+2)(1-e^{-x}) = 0$. Damit ergibt sich $x_1 = -2$ und aus dem zweiten Faktor $x_2 = 0$. Die Lösung $x_1 = -2$ führt zum gesuchten Schnittpunkt Q$(-2 \mid 0)$. Für den Punkt P gilt: P$(u \mid -(u+2) \cdot e^{-u})$ mit $-2 < u < 0$.

Die Grundseite des Dreiecks OPQ ist $|\overline{QO}| = 2$, die Höhe beträgt $-f(u)$. (Für $-2 < u < 0$ ist $f(u)$ negativ, die Höhe des Dreiecks muss aber eine positive Größe sein.)

Damit ergibt sich für den Flächeninhalt des Dreiecks OPQ:

$A(u) = \frac{1}{2} \cdot g \cdot h = \frac{1}{2} \cdot 2 \cdot (-f(u)) = (u+2) \cdot e^{-u}$

$A'(u) = 1 \cdot e^{-u} + (u+2) \cdot (-e^{-u}) = e^{-u}(1-u-2) = e^{-u} \cdot (-u-1)$

$A''(u) = -e^{-u} \cdot (-u-1) + e^{-u} \cdot (-1) = e^{-u}(u+1-1) = e^{-u} \cdot u$

Für die Extremstelle ergibt sich damit $e^{-u} \cdot (-u-1) = 0 \Rightarrow -u-1 = 0 \Rightarrow u_1 = -1$.

Einsetzen in $A''(u)$: $A''(-1) < 0 \Rightarrow$ es liegt ein lokales Maximum vor. Um zu prüfen, ob ein globales Maximum vorliegt, wird $A(-1) = (-1+2) \cdot e^1 = e$ mit den Randwerten verglichen: $A(-2) = 0$ und $A(0) = 2$. Da $A(-1) = e > 2$ ist, nimmt der Flächeninhalt für $u = -1$ ein globales Maximum an.

9.2 Wachstums- und Zerfallsprozesse

a) I) Das Zerfallsgesetz ist $B(t) = B_0 \cdot e^{k \cdot t}$, $t = 0$ wird auf den Zeitpunkt vor 2 Jahren gesetzt. Daraus ergibt sich: $B(0) = 90000 \cdot e^{k \cdot 0} \Rightarrow B_0 = 90000$. Nun ist noch k zu bestimmen: Aus $B(2) = 30000$ folgt $B(2) = 90000 \cdot e^{k \cdot 2} = 30000 \Rightarrow e^{k \cdot 2} = \frac{30000}{90000} = \frac{1}{3}$ $\Rightarrow k = \frac{\ln\left(\frac{1}{3}\right)}{2} \approx -0{,}5493$. Das Zerfallsgesetz ist damit: $B(t) = 90000 \cdot e^{-0{,}5493 \cdot t}$

II) In 10 Jahren ab heute bedeutet $t = 12$. Setzt man $t = 12$ in $B(t)$ ein, so erhält man: $B(12) = 90000 \cdot e^{-0{,}5493 \cdot 12} = 123{,}47$
In 10 Jahren gibt es etwa noch 123 Individuen.

III) Gesucht ist der Zeitpunkt t_E, an dem vom Anfangsbestand nur noch 10 % übrig sind. Die Population enthält dann noch $\frac{1}{10} \cdot B_0 = 9000$ Individuen. Eingesetzt in die Funktion ergibt sich: $9000 = 90000 \cdot e^{-0{,}5493 \cdot t} \Rightarrow \frac{1}{10} = e^{-0{,}5493 \cdot t} \Rightarrow t_E = \frac{\ln\left(\frac{1}{10}\right)}{-0{,}5493} \approx 4{,}19$.

Aus $t = 4$ ergibt sich, dass es in etwa zwei Jahren nur noch 10 % der Ausgangspopulation gibt.

b) I) Die Temperatur der Probe wird durch folgende Gleichung bestimmt: $\mathrm{T}(t) = 80 - 60e^{-0{,}1 \cdot t}$. Um die gesuchte Asymptote zu bestimmen, betrachtet man den Grenzwert für $t \longrightarrow \infty$. Es ist $\lim\limits_{t \to \infty} \mathrm{T}(t) = 80$, da $60e^{-0{,}1 \cdot t}$ für größer werdende Werte von t immer kleiner wird. Die Asymptote ist die Gerade mit der Gleichung $\mathrm{T}_{y=80} = 80$. Die Asymptote kennzeichnet die Temperatur, die die Probe erreicht, wenn sie lange erwärmt wurde. Dies ist die Temperatur der Umgebung, in der sich die Probe beim Erwärmen befindet. (Im streng mathematischen Sinne erreicht die Kurve nie den Wert der Asymptote, physikalisch wird sie diese Temperatur aber nach einer gewissen Zeit erreicht haben.)

II) Die Geschwindigkeit, mit der sich die Probe erwärmt, ist am größten, wenn die Temperaturänderung am größten ist. Diese Temperaturänderung wird durch die 1. Ableitung der Temperaturfunktion $\mathrm{T}(t)$ beschrieben. Es ist $\mathrm{T}'(t) = 6 \cdot e^{-0{,}1t}$. Diese Funktion ist streng monoton fallend, da für ihre Ableitung $\mathrm{T}''(t)$ gilt: $\mathrm{T}''(t) = (\mathrm{T}'(t))' = -0{,}6 \cdot e^{-0{,}1t} < 0$. Die größte Temperaturänderung findet daher für $t = 0$, d.h. am Anfang der Erwärmung statt.

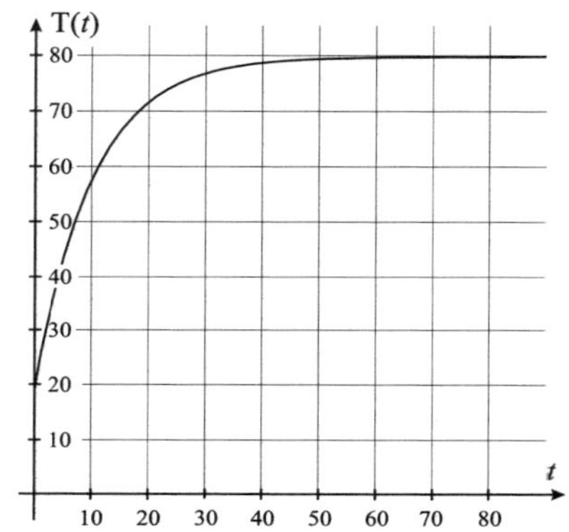

c) I) Da es sich um natürliches exponentielles Wachstum handelt, verwendet man den Ansatz: $\mathrm{G}(t) = a \cdot e^{k \cdot t}$; t in Tagen. Es ist $\mathrm{G}(0) = 1000$ bzw. $ae^{k \cdot 0} = 1000 \Rightarrow a = 1000$. Nach 7 Tagen kennen 1200 Menschen das Gerücht (20 % von 1000 ist 200). Somit ist $\mathrm{G}(7) = 1200$ bzw. $1000 \cdot e^{k \cdot 7} = 1200 \Rightarrow e^{k \cdot 7} = \frac{1200}{1000} \Rightarrow k = \frac{\ln\left(\frac{1200}{1000}\right)}{7} \approx 0{,}0260$.
Also lautet die Funktionsgleichung: $\mathrm{G}(t) = 1000 \cdot e^{0{,}0260t}$

II) Setzt man $t = 10$ in $\mathrm{G}(t)$ ein, so erhält man: $\mathrm{G}(10) = 1000 \cdot e^{0{,}0260 \cdot 10} = 1296{,}93$
Nach 10 Tagen kennen etwa 1297 Personen das Gerücht.

III) Um zu berechnen, wann alle Freiburger das Gerücht kennen, setzt man $\mathrm{G}(t) = 200\,000$ und man erhält:
$200\,000 = 1000 \cdot e^{0{,}0260t} \Rightarrow \frac{200\,000}{1000} = e^{0{,}0260t} \Rightarrow t = \frac{\ln(200)}{0{,}0260} \approx 203{,}78$
Nach etwa 204 Tagen kennen alle Freiburger das Gerücht.

d) I) Da es sich um natürliches exponentielles Wachstum handelt, verwendet man den Ansatz: $\mathrm{B}(t) = a \cdot e^{k \cdot t}$; ($t$ in Jahren und $t = 0$ im Jahre 1975, $\mathrm{B}(t)$ in Milliarden Menschen.) Es ist $\mathrm{B}(0) = 4{,}033$ bzw. $ae^{k \cdot 0} = 4{,}033 \Rightarrow a = 4{,}033$. Nach einem Jahr gibt

es $1,02 \cdot 4,033 = 4,1136$ Milliarden Menschen. Somit ist $B(1) = 4,1136$. Damit ist:
$4,033e^{k\cdot 1} = 4,1136 \Rightarrow e^k = \frac{4,1136}{4,033} \Rightarrow k = \ln\left(\frac{4,1136}{4,033}\right) \approx 0,0198$

Also lautet die Funktionsgleichung: $B(t) = 4,033 \cdot e^{0,0198\cdot t}$.

Im Jahre 2030 ist $t = 55$. Setzt man $t = 55$ in $B(t)$ ein, so erhält man:
$B(55) = 4,033 \cdot e^{0,0198\cdot 55} \approx 11,98$

Im Jahre 2030 gibt es etwa 12 Milliarden Menschen, vorausgesetzt, das jährliche Wachstum bleibt während dieser Zeit konstant.

II) Um den Zeitraum der Verdoppelung zu bestimmen, setzt man $2 \cdot 4,033 = 8,066$ mit $B(t)$ gleich und löst die Gleichung nach t auf:
$8,066 = 4,033 \cdot e^{0,0198t} \Rightarrow 2 = e^{0,0198t} \Rightarrow t = \frac{\ln 2}{0,0198} \approx 35,01$

Etwa alle 35 Jahre verdoppelt sich die Weltbevölkerung.

10 Anwendungsorientierte Aufgaben

10.1 Mountainbike

a) Da die variablen Kosten V durch eine ganzrationale Funktion 2. Grades beschrieben werden sollen, gilt für V der Ansatz: $V(x) = ax^2 + bx + c$.
Aus den gegebenen Daten erhält man folgende Gleichungen:

$$\begin{array}{lrcr} \text{I} & V(0) & = & 0 \\ \text{II} & V(2) & = & 306 \\ \text{III} & V(6) & = & 954 \end{array}$$

bzw.

$$\begin{array}{lcccccccr} \text{I} & a\cdot 0^2 & + & b\cdot 0 & + & c & = & 0 \\ \text{II} & a\cdot 2^2 & + & b\cdot 2 & + & c & = & 306 \\ \text{III} & a\cdot 6^2 & + & b\cdot 6 & + & c & = & 954 \end{array}$$

Dies führt zu:

$$\begin{array}{lcccccr} \text{I} & & & & c & = & 0 \\ \text{II} & 4a & + & 2b & & = & 306 \\ \text{III} & 36a & + & 6b & & = & 954 \end{array}$$

Multipliziert man Gleichung II mit 3 und subtrahiert davon Gleichung III, so ergibt sich: $-24a = -36 \Rightarrow a = 1,5$. Setzt man $a = 1,5$ in Gleichung II ein, so erhält man: $4 \cdot 1,5 + 2b = 306 \Rightarrow b = 150$.
Alternativ löst man das Gleichungssystem mit dem GTR:

$$\begin{pmatrix} 0 & 0 & 1 & 0 \\ 4 & 2 & 0 & 306 \\ 36 & 6 & 0 & 954 \end{pmatrix} \Rightarrow \begin{pmatrix} 1 & 0 & 0 & 1,5 \\ 0 & 1 & 0 & 150 \\ 0 & 0 & 1 & 0 \end{pmatrix}$$

Es ist auch $V(10) = 100a + 10b = 1650$ erfüllt. Somit werden die variablen Kosten V beschrieben durch: $V(x) = 1,5x^2 + 150x$.
Die monatlichen Herstellungskosten H setzen sich aus den Fixkosten und den variablen Kosten V zusammen: $H(x) = 5000 + V(x) = 1,5x^2 + 150x + 5000$.

b) Wenn die variablen Kosten $V(x)$ fünfmal so hoch wie die Fixkosten (5000 €) sein sollen, muss gelten:
$V(x) = 25000$ bzw.
$1,5x^2 + 150x = 25\,000$
$\Rightarrow x_1 = 88,44$ und $x_2 = -188,44$.
Also sind bei einer Produktion von 88 Mountainbikes die variablen Kosten fünfmal so hoch wie die Fixkosten.

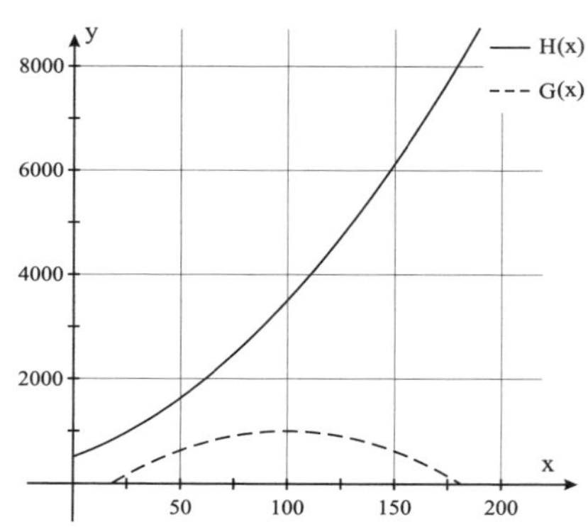

c) Den monatlichen Gewinn G erhält man, indem man die Herstellungskosten H vom Erlös E subtrahiert. Da ein Mountainbike für 450 € an den Händler verkauft wird, gilt für den Erlös E bei x produzierten Mountainbikes: $\mathrm{E}(x) = 450 \cdot x$

$$\mathrm{G}(x) = \mathrm{E}(x) - \mathrm{H}(x) = 450x - (1{,}5x^2 + 150x + 5000) = -1{,}5x^2 + 300x - 5000$$

Die Firma macht Gewinn, wenn $\mathrm{G}(x)$ positiv ist, d.h. die Produktionszahlen zwischen den beiden Nullstellen von G liegen, da der Graph von G eine nach unten geöffnete Parabel ist. $\mathrm{G}(x) = 0$ führt zu $x_1 = 18{,}4$ und $x_2 = 181{,}6$. (GTR)
Die Firma macht Gewinn, wenn mehr als 18 und weniger als 182 Mountainbikes hergestellt werden.

Den maximalen Gewinn erhält man durch Berechnung des Maximums von G mit Hilfe des GTR:
Für $x = 100$ ist $\mathrm{G}(100) = 10\,000$
Bei einer Produktion von 100 Mountainbikes pro Monat beträgt der maximale Gewinn damit 10 000 €.

d) Wenn pro Monat 90 Mountainbikes produziert werden, betragen die Herstellungskosten $\mathrm{H}(90) = 1{,}5 \cdot 90^2 + 150 \cdot 90 + 5000 = 30\,650$. Ist p der Preis für ein Mountainbike, so beträgt der Erlös $\mathrm{E} = 90 \cdot p$.
Da der Gewinn mindestens 2000 € betragen soll, muss gelten:

$$90p - 30\,650 \geqslant 2000 \;\Rightarrow\; p \geqslant 362{,}78.$$

Der Preis für ein Mountainbike kann also höchstens um $450 - 362{,}78 = 87{,}22$ € gesenkt werden. Da $\frac{87{,}22}{450} = 0{,}194 = 19{,}4\,\%$ kann der ursprünglich erzielte Preis um höchstens 19,4 % gesenkt werden.

10.2 Ventile

a) Um das Wasservolumen nach 1 Stunde (= 60 Minuten) zu bestimmen, benötigt man eine Funktionsgleichung für das Wasservolumen zum Zeitpunkt t, also $\mathrm{V}(t)$.
Hierzu bestimmt man eine Stammfunktion zu $\mathrm{V}'(t) = 0{,}6 \cdot e^{-0{,}01 \cdot t}$:

$$\mathrm{V}(t) = \frac{0{,}6}{-0{,}01} \cdot e^{-0{,}01 \cdot t} + c = -60 \cdot e^{-0{,}01 \cdot t} + c$$

Die Konstante c erhält man mit Hilfe der Nebenbedingung, dass zu Beginn 50 Liter Wasser vorhanden sind:
$\mathrm{V}(0) = -60 \cdot e^{-0{,}01 \cdot 0} + c = 50 \Rightarrow c = 110$,
also ergibt sich: $\mathrm{V}(t) = 110 - 60 \cdot e^{-0{,}01 \cdot t}$.
Damit ist $\mathrm{V}(60) = 110 - 60 \cdot e^{-0{,}01 \cdot 60} \approx 77{,}1$.
Nach einer Stunde sind etwa 77 Liter Wasser im Behälter.
Langfristig ist mit 110 Liter zu rechnen, da $\lim\limits_{t \to \infty} \left(110 - 60 \cdot e^{-0{,}01 \cdot t}\right) = 110$.

b) Zur Berechnung der Zeit, nach der sich im Wasserbehälter die doppelte Wassermenge (100 Liter) wie zu Beginn (50 Liter) befindet, ist folgende Gleichung zu lösen:

$$100 = 110 - 60 \cdot e^{-0,01 \cdot t}$$

bzw.

$$\frac{-10}{-60} = e^{-0,01t} \Rightarrow t = \frac{\ln \frac{1}{6}}{-0,01} \approx 179$$

Alternativ löst man die Gleichung mit dem GTR, z.B. indem man V(t) mit der Geraden $t = 100$ schneidet.
Nach etwa 179 Minuten (≈3 Stunden) ist im Wasserbehälter die doppelte Menge Wasser wie zu Beginn.

c) Da nun $V^{*\prime}(t) = -0,9 \cdot e^{0,05 \cdot t}$ und $V^*(0) = 100$ gilt, benötigt man eine neue Stammfunktion, die diese Bedingungen erfüllt:

$$V^*(t) = -\frac{0,9}{0,05} \cdot e^{0,05 \cdot t} + c = -18 \cdot e^{0,05 \cdot t} + c.$$

Die Konstante c bestimmt man mit Hilfe der Nebenbedingung $V^*(0) = 100$:
$V^*(0) = -18 \cdot e^{0,05 \cdot 0} + c = 100 \Rightarrow c = 118$, also ergibt sich $V^*(t) = -18 \cdot e^{0,05 \cdot t} + 118$.
Der Behälter ist leer, wenn $V^*(t) = 0$ gilt: Mit Hilfe des GTR erhält man $t \approx 37,6$.
Nach etwa 38 weiteren Minuten ist der Behälter damit leer.

10.3 Medikament

Es ist $f(t) = 40t \cdot e^{-0,5t}$; $t \geqslant 0$.

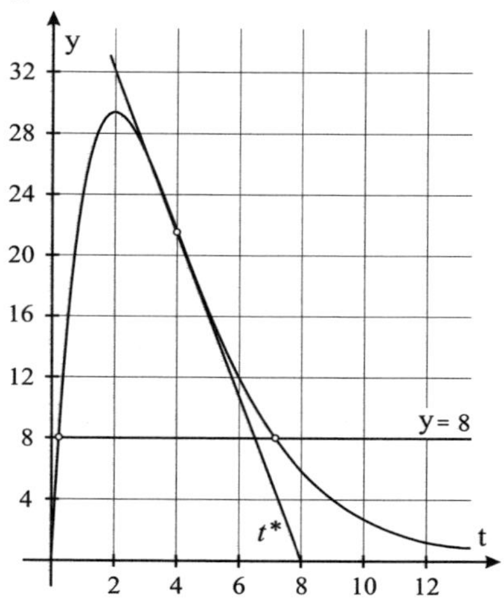

a) Das Maximum von $f(t)$ erhält man mit dem GTR: $t = 2$ und $f(2) = \frac{80}{e} \approx 29,43$.
Nach zwei Stunden wird die maximale Konzentration von $29,43 \frac{\text{mg}}{\text{l}}$ erreicht.

Schneidet man den Graph von $f(t)$ mit der Geraden $y = 8$, so erhält man mit dem GTR:

$t_1 \approx 0,22$ und $t_2 \approx 7,15$. Damit ist $t_2 - t_1 = 6,93$.
Somit beträgt die Länge des Zeitraums, in dem das Medikament wirksam ist, etwa 7 Stunden.

b) Um den Zeitpunkt, zu dem das Medikament am stärksten abgebaut wird, zu erhalten, berechnet man das Minimum von $f'(t)$:
$f'(t) = 40e^{-0,5t} + 40t \cdot e^{-0,5t} \cdot (-0,5) = (40-20t)e^{-0,5t}$
Das Minimum von $f'(t)$ erhält man mit dem GTR: $t = 4$.
Genau 4 Stunden nach Einnahme des Medikaments wird es am stärksten abgebaut.

Die momentane Änderungsrate zum Zeitpunkt $t = 4$ erhält man mit $f'(t)$:
$f'(4) = (40-20\cdot 4)e^{-0,5\cdot 4} = -40e^{-2} = -\frac{40}{e^2} \approx -5,41$.
Nach 4 Stunden beträgt die momentane Änderungsrate etwa $-5,4$.

Um die Gleichung der Tangente t^* an den Graph von $f(t)$ an der Stelle $t_1 = 4$ zu erhalten, setzt man $t_1 = 4$, $y_1 = f(4) = 160e^{-2}$ und $m = f'(4) = -40e^{-2}$ in die Punkt-Steigungsform $y - y_1 = m(t-t_1)$ ein:
$y - 160e^{-2} = -40e^{-2} \cdot (t-4) \Rightarrow y = -40e^{-2}t + 320e^{-2}$.
Schneidet man die Tangente mit der x-Achse, so erhält man:
$0 = -40e^{-2}t + 320e^{-2} = e^{-2}(320-40t) \Rightarrow 320 - 40t = 0 \Rightarrow t = 8$.
Nach 8 Stunden ist das Medikament vollständig abgebaut.

c) Es ist $g(t) = at\cdot e^{-bt}$; $a > 0$, $b > 0$.
Die Ableitung $g'(t)$ erhält man mit der Produkt- und Kettenregel:
$g'(t) = a\cdot e^{-bt} + at\cdot e^{-bt}\cdot(-b) = (a-abt)\cdot e^{-bt}$
Damit die Konzentration $g(t)$ nach 4 Stunden ihren größten Wert von 20 $\frac{\text{mg}}{\text{l}}$ annimmt, müssen folgende Bedingungen gelten:

$$\begin{array}{llcllcl} \text{I} & g(4) & = & 20 & \Rightarrow & 4a\cdot e^{-4b} & = & 20 \\ \text{II} & g'(4) & = & 0 & \Rightarrow & (a-4ab)\cdot e^{-4b} & = & 0 \end{array}$$

Löst man Gleichung II, so ergibt sich: $a - 4ab = 0 \Rightarrow a(1-4b) = 0$ bzw. wegen $a > 0$ folgt $1 - 4b = 0 \Rightarrow b = \frac{1}{4}$.
Setzt man $b = \frac{1}{4}$ in Gleichung I ein, so ergibt sich: $4a\cdot e^{-4\cdot 0,25} = 20 \Rightarrow 4a\cdot e^{-1} = 20$ $\Rightarrow a = 5e \approx 13,59$.
Die Konzentration erreicht 4 Stunden nach der Einnahme ihren größten Wert von 20 $\frac{\text{mg}}{\text{l}}$, wenn $a = 5e$ und $b = \frac{1}{4}$ gewählt werden.
Die Funktion $g(t)$ lautet dann: $g(t) = 5e\cdot t\cdot e^{-\frac{1}{4}t} = 5te^{1-0,25t}$.

10.4 Tannensetzling

a) Das Maximum von f wird mit dem GTR bestimmt: $t = 25$.
Im 25. Jahr ist das Längenwachstum maximal.

Das durchschnittliche Wachstum $\overline{m}$ in den ersten 30 Jahren erhält man, indem zuerst das

Gesamtwachstum durch Integration bestimmt wird:

$$\int_0^{30} f(t)dt = \int_0^{30} 1,5 \cdot e^{-0,005(t-25)^2} dt \approx 25,77 \text{ (GTR)}$$

Nun wird dieser Wert durch die Anzahl der Jahre geteilt $\overline{m} = \frac{25,77}{30} = 0,859$. Die Tanne wächst in den ersten 30 Jahren damit durchschnittlich ca. 0,86 m pro Jahr.

b) Die Höhe h der Tanne ist

$$h = 0,3 + \int_0^{30} f(t)dt \approx 26,07$$

Alternativ: $h = 0,3 + 30 \cdot 0,86 = 26,1$.
Die Tanne ist nach 30 Jahren etwa 26,1 m hoch.
Um den Zeitpunkt T für die Höhe von 13 m zu bestimmen, muss gelten:

$$13 = 0,3 + \int_0^{\mathrm{T}} f(t)dt$$

bzw.

$$12,7 = \int_0^{\mathrm{T}} f(t)dt$$

Durch Ausprobieren bzw. Lösen der Integralgleichung mit dem GTR erhält man T $= 21$.
Nach 21 Jahren ist die Tanne 13 m hoch.

c) Um den Zeitpunkt des «Ausgewachsenseins» zu bestimmen, schneidet man den Graph von f mit der Geraden $y = 0,2$. Mit dem GTR erhält man $t = 45$.

Die Höhe einer 45-jährigen Tanne beträgt $h_1 = 0,3 + \int_0^{45} f(t)dt \approx 36,8$ (GTR).

Die Höhe einer 60-jährigen Tanne beträgt $h_2 = 0,3 + \int_0^{60} f(t)dt \approx 37,7$ (GTR).
Die Differenz beträgt $0,9$.
Alternativ hätte man die Differenz auch durch folgendes Integral berechnen können:

$$\int_{45}^{60} f(t)dt \approx 0,85$$

Also ist eine 60-jährige Tanne $0,9\,\text{m}$ bzw. $0,85\,\text{m}$ höher als eine «ausgewachsene» Tanne.

10.5 Küstenlinie

a) Die abgebildete Küstenlinie hat drei Extrempunkte, also ist der Ansatz einer Polynomfunktion 4. Grades sinnvoll, denn die Ableitung $f'(x)$ ist dann ein Polynom 3. Grades und kann maximal 3 Nullstellen haben (jede Nullstelle der Ableitung entspricht einem Extrempunkt der Funktion). Damit wird $f(x)$ angesetzt als:
$f(x) = ax^4 + bx^3 + cx^2 + dx + e$.
Man braucht zur Bestimmung der Funktionsgleichung also fünf Bedingungen:

Der Punkt A$(0 \mid 0)$ liegt auf der Kurve, also gilt: $f(0) = 0$.
Der Punkt B$(1 \mid 2)$ liegt auf der Kurve und er ist ein Tiefpunkt mit Steigung Null, also gilt: $f(1) = 2$ und $f'(1) = 0$.
Der Punkt C$(2 \mid 4)$ liegt auf der Kurve und er ist ein Hochpunkt mit Steigung Null, also gilt: $f(2) = 4$ und $f'(2) = 0$.
Setzt man diese Bedingungen in $f(x)$ bzw. $f'(x) = 4ax^3 + 3bx^2 + 2cx + d$ ein, so erhält man ein Gleichungssystem, das mit dem GTR gelöst werden kann:

$$\begin{array}{lrcl} \text{I} & f(0) & = & 0 \\ \text{II} & f(1) & = & 2 \\ \text{III} & f'(1) & = & 0 \\ \text{IV} & f(2) & = & 4 \\ \text{V} & f'(2) & = & 0 \end{array}$$

einsetzen ergibt:

$$\begin{array}{lrcrcrcrcrcl} \text{I} & a\cdot 0^4 & + & b\cdot 0^3 & + & c\cdot 0^2 & + & d\cdot 0 & + & e & = & 0 \\ \text{II} & a\cdot 1^4 & + & b\cdot 1^3 & + & c\cdot 1^2 & + & d\cdot 1 & + & e & = & 2 \\ \text{III} & 4a\cdot 1^3 & + & 3b\cdot 1^2 & + & 2c\cdot 1 & + & d & & & = & 0 \\ \text{IV} & a\cdot 2^4 & + & b\cdot 2^3 & + & c\cdot 2^2 & + & d\cdot 2 & + & e & = & 4 \\ \text{V} & 4a\cdot 2^3 & + & 3b\cdot 2^2 & + & 2c\cdot 2 & + & d & & & = & 0 \end{array}$$

daraus folgt:

$$\begin{array}{lrcrcrcrcrcl} \text{I} & & & & & & & & & e & = & 0 \\ \text{II} & a & + & b & + & c & + & d & + & e & = & 2 \\ \text{III} & 4a & + & 3b & + & 2c & + & d & & & = & 0 \\ \text{IV} & 16a & + & 8b & + & 4c & + & 2d & + & e & = & 4 \\ \text{V} & 32a & + & 12b & + & 4c & + & d & & & = & 0 \end{array}$$

Lösen mit dem GTR führt auf:

$$\begin{array}{lrcr} \text{I} & a & = & -3 \\ \text{II} & b & = & 14 \\ \text{III} & c & = & -21 \\ \text{IV} & d & = & 12 \\ \text{V} & e & = & 0 \end{array}$$

Somit wird die Küstenlinie beschrieben durch die Polynomfunktion
$f(x) = -3x^4 + 14x^3 - 21x^2 + 12x$.

b) Um die Entfernung zwischen C$(2 \mid 4)$ und D zu berechnen, benötigt man die Koordinaten von D:
An der Zeichnung ist ersichtlich, dass der Punkt D ein (lokales) Maximum der Funktion $f(x)$ ist. Seine Koordinaten lassen sich z.B. mit Hilfe des GTR bestimmen: man erhält $x = 0,5$ und $y = 2,3125 \Rightarrow$ D$(0,5 \mid 2,3125)$.
Alternativ kann man die x-Koordinate auch an der Zeichnung ablesen und dann in $f(x)$ einsetzen.

Den Abstand d zwischen zwei Punkten $(x_1 \mid y_1)$ und $(x_2 \mid y_2)$ erhält man mit der Formel:
$d = \sqrt{(x_2 - x_1)^2 + (y_2 - y_1)^2}$.
Somit gilt: $\overline{CD} = \sqrt{(0,5-2)^2 + (2,3125-4)^2} \approx 2,2578$.
Da eine Längeneinheit 10 km entspricht, beträgt die Entfernung zwischen den beiden Kaps C und D ca. 22,6 km.

c) Um die Länge der Fahrtstrecke vom Hafen B $(1 \mid 2)$ zum nächstgelegenen Punkt der gegenüberliegenden Küstenlinie mit $k(x) = 0,5x^2 - 0,25x + 4$ zu berechnen, bestimmt man zuerst den Abstand $d(x)$ zwischen B und einem allgemeinen Punkt P $(x \mid k(x))$ der Küstenlinie in Abhängigkeit von x und berechnet anschließend das Minimum von $d(x)$. Es gilt:
$d(x) = \sqrt{(x-1)^2 + (k(x)-2)^2} = \sqrt{(x-1)^2 + (0,5x^2 - 0,25x + 4 - 2)^2}$
Das Minimum von $d(x)$ erhält man mit dem GTR:
$x = 0,5$ und $d(0,5) = \sqrt{4,25} \approx 2,0616$.
Da eine Einheit 10 km entspricht, beträgt die Länge der Fahrtstrecke des Ausflugsboots ca. 20,6 km.

d) Um den gesuchten Winkel α zur Nordrichtung zu berechnen, den das Boot einschlagen muss, betrachtet man das rechtwinklige Dreieck, auf dem die Punkte B $(1 \mid 2)$ und P $(0,5 \mid 4)$ liegen:
Die Längen der Katheten betragen dann $|4-2| = 2$ LE bzw. $|0,5-1| = 0,5$ LE.
Es gilt: $\tan\alpha = \frac{0,5}{2} \Rightarrow \alpha \approx 14,04°$. Das Boot muss also einen Kurs von $345,96°$ einschlagen, um von B nach P zu kommen.

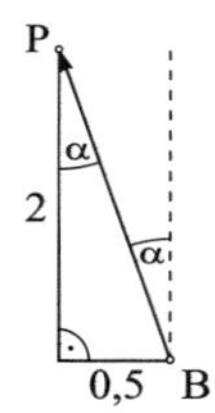

e) Es ist $f(x) = -3x^4 + 14x^3 - 21x^2 + 12x$ und $g(x) = 0,5x^2 + 0,5x + 1$ mit $x \geqslant 0$.
Der tatsächliche Landgewinn setzt sich zusammen aus all jenen Flächen, welche im Lauf der Zeit hinzukamen abzüglich der Flächen, die verloren gingen.
Er entspricht dem Flächeninhalt zwischen den beiden Kurven, den man mit Hilfe des Integrals berechnen kann. Die Integrationsgrenzen sind $x_1 = 0$ und $x_2 = 2$.

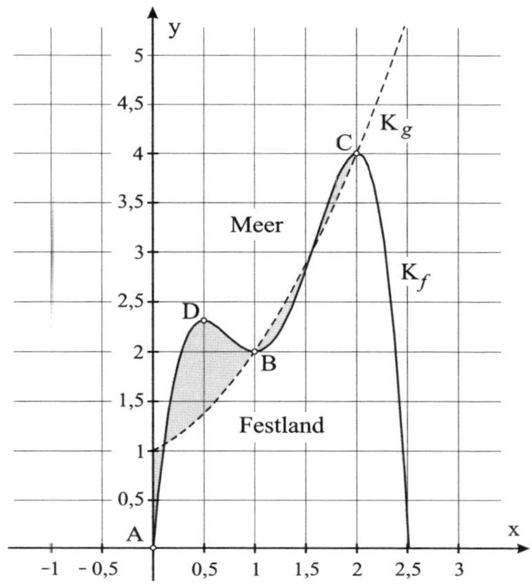

Durch das Integrieren über $f(x) - g(x)$ wird der Landgewinn mit positivem Vorzeichen (er entspricht den Abschnitten, an denen K_f oberhalb von K_g verläuft) und der Landverlust (er entspricht den Abschnitten, an denen K_f unterhalb von K_g verläuft) mit negativem Vorzeichen gezählt. Das Ergebnis ist daher der tatsächliche Landgewinn:

$$\int_0^2 (f(x) - g(x))\,dx = \int_0^2 \left(-3x^4 + 14x^3 - 21x^2 + 12x - \left(0,5x^2 + 0,5x + 1\right)\right) dx$$

$$= \int_0^2 \left(-3x^4 + 14x^3 - 21,5x^2 + 11,5x - 1\right) dx \approx 0,4667 \text{ (GTR)}$$

Da eine Längeneinheit 10 km entspricht, entspricht eine Flächeneinheit $100\,\text{km}^2$. Somit beträgt der Landgewinn etwa $46,7\,\text{km}^2$.

Lineare Algebra AG, BTG, EG, SG, WG

11 Rechnen mit Vektoren

11.1 Addition und Subtraktion von Vektoren

Gegeben sind die Vektoren $\vec{a} = \begin{pmatrix} -1 \\ 2 \\ 4 \end{pmatrix}$ und $\vec{b} = \begin{pmatrix} 3 \\ 1 \\ 2 \end{pmatrix}$.

a) $\vec{a}+\vec{b} = \begin{pmatrix} 2 \\ 3 \\ 6 \end{pmatrix}$ b) $\vec{a}-\vec{b} = \begin{pmatrix} -4 \\ 1 \\ 2 \end{pmatrix}$ c) $2\cdot\vec{a} = \begin{pmatrix} -2 \\ 4 \\ 8 \end{pmatrix}$

d) $-\vec{a} = \begin{pmatrix} 1 \\ -2 \\ -4 \end{pmatrix}$ e) $2\vec{a}+3\vec{b} = \begin{pmatrix} 7 \\ 7 \\ 14 \end{pmatrix}$

f) $\vec{a}\cdot\vec{b} = (-1)\cdot 3 + 2\cdot 1 + 4\cdot 2 = 7$

g) $|\vec{a}| = \sqrt{(-1)^2+2^2+4^2} = \sqrt{1+4+16} = \sqrt{21}$

h) $|\vec{b}| = \sqrt{3^2+1^2+2^2} = \sqrt{14}$

i) $|\vec{a}+\vec{b}| = \left|\begin{pmatrix} 2 \\ 3 \\ 6 \end{pmatrix}\right| = \sqrt{2^2+3^2+6^2} = \sqrt{49} = 7$

11.2 Orthogonalität von Vektoren

a) $\vec{a}\cdot\vec{b} = \begin{pmatrix} -1 \\ 0 \\ 1 \end{pmatrix} \cdot \begin{pmatrix} 2 \\ 2 \\ 0 \end{pmatrix} = (-1)\cdot 2 + 0\cdot 2 + 1\cdot 0 = -2 \Rightarrow \vec{a}$ steht nicht orthogonal auf $\vec{b}$.

b) $\vec{r}\cdot\vec{n} = \begin{pmatrix} 5 \\ -1 \\ 3 \end{pmatrix} \cdot \begin{pmatrix} 2 \\ 1 \\ -3 \end{pmatrix} = 5\cdot 2 + (-1)\cdot 1 + 3\cdot(-3) = 0 \Rightarrow \vec{r}$ steht orthogonal auf $\vec{n}$.

c) $\vec{z}\cdot\vec{w} = \begin{pmatrix} 2 \\ -2 \\ 4 \end{pmatrix} \cdot \begin{pmatrix} 1 \\ 3 \\ 1 \end{pmatrix} = 2\cdot 1 + (-2)\cdot 3 + 4\cdot 1 = 0 \Rightarrow \vec{z}$ steht orthogonal auf $\vec{w}$.

11.3 Auffinden von orthogonalen Vektoren

Es sind Vektoren zu bestimmen, deren Skalarprodukt mit $\vec{n}$ Null ergibt. Dazu kann man zwei Komponenten des Vektors frei wählen, die dritte ergibt sich dann, z.B.:

$$\vec{a}=\begin{pmatrix}4\\-2\\0\end{pmatrix}, \text{denn } \vec{a}\cdot\vec{n}=\begin{pmatrix}4\\-2\\0\end{pmatrix}\cdot\begin{pmatrix}1\\2\\-3\end{pmatrix}=4\cdot 1+(-2)\cdot 2+0\cdot(-3)=4-4=0$$

$$\vec{b}=\begin{pmatrix}0\\3\\2\end{pmatrix}, \text{denn } \vec{b}\cdot\vec{n}=\begin{pmatrix}0\\3\\2\end{pmatrix}\cdot\begin{pmatrix}1\\2\\-3\end{pmatrix}=0\cdot 1+3\cdot 2+2\cdot(-3)=6-6=0$$

$$\vec{c}=\begin{pmatrix}5\\-1\\1\end{pmatrix}, \text{denn } \vec{c}\cdot\vec{n}=\begin{pmatrix}5\\-1\\1\end{pmatrix}\cdot\begin{pmatrix}1\\2\\-3\end{pmatrix}=5\cdot 1+(-1)\cdot 2+1\cdot(-3)=5-2-3=0$$

11.4 Orts- und Verbindungsvektoren

Gegeben sind die Punkte A (2 | 3 | 2), B (7 | 4 | 3) und C (1 | 5 | −2).

a) $\vec{a}=\begin{pmatrix}2\\3\\2\end{pmatrix}, \vec{b}=\begin{pmatrix}7\\4\\3\end{pmatrix}, \vec{c}=\begin{pmatrix}1\\5\\-2\end{pmatrix}$

b) $\overrightarrow{AB}=\vec{b}-\vec{a}=\begin{pmatrix}7\\4\\3\end{pmatrix}-\begin{pmatrix}2\\3\\2\end{pmatrix}=\begin{pmatrix}5\\1\\1\end{pmatrix}$

$$\overrightarrow{AC}=\vec{c}-\vec{a}=\begin{pmatrix}1\\5\\-2\end{pmatrix}-\begin{pmatrix}2\\3\\2\end{pmatrix}=\begin{pmatrix}-1\\2\\-4\end{pmatrix}$$

$$\overrightarrow{BC}=\vec{c}-\vec{b}=\begin{pmatrix}1\\5\\-2\end{pmatrix}-\begin{pmatrix}7\\4\\3\end{pmatrix}=\begin{pmatrix}-6\\1\\-5\end{pmatrix}$$

c) Nein, ein Verbindungsvektor verbindet zwei beliebige Punkte. Ein Ortsvektor geht immer vom Ursprung zu einem Punkt.

11.5 Verschiedene Aufgaben

a) I) $\overrightarrow{AB} = \begin{pmatrix} -4 \\ -2 \\ -1 \end{pmatrix}, \overrightarrow{AC} = \begin{pmatrix} -1 \\ -4 \\ -2 \end{pmatrix}, \overrightarrow{BC} = \begin{pmatrix} 3 \\ -2 \\ -1 \end{pmatrix}$, es ist $\overline{AB} = \overline{AC} = \sqrt{21}$,

damit ist das Dreieck gleichschenklig.

II) $\overrightarrow{AB} = \begin{pmatrix} 5 \\ 3 \\ -2 \end{pmatrix}, \overrightarrow{AC} = \begin{pmatrix} 4 \\ 4 \\ -2 \end{pmatrix}, \overrightarrow{BC} = \begin{pmatrix} -1 \\ 1 \\ 0 \end{pmatrix}$, es ist $\overline{AB} = \sqrt{38}$, $\overline{AC} = 6$

und $\overline{BC} = \sqrt{2}$, damit ist das Dreieck nicht gleichschenklig.

b) $\overrightarrow{AB} = \begin{pmatrix} -4 \\ 4 \\ 2 \end{pmatrix}, \overrightarrow{AC} = \begin{pmatrix} -6 \\ 0 \\ 6 \end{pmatrix}, \overrightarrow{BC} = \begin{pmatrix} -2 \\ -4 \\ 4 \end{pmatrix}$

$$\overrightarrow{AB} \cdot \overrightarrow{AC} = \begin{pmatrix} -4 \\ 4 \\ 2 \end{pmatrix} \cdot \begin{pmatrix} -6 \\ 0 \\ 6 \end{pmatrix} = 24 + 0 + 12 = 36$$

$$\overrightarrow{AB} \cdot \overrightarrow{BC} = \begin{pmatrix} -4 \\ 4 \\ 2 \end{pmatrix} \cdot \begin{pmatrix} -2 \\ -4 \\ 4 \end{pmatrix} = 8 - 16 + 8 = 0$$

$$\overrightarrow{AC} \cdot \overrightarrow{BC} = \begin{pmatrix} -6 \\ 0 \\ 6 \end{pmatrix} \cdot \begin{pmatrix} -2 \\ -4 \\ 4 \end{pmatrix} = 12 + 0 + 24 = 36$$

Da das Skalarprodukt von $\overrightarrow{AB}$ und $\overrightarrow{BC}$ gleich Null ist, stehen diese beiden Vektoren senkrecht aufeinander, d.h. das Dreieck ABC hat bei B einen rechten Winkel.

c) Zuerst stellt man die Verbindungsvektoren auf. Anschließend setzt man in die Formel für den Winkel ein.

$$\cos\beta = \frac{\overrightarrow{BA} \cdot \overrightarrow{BC}}{|\overrightarrow{BA}| \cdot |\overrightarrow{BC}|} = \frac{\begin{pmatrix} 2 \\ -4 \\ 4 \end{pmatrix} \cdot \begin{pmatrix} -4 \\ 2 \\ 4 \end{pmatrix}}{\sqrt{2^2 + (-4)^2 + 4^2} \cdot \sqrt{(-4)^2 + 2^2 + 4^2}} = 0 \Rightarrow \beta = 90^\circ$$

$$\cos\gamma = \frac{\overrightarrow{CA} \cdot \overrightarrow{CB}}{|\overrightarrow{CA}| \cdot |\overrightarrow{CB}|} = \frac{\begin{pmatrix} 6 \\ -6 \\ 0 \end{pmatrix} \cdot \begin{pmatrix} 4 \\ -2 \\ -4 \end{pmatrix}}{\sqrt{72} \cdot 6} = \frac{36}{\sqrt{72} \cdot 6} = \frac{6}{\sqrt{72}} = \frac{6}{\sqrt{36} \cdot \sqrt{2}} = \frac{1}{\sqrt{2}} \Rightarrow \gamma = 45^\circ$$

$$\cos\alpha = \frac{\overrightarrow{AB}\cdot\overrightarrow{AC}}{|\overrightarrow{AB}|\cdot|\overrightarrow{AC}|} = \frac{\begin{pmatrix}-2\\4\\-4\end{pmatrix}\cdot\begin{pmatrix}-6\\6\\0\end{pmatrix}}{6\cdot\sqrt{72}} = \frac{36}{6\cdot\sqrt{72}} = \frac{6}{\sqrt{72}} = \frac{1}{\sqrt{2}} \Rightarrow \gamma = 45^\circ$$

d) I)

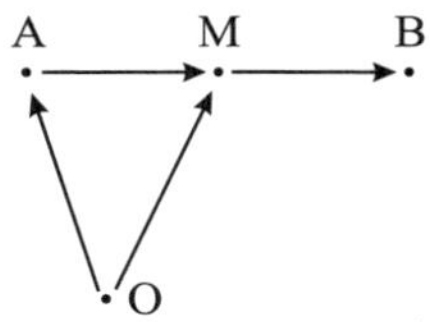

$$\overrightarrow{OM} = \overrightarrow{OA} + \tfrac{1}{2}\overrightarrow{AB} = \begin{pmatrix}4\\1\\3\end{pmatrix} + \tfrac{1}{2}\cdot\begin{pmatrix}-6\\4\\-8\end{pmatrix} = \begin{pmatrix}1\\3\\-1\end{pmatrix}$$

$\Rightarrow M(1\,|\,3\,|\,-1)$

II)

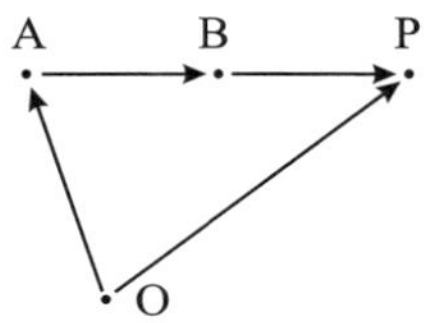

$$\overrightarrow{OP} = \overrightarrow{OA} + 2\cdot\overrightarrow{AB} = \begin{pmatrix}3\\-1\\-4\end{pmatrix} + 2\cdot\begin{pmatrix}1\\3\\9\end{pmatrix} = \begin{pmatrix}5\\5\\14\end{pmatrix}$$

$\Rightarrow P(5\,|\,5\,|\,14)$

e) I) Den Schwerpunkt S des Dreiecks ABC mit $A(4\,|\,1\,|\,2)$, $B(5\,|\,3\,|\,0)$ und $C(0\,|\,2\,|\,1)$ erhalten Sie mit der Formel:

$$\vec{s} = \tfrac{1}{3}\cdot\left(\vec{a}+\vec{b}+\vec{c}\right) = \tfrac{1}{3}\cdot\left(\begin{pmatrix}4\\1\\2\end{pmatrix} + \begin{pmatrix}5\\3\\0\end{pmatrix} + \begin{pmatrix}0\\2\\1\end{pmatrix}\right) = \tfrac{1}{3}\cdot\begin{pmatrix}9\\6\\3\end{pmatrix} = \begin{pmatrix}3\\2\\1\end{pmatrix}$$

$\Rightarrow S(3\,|\,2\,|\,1)$.

II) Den Schwerpunkt S des Dreiecks PQR mit $P(-3\,|\,2\,|\,4)$, $Q(5\,|\,1\,|\,2)$ und $R(-5\,|\,3\,|\,6)$ erhalten Sie mit der Formel:

$$\vec{s} = \tfrac{1}{3}\cdot(\vec{p}+\vec{q}+\vec{r}) = \tfrac{1}{3}\cdot\left(\begin{pmatrix}-3\\2\\4\end{pmatrix} + \begin{pmatrix}5\\1\\2\end{pmatrix} + \begin{pmatrix}-5\\3\\6\end{pmatrix}\right) = \tfrac{1}{3}\cdot\begin{pmatrix}-3\\6\\12\end{pmatrix} = \begin{pmatrix}-1\\2\\4\end{pmatrix}$$

$\Rightarrow S(-1\,|\,2\,|\,4)$.

f) I)

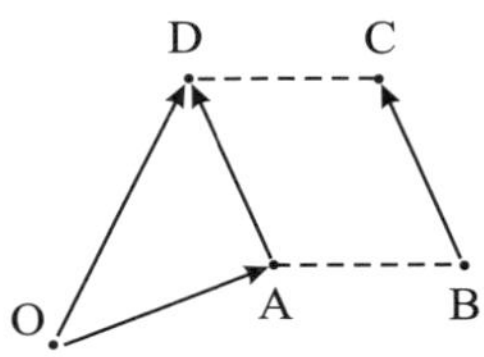

$$\overrightarrow{OD} = \overrightarrow{OA} + \overrightarrow{BC} = \begin{pmatrix}4\\2\\3\end{pmatrix} + \begin{pmatrix}-3\\-7\\-8\end{pmatrix} = \begin{pmatrix}1\\-5\\-5\end{pmatrix}$$

$\Rightarrow D(1\,|\,-5\,|\,-5)$

II)

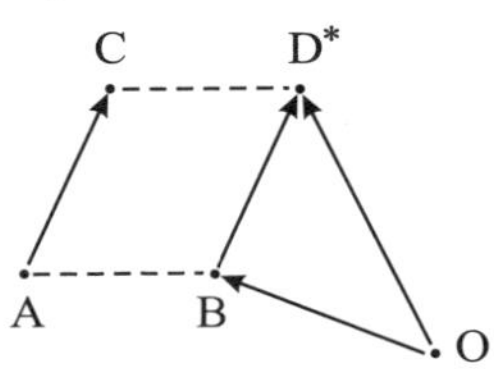

$$\overrightarrow{OD^*} = \overrightarrow{OB} + \overrightarrow{AC} = \begin{pmatrix}1\\8\\5\end{pmatrix} + \begin{pmatrix}-6\\-1\\-6\end{pmatrix} = \begin{pmatrix}-5\\7\\-1\end{pmatrix}$$

$\Rightarrow D^*(-5\,|\,7\,|\,-1)$

III) 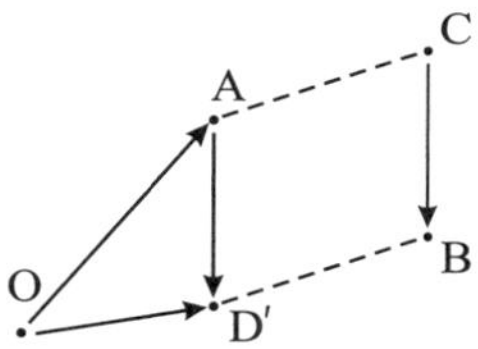

$$\overrightarrow{OD'} = \overrightarrow{OA} + \overrightarrow{CB} = \begin{pmatrix} 4 \\ 2 \\ 3 \end{pmatrix} + \begin{pmatrix} 3 \\ 7 \\ 8 \end{pmatrix} = \begin{pmatrix} 7 \\ 9 \\ 11 \end{pmatrix}$$

$\Rightarrow D'\,(7 \mid 9 \mid 11)$

g) I) Es ergeben sich folgende mögliche Vektorketten:

$$\overrightarrow{OD} = \overrightarrow{OA} + \overrightarrow{BC} = \begin{pmatrix} 3 \\ 1 \\ 4 \end{pmatrix} + \begin{pmatrix} 7 \\ -3 \\ 6 \end{pmatrix} = \begin{pmatrix} 10 \\ -2 \\ 10 \end{pmatrix} \Rightarrow D\,(10 \mid -2 \mid 10)$$

$$\overrightarrow{OE} = \overrightarrow{OA} + \overrightarrow{BF} = \begin{pmatrix} 3 \\ 1 \\ 4 \end{pmatrix} + \begin{pmatrix} 11 \\ 1 \\ 9 \end{pmatrix} = \begin{pmatrix} 14 \\ 2 \\ 13 \end{pmatrix} \Rightarrow E\,(14 \mid 2 \mid 13)$$

$$\overrightarrow{OG} = \overrightarrow{OC} + \overrightarrow{BF} = \begin{pmatrix} 5 \\ -2 \\ 3 \end{pmatrix} + \begin{pmatrix} 11 \\ 1 \\ 9 \end{pmatrix} = \begin{pmatrix} 16 \\ -1 \\ 12 \end{pmatrix} \Rightarrow G\,(16 \mid -1 \mid 12)$$

$$\overrightarrow{OH} = \overrightarrow{OD} + \overrightarrow{BF} = \begin{pmatrix} 10 \\ -2 \\ 10 \end{pmatrix} + \begin{pmatrix} 11 \\ 1 \\ 9 \end{pmatrix} = \begin{pmatrix} 21 \\ -1 \\ 19 \end{pmatrix} \Rightarrow H\,(21 \mid -1 \mid 19)$$

II) Die Länge der Raumdiagonalen AG ist die Länge des Verbindungsvektors $\overrightarrow{AG}$:

$$AG = |\overrightarrow{AG}| = \left| \begin{pmatrix} 13 \\ -2 \\ 8 \end{pmatrix} \right| = \sqrt{169+4+64} = \sqrt{237}$$

h) Bei einem schiefen Dreiecksprisma sind folgende 3 Kanten parallel: AD, BE und CF $\Rightarrow$

$\overrightarrow{AD} = \overrightarrow{BE} = \overrightarrow{CF}$. Daher gilt: $\overrightarrow{OE} = \overrightarrow{OB} + \overrightarrow{AD} = \begin{pmatrix} 5 \\ -2 \\ -1 \end{pmatrix} + \begin{pmatrix} 3 \\ 3 \\ 5 \end{pmatrix} = \begin{pmatrix} 8 \\ 1 \\ 4 \end{pmatrix}$

$\Rightarrow E\,(8 \mid 1 \mid 4)$

$$\overrightarrow{OF} = \overrightarrow{OC} + \overrightarrow{AD} = \begin{pmatrix} -1 \\ 3 \\ -2 \end{pmatrix} + \begin{pmatrix} 3 \\ 3 \\ 5 \end{pmatrix} = \begin{pmatrix} 2 \\ 6 \\ 3 \end{pmatrix} \Rightarrow F\,(2 \mid 6 \mid 3)$$

Die Länge der Kante EF ist $|\overrightarrow{EF}| = \left| \begin{pmatrix} -6 \\ 5 \\ -1 \end{pmatrix} \right| = \sqrt{36+25+1} = \sqrt{62}$ LE.

11.6 Lineare Abhängigkeit/ Unabhängigkeit

a) Der Ansatz $k \cdot \begin{pmatrix} 2 \\ 1 \\ -3 \end{pmatrix} = \begin{pmatrix} -4 \\ -2 \\ 6 \end{pmatrix}$ führt zu $\begin{array}{rcr} 2k & = & -4 \\ k & = & -2 \\ -3k & = & 6 \end{array}$

und damit zu $k = -2$, d.h. $\vec{a}$ und $\vec{b}$ sind linear abhängig.

b) Der Ansatz $k \cdot \begin{pmatrix} 2 \\ 0 \\ 3 \end{pmatrix} = \begin{pmatrix} -2 \\ 1 \\ -3 \end{pmatrix}$ führt zu $\begin{array}{rcr} 2k & = & -2 \\ 0 & = & 1 \\ 3k & = & -3 \end{array}$

und damit zu einem Widerspruch, d.h. $\vec{a}$ und $\vec{b}$ sind linear unabhängig.

c) Der Ansatz $k \cdot \begin{pmatrix} 6 \\ 3 \\ -9 \end{pmatrix} = \begin{pmatrix} 2 \\ 1 \\ -3 \end{pmatrix}$ führt zu $\begin{array}{rcr} 6k & = & 2 \\ 3k & = & 1 \\ -9k & = & -3 \end{array}$

und damit zu $k = \frac{1}{3}$, d.h. $\vec{a}$ und $\vec{b}$ sind linear abhängig.

d) Der Ansatz $k \cdot \begin{pmatrix} 4 \\ -2 \\ 3 \end{pmatrix} = \begin{pmatrix} 5 \\ 1 \\ 9 \end{pmatrix}$ führt zu $\begin{array}{rcr} 4k & = & 5 \\ -2k & = & 1 \\ 3k & = & 9 \end{array}$

und damit zu verschiedenen Werten für k, also sind $\vec{a}$ und $\vec{b}$ linear unabhängig.

12 Geraden

12.1 Aufstellen von Geradengleichungen

Der Ortsvektor des einen Punktes wird als Stützvektor für die Gerade benutzt. Einen Richtungsvektor erhält man, indem man einen Verbindungsvektor zwischen den beiden Punkten aufstellt. Da es beliebig ist, welcher Punkt als «Stützpunkt» genommen wird, bzw. in welche Richtung man den Richtungsvektor aufstellt, gibt es mehrere Lösungen. Für Aufgabe a) sind alle vier Lösungen dargestellt, für die Aufgaben b) und c) ist eine mögliche Lösung aufgeführt.

a) I) $g: \vec{x} = \begin{pmatrix} 1 \\ 0 \\ 2 \end{pmatrix} + r \cdot \begin{pmatrix} 2 \\ 1 \\ 1 \end{pmatrix}$ II) $g: \vec{x} = \begin{pmatrix} 3 \\ 1 \\ 3 \end{pmatrix} + r \cdot \begin{pmatrix} 2 \\ 1 \\ 1 \end{pmatrix}$

III) $g: \vec{x} = \begin{pmatrix} 1 \\ 0 \\ 2 \end{pmatrix} + r \cdot \begin{pmatrix} -2 \\ -1 \\ -1 \end{pmatrix}$ IV) $g: \vec{x} = \begin{pmatrix} 3 \\ 1 \\ 3 \end{pmatrix} + r \cdot \begin{pmatrix} -2 \\ -1 \\ -1 \end{pmatrix}$

b) $g: \vec{x} = \begin{pmatrix} 2 \\ 1 \\ -4 \end{pmatrix} + s \cdot \begin{pmatrix} 2 \\ -1 \\ 5 \end{pmatrix}$ c) $g: \vec{x} = \begin{pmatrix} 1 \\ 1 \\ 0 \end{pmatrix} + t \cdot \begin{pmatrix} 1 \\ 1 \\ -1 \end{pmatrix}$

12.2 Punktprobe

Die Ortsvektoren der Punkte werden in die Geradengleichung eingesetzt. Dann ermittelt man den Parameter mit Hilfe der Gleichungen des dazugehörigen Gleichungssystems. Es muss sich für alle drei Gleichungen der gleiche Parameter ergeben.

a) Einsetzen ergibt:

$$\begin{array}{lrcrcr} \text{I} & 2 & = & 1 & + & r \\ \text{II} & 7 & = & 3 & + & 4r \\ \text{III} & 0 & = & -2 & + & 2r \end{array}$$

Lösen von Gleichung I, II und III führt zu $r = 1$. Also liegt der Punkt A auf der Geraden.

b) Einsetzen ergibt:

$$\begin{array}{lrcrcr} \text{I} & 3 & = & 1 & + & r \\ \text{II} & 11 & = & 3 & + & 4r \\ \text{III} & 3 & = & -2 & + & 2r \end{array}$$

Lösen von Gleichung I und II führt zu $r = 2$. Lösen von Gleichung III ergibt $r = 2,5$. Dies ist ein Widerspruch. Der Punkt liegt also nicht auf der Geraden.

c) Lösen von Gleichung I, II und III führt zu $r = -3$. Also liegt der Punkt C auf der Geraden.

12.3 Parallele Geraden

Wenn die Geraden parallel sind, müssen die Richtungsvektoren linear abhängig sein. Außerdem darf kein «Stützpunkt» einer Geraden in einer anderen enthalten sein.

Da $r \cdot \begin{pmatrix} 2 \\ -1 \\ -3 \end{pmatrix} = \begin{pmatrix} 4 \\ -2 \\ -6 \end{pmatrix}$ für $r = 2$ und $r \cdot \begin{pmatrix} 2 \\ -1 \\ -3 \end{pmatrix} = \begin{pmatrix} -6 \\ 3 \\ 9 \end{pmatrix}$ für $r = -3$ gilt, sind die Richtungsvektoren linear abhängig. Punktproben der Stützvektoren in den jeweils anderen Geraden ergeben, dass die Geraden nicht identisch sind. Also sind alle Geraden echt parallel zueinander.

12.4 Gegenseitige Lage von Geraden

Für einige Aufgaben ist die Lösung ausführlich dargestellt, ansonsten sind Zwischenergebnisse und das Endergebnis angegeben.

a) Die Richtungsvektoren der Geraden sind kein Vielfaches voneinander, da es kein k gibt, so dass gilt: $k \cdot \begin{pmatrix} 1 \\ 1 \\ 2 \end{pmatrix} = \begin{pmatrix} 2 \\ 0 \\ 1 \end{pmatrix}$, also können sich die Geraden schneiden oder windschief sein.
Gleichsetzen der Geraden führt zu:

$$\begin{array}{lcccl} \text{I} & 4 + t & = & 2r \\ \text{II} & 2 + t & = & 0 \\ \text{III} & 5 + 2t & = & r \end{array}$$

Gleichung II ergibt: $t = -2$. Eingesetzt in I ergibt sich $r = 1$. t und r müssen noch in Gl. III überprüft werden: $5 + 2 \cdot (-2) = 1$. Nun setzt man r in die Gleichung von g_2 ein, es ergibt sich der Schnittpunkt S mit $S\,(2 \mid 0 \mid 1)$.

b) Die Richtungsvektoren der Geraden sind kein Vielfaches voneinander, da es kein k gibt, so dass gilt: $k \cdot \begin{pmatrix} 1 \\ 1 \\ 1 \end{pmatrix} = \begin{pmatrix} 3 \\ 4 \\ 5 \end{pmatrix}$, also können sich die Geraden schneiden oder windschief sein.
Gleichsetzen der Geraden führt zu:

$$\begin{array}{lrcl} \text{I} & 2 + r & = & 3 + 3t \\ \text{II} & r & = & 2 + 4t \\ \text{III} & r & = & 3 + 5t \end{array}$$

Gleichung I – Gleichung II ergibt: $t = -1$. Eingesetzt in Gleichung II ergibt sich $r = -2$. t und r müssen noch in III überprüft werden: $-2 = 3 + 5 \cdot (-1)$. Einsetzen von r in g_1 ergibt den Schnittpunkt S mit $S\,(0 \mid -2 \mid -2)$.

c) Die Richtungsvektoren der Geraden sind kein Vielfaches voneinander, da es kein k gibt, so dass gilt: $k \cdot \begin{pmatrix} 2 \\ 1 \\ -3 \end{pmatrix} = \begin{pmatrix} 4 \\ -5 \\ -1 \end{pmatrix}$.

Gleichsetzen der Geraden führt zu:

$$\begin{array}{lrcrcrcr} \text{I} & 1 & + & 2s & = & 5 & + & 4t \\ \text{II} & -3 & + & s & = & 1 & - & 5t \\ \text{III} & 5 & - & 3s & = & -3 & - & t \end{array}$$

Gleichung I − 2· Gl. II ergibt: $t = \frac{2}{7}$. Eingesetzt in Gleichung II ergibt sich $s = \frac{18}{7}$. Es müssen s und t noch in Gl. III überprüft werden, es ergibt sich: $\frac{4}{7} = 0$. Dies ist ein Widerspruch, also sind die Geraden windschief.

d) Die Richtungsvektoren der Geraden sind kein Vielfaches voneinander, da es kein k gibt, so dass gilt: $k \cdot \begin{pmatrix} 2 \\ 0 \\ 1 \end{pmatrix} = \begin{pmatrix} 0 \\ 1 \\ -1 \end{pmatrix}$. Gleichsetzen der Geradengleichungen und Berechnen von t und r mit Gleichung I und II ergibt: $t = \frac{1}{2}$ und $r = -1$. Prüfen in Gleichung III führt auf einen Widerspruch, also sind die Geraden windschief.

e) Prüfung der Richtungsvektoren:

$k \cdot \begin{pmatrix} 2 \\ -1 \\ 3 \end{pmatrix} = \begin{pmatrix} -2 \\ 1 \\ -3 \end{pmatrix} \Rightarrow k = -1$, d.h. die Richtungsvektoren sind ein Vielfaches voneinander (linear abhängig), also können die Geraden parallel oder identisch sein.

Man prüft nun, ob P $(4 \mid 0 \mid 1)$ der Geraden g auch auf der Geraden h liegt:

$$\begin{pmatrix} 4 \\ 0 \\ 1 \end{pmatrix} = \begin{pmatrix} 6 \\ -1 \\ 4 \end{pmatrix} + t \cdot \begin{pmatrix} -2 \\ 1 \\ -3 \end{pmatrix}$$

$4 = 6 - 2t \Rightarrow t = 1$

$0 = -1 + t \Rightarrow t = 1$

$1 = 4 - 3t \Rightarrow t = 1$, positive Punktprobe, also sind die Geraden identisch.

12.5 Parallele Geraden mit Parameter

Wenn die beiden Geraden parallel sein sollen, müssen die beiden Richtungsvektoren linear abhängig sein. Dazu bestimmt man t so, dass der eine Vektor ein Vielfaches des anderen ist.

a) Gesucht ist t, so dass gilt: $\begin{pmatrix} 0 \\ 2 \\ 2t \end{pmatrix} = r \cdot \begin{pmatrix} 0 \\ 4 \\ 4 \end{pmatrix}$. Es ergibt sich:

$$\begin{array}{lrcl} \text{I} & 0 & = & 0 \\ \text{II} & 2 & = & 4r \\ \text{III} & 2t & = & 4r \end{array}$$

Lösen führt zu $r = \frac{1}{2}$ und $t = 1$. Es muss noch sichergestellt sein, dass die Geraden nicht identisch sind, also macht man die Punktprobe:

$$\begin{array}{lrclcl} \text{I} & 1 & = & 4 & & \\ \text{II} & 1 & = & 1 & + & 4r \\ \text{III} & 1 & = & 7 & + & 4r \end{array}$$

Für I ergibt sich unmittelbar ein Widerspruch, also sind die Geraden echt parallel (da sie keinen Schnittpunkt besitzen).

b) Gesucht ist t, so dass gilt: $\begin{pmatrix} 0,5t \\ t \\ 4 \end{pmatrix} = r \cdot \begin{pmatrix} 1 \\ 2 \\ -2 \end{pmatrix}$. Es ergibt sich:

$$\begin{array}{lrcr} \text{I} & 0,5t & = & r \\ \text{II} & t & = & 2r \\ \text{III} & 4 & = & -2r \end{array}$$

Aus III ergibt sich $r = -2$. Einsetzen in II führt zu $t = -4$. Überprüfen in I ergibt eine wahre Aussage. Es muss noch sichergestellt sein, dass die Geraden nicht identisch sind, also macht man die Punktprobe. Dies führt zu einen Widerspruch, also sind die Geraden echt parallel.

c) Gesucht ist t, so dass gilt: $\begin{pmatrix} t \\ 2t \\ -3 \end{pmatrix} = s \cdot \begin{pmatrix} 3 \\ 6 \\ -t \end{pmatrix}$. Es ergibt sich:

$$\begin{array}{lrcr} \text{I} & t & = & 3s \\ \text{II} & 2t & = & 6s \\ \text{III} & -3 & = & -t \cdot s \end{array}$$

I und II sind ein Vielfaches voneinander, daher benutzt man die Gleichungen I und III. Einsetzen von I in III führt zu $s = \pm 1$. Lösen führt auf $t_1 = 3$ und $t_2 = -3$. Es gibt also zwei Werte von t, für die die Geraden parallel sind. Macht man jeweils die Punktprobe, führt dies auf einen Widerspruch, damit sind die Geraden echt parallel.

12.6 Winkel zwischen Geraden

a) Durch die Aufgabenstellung ist vorausgesetzt, dass sich die beiden Geraden tatsächlich schneiden, dies hätte sonst geprüft werden müssen. Der Winkel zwischen den beiden Geraden wird berechnet, indem man den Winkel zwischen den Richtungsvektoren berechnet:

$$\cos\alpha = \frac{\left|\begin{pmatrix}-1\\3\\5\end{pmatrix}\cdot\begin{pmatrix}7\\-1\\2\end{pmatrix}\right|}{\sqrt{35}\cdot\sqrt{54}} = \frac{|-7-3+10|}{\sqrt{35}\cdot\sqrt{54}} = \frac{|0|}{\sqrt{35}\cdot\sqrt{54}} = 0 \Rightarrow \alpha = 90^\circ$$

b) Auch hier wird der Winkel α zwischen den Richtungsvektoren bestimmt:

$$\cos\alpha = \frac{\left|\begin{pmatrix}2\\-6\\10\end{pmatrix}\cdot\begin{pmatrix}2\\3\\5\end{pmatrix}\right|}{\sqrt{140}\cdot\sqrt{38}} = \frac{|4-18+50|}{\sqrt{140}\cdot\sqrt{38}} = \frac{36}{\sqrt{140}\cdot\sqrt{38}} \Rightarrow \alpha \approx 60,42^\circ$$

12.7 Allgemeines Verständnis von Geraden

a) I) Die Richtungsvektoren $\vec{r}$ und $\vec{v}$ müssen linear abhängig (ein Vielfaches voneinander) sein. Für die Stützvektoren muss gelten: $\vec{a} \neq \vec{b}$. Außerdem darf der zu $\vec{b}$ gehörende Punkt B nicht auf g liegen, das heißt: $\vec{b} \neq \vec{a} + s\cdot\vec{r}$. (Bzw. der zu $\vec{a}$ gehörende Punkt A darf nicht auf h liegen.)

II) Die Stützvektoren müssen nicht unbedingt gleich sein, aber jeder «Stützpunkt» muss ein Punkt der anderen Gerade sein (Nachweis durch Punktprobe). Die Richtungsvektoren $\vec{r}$ und $\vec{v}$ müssen linear abhängig sein.

III) Die Stützvektoren müssen nicht unbedingt gleich sein, aber die Geraden müssen sich schneiden. Die Richtungsvektoren müssen orthogonal sein: $\vec{r}\cdot\vec{v} = 0$.

b) Für die Winkelbestimmung braucht man die beiden Richtungsvektoren $\vec{r}$ und $\vec{v}$.
Für den spitzen Winkel δ gilt dann: $\cos\delta = \dfrac{|\vec{r}\cdot\vec{v}|}{|\vec{r}|\cdot|\vec{v}|}$

c) Zur Bestimmung der gegenseitigen Lage prüft man zuerst die Richtungsvektoren auf lineare Abhängigkeit bzw. Unabhängigkeit:

1. Sind die Richtungsvektoren ein Vielfaches voneinander (linear abhängig), können die Geraden parallel oder identisch sein.
   Sie sind identisch, wenn ein Punkt der einen Geraden auf der anderen Geraden liegt (positive Punktprobe), sonst sind sie parallel (negative Punktprobe).
2. Sind die Richtungsvektoren kein Vielfaches voneinander (linear unabhängig), können die Geraden sich schneiden oder windschief sein.
   Durch Gleichsetzen erhält man den Schnittpunkt oder einen Widerspruch, welcher angibt, dass die Geraden windschief sind.

13 Ebenen

13.1 Parameterform der Ebenengleichung

a) Einer der angegebenen Punkte, z.B. A, wird als «Stützpunkt» genommen; die Verbindungsvektoren $\overrightarrow{AB}$ und $\overrightarrow{AC}$ sind dann die Spannvektoren der Ebene. Konkret ergibt sich damit:

$$E:\ \vec{x} = \begin{pmatrix} 1 \\ 4 \\ 3 \end{pmatrix} + r \cdot \begin{pmatrix} 1 \\ 3 \\ -6 \end{pmatrix} + s \cdot \begin{pmatrix} 2 \\ 1 \\ -2 \end{pmatrix}$$

b) Auch hier wird einer der angegebenen Punkte als Stützpunkt genommen, die Verbindungsvektoren $\overrightarrow{PQ}$ und $\overrightarrow{PR}$ ermittelt und als Spannvektoren genommen. Damit gilt:

$$E:\ \vec{x} = \begin{pmatrix} 3 \\ 1 \\ 2 \end{pmatrix} + r \cdot \begin{pmatrix} 1 \\ 6 \\ 1 \end{pmatrix} + s \cdot \begin{pmatrix} 1 \\ -1 \\ -3 \end{pmatrix}$$

c) Der «Stützpunkt» und der erste Spannvektor können direkt von der Geraden g übernommen werden. Den zweiten Spannvektor erhält man, indem man den Verbindungsvektor zwischen dem Stützpunkt und dem angegebenen Punkt aufstellt. Damit gilt:

$$E:\ \vec{x} = \begin{pmatrix} -1 \\ 2 \\ 4 \end{pmatrix} + r \cdot \begin{pmatrix} 3 \\ 6 \\ -1 \end{pmatrix} + s \cdot \begin{pmatrix} 2 \\ 1 \\ 2 \end{pmatrix}$$

d) Auch hier können der «Stützpunkt» und der erste Spannvektor direkt von der Geraden g übernommen werden. Den zweiten Spannvektor erhält man, indem man den Verbindungsvektor zwischen dem angegebenen Punkt und dem Stützpunkt aufstellt. Damit gilt:

$$E:\ \vec{x} = \begin{pmatrix} 7 \\ 3 \\ 2 \end{pmatrix} + r \cdot \begin{pmatrix} 1 \\ 2 \\ 1 \end{pmatrix} + s \cdot \begin{pmatrix} 7 \\ 2 \\ 0 \end{pmatrix}$$

13.2 Koordinatengleichung einer Ebene

Es gibt verschiedene Wege, die Koordinatenform der Ebenengleichung zu bestimmen. In der Lösung ist der Weg über die Punkt-Normalenform gewählt, weil er der anschaulichste ist. Es ist aber z.B. auch möglich, die Koordinatenform zu bestimmen, indem man ein Gleichungssystem bildet und dieses ausrechnet.

a) Zuerst legt man fest, welcher Ortsvektor als Stützvektor benutzt wird, dann bildet man zwei Spannvektoren und errechnet mit diesen den Normalenvektor $\vec{n}$. Dieser wird in die Punkt-Normalenform eingesetzt und ausgerechnet:

Als Stützvektor wird $\vec{a}$ gewählt, damit ergibt sich für die Spannvektoren $\overrightarrow{AB} = \begin{pmatrix} 2 \\ -1 \\ 1 \end{pmatrix}$

und $\overrightarrow{AC} = \begin{pmatrix} 6 \\ 2 \\ 3 \end{pmatrix}$. Das Vektorprodukt (siehe Seite 50) der Spannvektoren ergibt $\begin{pmatrix} -5 \\ 0 \\ 10 \end{pmatrix}$.

Ausklammern von 5 führt zu $\vec{n} = \begin{pmatrix} -1 \\ 0 \\ 2 \end{pmatrix}$. Einsetzen in die Punkt-Normalenform und Ausrechnen ergibt

$\begin{pmatrix} -1 \\ 0 \\ 2 \end{pmatrix} \cdot \left(\begin{pmatrix} x_1 \\ x_2 \\ x_3 \end{pmatrix} - \begin{pmatrix} 2 \\ 2 \\ 2 \end{pmatrix} \right) = 0 \Rightarrow -x_1 + 2 + 2x_3 - 4 = 0$. Ordnen der Gleichung führt auf: $x_1 - 2x_3 = -2$.

b) Stützvektor $= \vec{p}$, Spannvektoren $\overrightarrow{PQ} = \begin{pmatrix} 1 \\ 4 \\ -2 \end{pmatrix}$ und $\overrightarrow{PR} = \begin{pmatrix} 4 \\ -2 \\ -2 \end{pmatrix}$. Das Vektorprodukt (siehe Seite 50) der Spannvektoren ergibt $\begin{pmatrix} -12 \\ -6 \\ -18 \end{pmatrix}$. Ausklammern von (-6) führt zu $\vec{n} = \begin{pmatrix} 2 \\ 1 \\ 3 \end{pmatrix}$. Einsetzen von $\vec{p}$ und $\vec{n}$ in die Punkt-Normalenform und Ausrechnen führt zu $2x_1 + x_2 + 3x_3 = 20$.

c) Lösungsweg: Der Stützvektor der Geraden wird als Punkt der Ebene in der Punkt-Normalenform benutzt. Der erste Spannvektor ist der Richtungsvektor der Geraden, der zweite Spannvektor ergibt sich als Verbindungsvektor des «Stützpunktes» der Geraden zu dem gegebenen Punkt. Mit den beiden Spannvektoren wird $\vec{n}$ berechnet und über die Punkt-Normalenform die Koordinatengleichung ausgerechnet.
Stützvektor: $\vec{s} = \begin{pmatrix} 3 \\ 5 \\ 7 \end{pmatrix}$, Spannvektoren $\begin{pmatrix} 1 \\ 1 \\ 1 \end{pmatrix}$ und $\begin{pmatrix} 1 \\ -4 \\ -5 \end{pmatrix}$. Das Vektorprodukt (siehe Seite 50) der Spannvektoren und Ausklammern von (-1) führt zu $\vec{n} = \begin{pmatrix} 1 \\ -6 \\ 5 \end{pmatrix}$. Einsetzen von $\vec{s}$ und $\vec{n}$ in die Punkt-Normalenform und Ausrechnen führt zu $x - 6y + 5z = 8$.

d) Stützvektor: $\vec{s} = \begin{pmatrix} 7 \\ 2 \\ 3 \end{pmatrix}$, Spannvektoren $\begin{pmatrix} 1 \\ -3 \\ -3 \end{pmatrix}$ und $\begin{pmatrix} -3 \\ 1 \\ 1 \end{pmatrix}$. Das Vektorprodukt (siehe Seite 50) der Spannvektoren und Ausklammern von 8 führt zu $\vec{n} = \begin{pmatrix} 0 \\ 1 \\ -1 \end{pmatrix}$. Einsetzen von

$\vec{s}$ und $\vec{n}$ in die Punkt-Normalenform und Ausrechnen führt zu $x_2 - x_3 = -1$.

e) Lösungsweg: Zuerst wird der Schnittpunkt der Geraden ermittelt. Bevor man die Gleichungen gleichsetzt, überprüft man, ob sie den gleichen Stützvektor besitzen. Der eine Richtungsvektor bildet einen Spannvektor, der andere Richtungsvektor den anderen. Mit den beiden Spannvektoren wird $\vec{n}$ berechnet und über die Punkt-Normalenform die Koordinatengleichung ausgerechnet.

Beide Geraden besitzen den gleichen Stützvektor $\vec{s} = \begin{pmatrix} 1 \\ 2 \\ 3 \end{pmatrix}$, die Spannvektoren sind $\begin{pmatrix} 1 \\ 3 \\ 4 \end{pmatrix}$ und $\begin{pmatrix} 2 \\ -1 \\ 3 \end{pmatrix}$. Damit ist $\vec{n} = \begin{pmatrix} 13 \\ 5 \\ -7 \end{pmatrix}$. Einsetzen von $\vec{s}$ und $\vec{n}$ in die Punkt-Normalenform und Ausrechnen führt zu $13x_1 + 5x_2 - 7x_3 = 2$.

13.3 Bestimmen von Geraden und Ebenen in einer Pyramide

a) Da der Mittelpunkt der Pyramide der Koordinatenursprung ist, lassen sich die Punkte durch Symmetriebetrachtungen bestimmen: Q (2 | 2 | 0), R (−2 | 2 | 0), S (−2 | −2 | 0).

b) Der Ortsvektor von P wird als Stützvektor der Geraden genommen, der Verbindungsvektor von P nach T als Richtungsvektor: Die Gerade ist damit:

$$g: \vec{x} = \begin{pmatrix} 2 \\ -2 \\ 0 \end{pmatrix} + r \cdot \begin{pmatrix} -2 \\ 2 \\ 6 \end{pmatrix}.$$

c) Der Punkt T wird als Stützpunkt benutzt, die Vektoren $\overrightarrow{TQ}$ und $\overrightarrow{TR}$ als Spannvektoren:

$$\text{E}: \vec{x} = \begin{pmatrix} 0 \\ 0 \\ 6 \end{pmatrix} + r \cdot \begin{pmatrix} 2 \\ 2 \\ -6 \end{pmatrix} + s \cdot \begin{pmatrix} -2 \\ 2 \\ -6 \end{pmatrix}$$

bzw.

$$\text{E}: \vec{x} = \begin{pmatrix} 0 \\ 0 \\ 6 \end{pmatrix} + r \cdot \begin{pmatrix} 1 \\ 1 \\ -3 \end{pmatrix} + s \cdot \begin{pmatrix} -1 \\ 1 \\ -3 \end{pmatrix}$$

Alternativ kann man eine Koordinatengleichung von E bestimmen: Der Ortsvektor von T dient als Stützvektor der Ebene, die Vektoren $\overrightarrow{TQ}$ und $\overrightarrow{TR}$ sind die Spannvektoren. Bestimmen des Normalenvektors und Einsetzen in die Punkt-Normalenform führt zu: $3x_2 + x_3 = 6$.

14 Gegenseitige Lage von Geraden und Ebenen

14.1 Gegenseitige Lage

a) Die Gerade und die Ebene werden gleichgesetzt:

$$\begin{pmatrix} 1 \\ -2 \\ -2 \end{pmatrix} + r \cdot \begin{pmatrix} 3 \\ 6 \\ -3 \end{pmatrix} + s \cdot \begin{pmatrix} 8 \\ -4 \\ 4 \end{pmatrix} = \begin{pmatrix} 4 \\ 1 \\ 3 \end{pmatrix} + t \cdot \begin{pmatrix} 2 \\ -1 \\ 1 \end{pmatrix}$$

daraus ergibt sich folgendes Gleichungssystem:

$$\begin{array}{rcrcrcr} 3r & + & 8s & - & 2t & = & 3 \\ 6r & - & 4s & + & t & = & 3 \\ -3r & + & 4s & - & t & = & 5 \end{array}$$

Löst man dieses Gleichungssystem mit dem Gaußschen Lösungsverfahren oder mit dem GTR, ergibt sich ein Widerspruch, d.h. es gibt keine Lösung. Das bedeutet, dass sich Gerade und Ebene nicht schneiden, die Gerade liegt also parallel zur Ebene.

b) Die Gerade und die Ebene werden gleichgesetzt:

$$\begin{pmatrix} 4 \\ 6 \\ 8 \end{pmatrix} + r \cdot \begin{pmatrix} 3 \\ 8 \\ 9 \end{pmatrix} + s \cdot \begin{pmatrix} 10 \\ 5 \\ 4 \end{pmatrix} = \begin{pmatrix} 3 \\ 4 \\ 7 \end{pmatrix} + t \cdot \begin{pmatrix} 1 \\ 0 \\ 1 \end{pmatrix}$$

daraus ergibt sich folgendes Gleichungssystem:

$$\begin{array}{rcrcrcr} 3r & + & 10s & - & t & = & -1 \\ 8r & + & 5s & & & = & -2 \\ 9r & + & 4s & - & t & = & -1 \end{array}$$

Löst man dieses Gleichungssystem mit dem Gaußschen Lösungsverfahren oder mit dem GTR, so ergibt sich $r = -\frac{2}{13}$, $s = -\frac{2}{13}$ und $t = -1$. Einsetzen von t in die Geradengleichung führt zum Schnittpunkt $S\,(2 \mid 4 \mid 6)$.

c) Für die Gerade gilt:

$$\begin{array}{rcrcr} x_1 & = & 4 & + & t \\ x_2 & = & 6 & + & 2t \\ x_3 & = & 2 & + & 3t \end{array}$$

Die Werte für x_1, $x_2$und x_3 setzt man in die Ebenengleichung ein und löst nach t auf (die Gerade wird als «allgemeiner Punkt» $P_t\,(4+t \mid 6+2t \mid 2+3t)$ in die Ebenengleichung eingesetzt):

$2 \cdot (4+t) + 4 \cdot (6+2t) + 6 \cdot (2+3t) + 12 = 0$. Auflösen der Klammern führt zu: $28t + 56 = 0$ bzw. zu $t = -2$. Dies wird in die Geradengleichung eingesetzt, damit ist der Schnittpunkt $S\,(2 \mid 2 \mid -4)$.

14.2 Gerade und Ebene parallel

a) Damit die Gerade g_t und die Ebene E parallel sind, muss der Normalenvektor $\vec{n}$ von E orthogonal zum Richtungsvektor $\vec{r}$ der Geraden sein: $\vec{n} \cdot \vec{r} = 0$. Ausrechnen des Skalarproduktes ergibt:

$$\begin{pmatrix} 2 \\ 1 \\ t \end{pmatrix} \cdot \begin{pmatrix} 1 \\ 2 \\ 4 \end{pmatrix} = 2 \cdot 1 + 1 \cdot 2 + t \cdot 4 = 0 \quad \Rightarrow \quad t = -1$$

Für $t = -1$ ist g_t parallel zu E. Zum Nachweis, das die Gerade echt parallel ist, setzt man noch den «Stützpunkt» der Gerade in die Ebenengleichung ein (Punktprobe). Dies führt auf einen Widerspruch, also ist die Gerade echt parallel.

b) Damit die Gerade g_t und die Ebene E_t parallel sind, muss der Normalenvektor $\vec{n}$ der Ebene orthogonal zum Richtungsvektor $\vec{r}$ der Geraden sein: $\vec{n} \cdot \vec{r} = 0$. Ausrechnen des Skalarproduktes ergibt: $1 \cdot t + t \cdot 2 + 2 \cdot (-1) = 0 \Rightarrow t = \frac{2}{3}$. Für $t = \frac{2}{3}$ ist g_t parallel zu E_t. Zum Schluss wird eine Punktprobe mit dem «Stützpunkt» der Geraden gemacht, welche die echte Parallelität zeigt.

15 Gegenseitige Lage zweier Ebenen

a) Die Ebenengleichungen werden gleichgesetzt:

$$\begin{pmatrix}-4\\1\\6\end{pmatrix}+r\cdot\begin{pmatrix}5\\-3\\-2\end{pmatrix}+s\cdot\begin{pmatrix}2\\2\\-1\end{pmatrix}=\begin{pmatrix}4\\5\\-3\end{pmatrix}+t\cdot\begin{pmatrix}0\\-2\\1\end{pmatrix}+u\cdot\begin{pmatrix}-3\\1\\3\end{pmatrix}$$

daraus ergibt sich folgendes Gleichungssystem:

$$\begin{array}{lrcrcrcrcr} \text{I} & 5r & + & 2s & & & + & 3u & = & 8\\ \text{II} & -3r & + & 2s & + & 2t & - & u & = & 4\\ \text{III} & -2r & - & s & - & t & - & 3u & = & -9 \end{array}$$

Vereinfachen mit dem Gauß-Verfahren oder dem GTR führt zu:

$$\begin{array}{lrcrcrcrcr} \text{I} & 5r & + & 2s & & & + & 3u & = & 8\\ \text{II}a & & & 16s & + & 10t & + & 4u & = & 44\\ \text{III}b & & & & & t & + & 2u & = & 6 \end{array}$$

Nun stellt man nach einem Parameter um, es bietet sich t an, da sonst Brüche auftreten: $t = 6-2u$. Anschließend setzt man diesen Ausdruck für t in E_2 ein:

$$\vec{x}=\begin{pmatrix}4\\5\\-3\end{pmatrix}+(6-2u)\cdot\begin{pmatrix}0\\-2\\1\end{pmatrix}+\cdot u\cdot\begin{pmatrix}-3\\1\\3\end{pmatrix}$$

Ausmultiplizieren ergibt:

$$\vec{x}=\begin{pmatrix}4\\5\\-3\end{pmatrix}+\begin{pmatrix}0\\-12\\6\end{pmatrix}+u\cdot\begin{pmatrix}0\\4\\-2\end{pmatrix}+u\cdot\begin{pmatrix}-3\\1\\3\end{pmatrix}$$

Die Schnittgerade ist damit:

$$g:\ \vec{x}=\begin{pmatrix}4\\-7\\3\end{pmatrix}+u\cdot\begin{pmatrix}-3\\5\\1\end{pmatrix}$$

b) Die Ebenengleichungen werden gleichgesetzt:

$$\begin{pmatrix}4\\5\\7\end{pmatrix}+r\cdot\begin{pmatrix}1\\1\\2\end{pmatrix}+s\cdot\begin{pmatrix}2\\3\\6\end{pmatrix}=\begin{pmatrix}3\\2\\11\end{pmatrix}+t\cdot\begin{pmatrix}1\\-1\\2\end{pmatrix}+u\cdot\begin{pmatrix}2\\-5\\8\end{pmatrix}$$

Daraus ergibt sich folgendes Gleichungssystem:

$$\begin{array}{lrcrcrcrcr} \text{I} & r & + & 2s & - & t & - & 2u & = & -1\\ \text{II} & r & + & 3s & + & t & + & 5u & = & -3\\ \text{III} & 2r & + & 6s & - & 2t & - & 8u & = & 4 \end{array}$$

Vereinfachen mit dem Gauß-Verfahren führt zu:

$$\begin{array}{lcccccccccc} \text{I} & r & + & 2s & - & t & - & 2u & = & -1 \\ \text{II}a & & & -s & - & 2t & - & 7u & = & 2 \\ \text{III}b & & & & - & 4t & - & 18u & = & 10 \end{array}$$

Aus der letzten Zeile ergibt sich $t+4,5u=-2,5$.

Dieser Ausdruck wird nach t umgestellt: $t=-2,5-4,5u$ und für t in E_2 eingesetzt:

$$\vec{x}=\begin{pmatrix}3\\2\\11\end{pmatrix}+(-2,5-4,5u)\cdot\begin{pmatrix}1\\-1\\2\end{pmatrix}+u\cdot\begin{pmatrix}2\\-5\\8\end{pmatrix}$$

Ausmultiplizieren ergibt:

$$\vec{x}=\begin{pmatrix}3\\2\\11\end{pmatrix}+\begin{pmatrix}-2,5\\2,5\\-5\end{pmatrix}+u\cdot\begin{pmatrix}-4,5\\4,5\\-9\end{pmatrix}+u\cdot\begin{pmatrix}2\\-5\\8\end{pmatrix}$$

Die Schnittgerade ist damit:

$$g:\ \vec{x}=\begin{pmatrix}0,5\\4,5\\6\end{pmatrix}+u\cdot\begin{pmatrix}-2,5\\-0,5\\-1\end{pmatrix}$$

bzw.

$$g:\ \vec{x}=\begin{pmatrix}0,5\\4,5\\6\end{pmatrix}+u\cdot\begin{pmatrix}5\\1\\2\end{pmatrix}$$

c) Die beiden Gleichungen werden addiert, es ergibt sich $7x_1+x_3=0 \Rightarrow 7x_1=-x_3$. Nun wird x_1 als t festgelegt und eingesetzt: $7\cdot t=-x_3 \Rightarrow x_3=-7t$. Einsetzen in die Gleichung von E_1 ergibt $t-x_2+2\cdot(-7t)=7 \Rightarrow -x_2-13t=7$ bzw. $y=-7-13t$. Nun hat man je eine Gleichung für x_1, x_2 und x_3:

$$\begin{array}{lcccc} x_1 & = & & & t \\ x_2 & = & -7 & - & 13t \\ x_3 & = & & - & 7t \end{array}$$

Daraus ergibt sich als Geradengleichung

$$g:\ \vec{x}=\begin{pmatrix}0\\-7\\0\end{pmatrix}+t\cdot\begin{pmatrix}1\\-13\\-7\end{pmatrix}$$

d) Gleichung II wird von Gleichung I abgezogen, es ergibt sich $-x_2+4x_3=7$. Es wird x_3 als t festgelegt und eingesetzt: $-x_2+4\cdot t=7 \Rightarrow x_2=4t-7$. Einsetzen in I ergibt $x_1+5\cdot t=8$ $\Rightarrow x_1=8-5t$. Umschreiben zu einer Geradengleichung wie in Aufgabe c) ergibt:

$$g:\ \vec{x}=\begin{pmatrix}8\\-7\\0\end{pmatrix}+t\cdot\begin{pmatrix}-5\\4\\1\end{pmatrix}$$

e) Die Ebene E_1 wird in die Koordinatenform umgeformt: $5x_1 + 14x_2 + 8x_3 = 77$. Zieht man nun $8 \cdot E_2$ von E_1 ab, so ergibt sich $-11x_1 + 22x_2 = 77 \Rightarrow -x_1 + 2x_2 = 7$. Es wird x_2 als t festgelegt und eingesetzt: $-x_1 + 2 \cdot t = 7 \Rightarrow x_1 = 2t - 7$. Einsetzen in die Gleichung von E_2 ergibt $2(2t-7) - t + x_3 = 0 \Rightarrow x_3 = 14 - 3t$. Umschreiben zu einer Geradengleichung wie in den anderen Aufgaben ergibt:

$$g: \vec{x} = \begin{pmatrix} -7 \\ 0 \\ 14 \end{pmatrix} + t \cdot \begin{pmatrix} 2 \\ 1 \\ -3 \end{pmatrix}$$

16 Schwerpunkt Wirtschaftliche Anwendungen

Ausführliche Rechenregeln zum Rechnen mit Matrizen finden Sie bei den Tipps auf Seite 101.

16.1 Rechnen mit Matrizen

a) I) $A+B=\begin{pmatrix}2&1\\3&2\end{pmatrix}+\begin{pmatrix}4&0\\1&3\end{pmatrix}=\begin{pmatrix}6&1\\4&5\end{pmatrix}$

II) $3\cdot A=3\cdot\begin{pmatrix}2&1\\3&2\end{pmatrix}=\begin{pmatrix}6&3\\9&6\end{pmatrix}$

III) $(-2)\cdot B=(-2)\cdot\begin{pmatrix}4&0\\1&3\end{pmatrix}=\begin{pmatrix}-8&0\\-2&-6\end{pmatrix}$

IV) $\vec{x}\cdot\vec{y}=\begin{pmatrix}3\\1\end{pmatrix}\cdot\begin{pmatrix}4\\-1\end{pmatrix}=3\cdot4+1\cdot(-1)=11$

V) $A\cdot\vec{x}=\begin{pmatrix}2&1\\3&2\end{pmatrix}\cdot\begin{pmatrix}3\\1\end{pmatrix}=\begin{pmatrix}2\cdot3+1\cdot1\\3\cdot3+2\cdot1\end{pmatrix}=\begin{pmatrix}7\\11\end{pmatrix}$

VI) $B\cdot\vec{y}=\begin{pmatrix}4&0\\1&3\end{pmatrix}\cdot\begin{pmatrix}4\\-1\end{pmatrix}=\begin{pmatrix}4\cdot4+0\cdot(-1)\\1\cdot4+3\cdot(-1)\end{pmatrix}=\begin{pmatrix}16\\1\end{pmatrix}$

VII) $A\cdot B=\begin{pmatrix}2&1\\3&2\end{pmatrix}\cdot\begin{pmatrix}4&0\\1&3\end{pmatrix}=\begin{pmatrix}2\cdot4+1\cdot1&2\cdot0+1\cdot3\\3\cdot4+2\cdot1&3\cdot0+2\cdot3\end{pmatrix}=\begin{pmatrix}9&3\\14&6\end{pmatrix}$

VIII) $B\cdot A=\begin{pmatrix}4&0\\1&3\end{pmatrix}\cdot\begin{pmatrix}2&1\\3&2\end{pmatrix}=\begin{pmatrix}4\cdot2+0\cdot3&4\cdot1+0\cdot2\\1\cdot2+3\cdot3&1\cdot1+3\cdot2\end{pmatrix}=\begin{pmatrix}8&4\\11&7\end{pmatrix}$

b) I) $\vec{x}\cdot\vec{y}=\begin{pmatrix}1\\4\\-2\end{pmatrix}\cdot\begin{pmatrix}0\\-2\\1\end{pmatrix}=1\cdot0+4\cdot(-2)+(-2)\cdot1=-10$

II) $A\cdot\vec{x}=\begin{pmatrix}3&2&-1\\1&0&1\\2&1&2\end{pmatrix}\cdot\begin{pmatrix}1\\4\\-2\end{pmatrix}=\begin{pmatrix}3\cdot1+2\cdot4+(-1)\cdot(-2)\\1\cdot1+0\cdot4+1\cdot(-2)\\2\cdot1+1\cdot4+2\cdot(-2)\end{pmatrix}=\begin{pmatrix}13\\-1\\2\end{pmatrix}$

III) $B\cdot\vec{y}=\begin{pmatrix}4&1&0\\2&-1&1\\3&0&-2\end{pmatrix}\cdot\begin{pmatrix}0\\-2\\1\end{pmatrix}=\begin{pmatrix}-2\\3\\-2\end{pmatrix}$

IV) $A\cdot B=\begin{pmatrix}3&2&-1\\1&0&1\\2&1&2\end{pmatrix}\cdot\begin{pmatrix}4&1&0\\2&-1&1\\3&0&-2\end{pmatrix}=\begin{pmatrix}13&1&4\\7&1&-2\\16&1&-3\end{pmatrix}$

V) $B \cdot A = \begin{pmatrix} 4 & 1 & 0 \\ 2 & -1 & 1 \\ 3 & 0 & -2 \end{pmatrix} \cdot \begin{pmatrix} 3 & 2 & -1 \\ 1 & 0 & 1 \\ 2 & 1 & 2 \end{pmatrix} = \begin{pmatrix} 13 & 8 & -3 \\ 7 & 5 & -1 \\ 5 & 4 & -7 \end{pmatrix}$

c) I) $\begin{pmatrix} 2 & 4 \\ 9 & 0 \\ 3 & -1 \end{pmatrix} \cdot \begin{pmatrix} 1 \\ 3 \end{pmatrix} = \begin{pmatrix} 2\cdot 1 + & 4\cdot 3 \\ 9\cdot 1 + & 0\cdot 3 \\ 3\cdot 1 + & (-1)\cdot 3 \end{pmatrix} = \begin{pmatrix} 14 \\ 9 \\ 0 \end{pmatrix}$

II) $\begin{pmatrix} 2 & 1 \\ 4 & 2 \\ 1 & 5 \end{pmatrix} \cdot \begin{pmatrix} 4 & 2 & 1 \\ 1 & 3 & 2 \end{pmatrix} = \begin{pmatrix} 9 & 7 & 4 \\ 18 & 14 & 8 \\ 9 & 17 & 11 \end{pmatrix}$

16.2 Inverse Matrizen

a) I) Es sind $A = \begin{pmatrix} 1 & -3 \\ 1 & -4 \end{pmatrix}$, $B = \begin{pmatrix} 4 & -3 \\ 1 & -1 \end{pmatrix}$.

Multipliziert man A mit B, so erhält man:

$A \cdot B = \begin{pmatrix} 1 & -3 \\ 1 & -4 \end{pmatrix} \cdot \begin{pmatrix} 4 & -3 \\ 1 & -1 \end{pmatrix} = \begin{pmatrix} 1 & 0 \\ 0 & 1 \end{pmatrix}$.

Somit sind A und B zueinander invers. Das gleiche Ergebnis hätte man auch erhalten, wenn man $B \cdot A$ berechnet hätte.

II) Es sind $A = \begin{pmatrix} -1 & 2 & 0 \\ 0 & -1 & 1 \\ 1 & 1 & 1 \end{pmatrix}$ und $B = \begin{pmatrix} -\frac{1}{2} & -\frac{1}{2} & \frac{1}{2} \\ \frac{1}{4} & -\frac{1}{4} & \frac{1}{4} \\ \frac{1}{4} & \frac{3}{4} & \frac{1}{4} \end{pmatrix}$.

Multipliziert man A mit B, so erhält man:

$A \cdot B = \begin{pmatrix} -1 & 2 & 0 \\ 0 & -1 & 1 \\ 1 & 1 & 1 \end{pmatrix} \cdot \begin{pmatrix} -\frac{1}{2} & -\frac{1}{2} & \frac{1}{2} \\ \frac{1}{4} & -\frac{1}{4} & \frac{1}{4} \\ \frac{1}{4} & \frac{3}{4} & \frac{1}{4} \end{pmatrix} = \begin{pmatrix} 1 & 0 & 0 \\ 0 & 1 & 0 \\ 0 & 0 & 1 \end{pmatrix}$.

Somit sind A und B zueinander invers. Auch in diesem Fall hätte man das gleiche Ergebnis erhalten, wenn man $B \cdot A$ berechnet hätte.

b) Es ist $A = \begin{pmatrix} 3 & 1 \\ -2 & -1 \end{pmatrix}$. Wendet man die auf Seite 103 beschriebene Formel zur Bestimmung der Inversen an, ergibt sich:

$\det(A) = \begin{vmatrix} 3 & 1 \\ -2 & -1 \end{vmatrix} = 3\cdot(-1) - (-2)\cdot 1 = -1.$

Für B gilt damit:

$B = A^{-1} = \frac{1}{\det A} \begin{pmatrix} -1 & -1 \\ -(-2) & 3 \end{pmatrix} = \frac{1}{-1} \cdot \begin{pmatrix} -1 & -1 \\ 2 & 3 \end{pmatrix} = \begin{pmatrix} 1 & 1 \\ -2 & -3 \end{pmatrix}$.

c) Man schreibt zunächst links die Matrix A auf, und rechts daneben die Einheitsmatrix. Nun wird die (linke) Matrix auf Diagonalenform gebracht, indem Vielfache der Zeilen zueinander addiert werden. Anschließend wird jede Zeile durch die in der Hauptdiagonale stehende Zahl geteilt, falls diese ungleich 1 ist, damit in der Hauptdiagonale nur noch Einsen stehen. Mit der rechten Einheitsmatrix werden in jedem Schritt die gleichen Umformungen durchgeführt:

1	4	1	0	I		Auf Diagonalenform bringen
2	6	0	1	II	$-2\cdot$I	
1	4	1	0	I	$+2\cdot$IIa	
0	-2	-2	1	IIa		
1	0	-3	2	Ia		Dort, wo es nötig ist, teilen
0	-2	-2	1	IIa	$:(-2)$	
1	0	-3	2	Ia		
0	1	1	$-\frac{1}{2}$	IIb		

Damit ist $A^{-1} = \begin{pmatrix} -3 & 2 \\ 1 & -\frac{1}{2} \end{pmatrix}$.

d) Um die Inverse A^{-1} von A zu bestimmen, schreibt man links die Matrix A auf und rechts daneben die Einheitsmatrix. Dann formt man beide Matrizen gleichzeitig mit Hilfe der sogenannten elementaren Umformungen (siehe Seite 103) so lange um, bis links die Einheitsmatrix steht. Rechts steht dann die inverse Matrix:

1	1	1	1	0	0	I		Zunächst wird die Matrix auf Dreiecksform gebracht, dazu werden erst die Elemente in der linken Spalte eliminiert.
2	4	1	0	1	0	II	$-2\cdot$I	
1	5	0	0	0	1	III	$-1\cdot$I	
1	1	1	1	0	0	I		Anschließend das Element in der mittleren Spalte.
0	2	-1	-2	1	0	IIa		
0	4	-1	-1	0	1	IIIa	$-2\cdot$IIa	
1	1	1	1	0	0	I	$-1\cdot$IIIb	Nun werden die Elemente oberhalb der Hauptdiagonale in der rechten Spalte eliminiert.
0	2	-1	-2	1	0	IIa	$+1\cdot$IIIb	
0	0	1	3	-2	1	IIIb		
1	1	0	-2	2	-1	Ia	$-\frac{1}{2}\cdot$IIb	Anschließend das Element in der mittleren Spalte
0	2	0	1	-1	1	IIb		
0	0	1	3	-2	1	IIIb		

$$\begin{array}{ccc|ccc|c|c} 1 & 0 & 0 & -\frac{5}{2} & \frac{5}{2} & -\frac{3}{2} & \text{Ib} & \\ 0 & 2 & 0 & 1 & -1 & 1 & \text{IIb} & :2 \\ 0 & 0 & 1 & 3 & -2 & 1 & \text{IIIb} & \end{array}$$

Zum Schluss wird dort, wo es nötig ist, geteilt.

$$\begin{array}{ccc|ccc|c|} 1 & 0 & 0 & -\frac{5}{2} & \frac{5}{2} & -\frac{3}{2} & \text{Ib} \\ 0 & 1 & 0 & \frac{1}{2} & -\frac{1}{2} & \frac{1}{2} & \text{IIc} \\ 0 & 0 & 1 & 3 & -2 & 1 & \text{IIIb} \end{array}$$

Rechts steht nun die gesuchte inverse Matrix.

Damit ist $A^{-1} = \begin{pmatrix} -\frac{5}{2} & \frac{5}{2} & -\frac{3}{2} \\ \frac{1}{2} & -\frac{1}{2} & \frac{1}{2} \\ 3 & -2 & 1 \end{pmatrix}$.

e) Es wird analog zur vorstehenden Aufgabe vorgegangen:

$$\begin{array}{ccc|ccc|c|c} 1 & 4 & -2 & 1 & 0 & 0 & \text{I} & \\ 2 & 2 & -1 & 0 & 1 & 0 & \text{II} & -2\cdot\text{I} \\ -1 & -2 & 2 & 0 & 0 & 1 & \text{III} & +1\cdot\text{I} \end{array}$$

Zunächst wird die Matrix auf Dreiecksform gebracht, dazu werden erst die Elemente in der linken Spalte eliminiert.

$$\begin{array}{ccc|ccc|c|c} 1 & 4 & -2 & 1 & 0 & 0 & \text{I} & \\ 0 & -6 & 3 & -2 & 1 & 0 & \text{IIa} & \\ 0 & 2 & 0 & 1 & 0 & 1 & \text{IIIa} & +\frac{2}{6}\cdot\text{IIa} \end{array}$$

Anschließend das Element in der mittleren Spalte.

$$\begin{array}{ccc|ccc|c|c} 1 & 4 & -2 & 1 & 0 & 0 & \text{I} & +2\cdot\text{IIIb} \\ 0 & -6 & 3 & -2 & 1 & 0 & \text{IIa} & -3\cdot\text{IIIb} \\ 0 & 0 & 1 & \frac{1}{3} & \frac{1}{3} & 1 & \text{IIIb} & \end{array}$$

Nun werden die Elemente oberhalb der Hauptdiagonale in der rechten Spalte eliminiert.

$$\begin{array}{ccc|ccc|c|c} 1 & 4 & 0 & \frac{5}{3} & \frac{2}{3} & 2 & \text{Ia} & +\frac{2}{3}\cdot\text{IIb} \\ 0 & -6 & 0 & -3 & 0 & -3 & \text{IIb} & \\ 0 & 0 & 1 & \frac{1}{3} & \frac{1}{3} & 1 & \text{IIIb} & \end{array}$$

Anschließend das Element in der mittleren Spalte.

$$\begin{array}{ccc|ccc|c|c} 1 & 0 & 0 & -\frac{1}{3} & \frac{2}{3} & 0 & \text{Ib} & \\ 0 & -6 & 0 & -3 & 0 & -3 & \text{IIb} & :(-6) \\ 0 & 0 & 1 & \frac{1}{3} & \frac{1}{3} & 1 & \text{IIIb} & \end{array}$$

Zum Schluss wird dort, wo es nötig ist, geteilt.

$$\begin{array}{ccc|ccc|c|} 1 & 0 & 0 & -\frac{1}{3} & \frac{2}{3} & 0 & \text{Ib} \\ 0 & 1 & 0 & \frac{1}{2} & 0 & \frac{1}{2} & \text{IIc} \\ 0 & 0 & 1 & \frac{1}{3} & \frac{1}{3} & 1 & \text{IIIb} \end{array}$$

Rechts steht nun die gesuchte inverse Matrix.

Damit ist $A^{-1} = \begin{pmatrix} -\frac{1}{3} & \frac{2}{3} & 0 \\ \frac{1}{2} & 0 & \frac{1}{2} \\ \frac{1}{3} & \frac{1}{3} & 1 \end{pmatrix}$.

f) Man geht vor wie bei der Bestimmung der Inversen A^{-1}. Tritt dabei eine Nullzeile auf, gibt es keine Inverse Matrix zu A:

1	-1	3	1	0	0	I		Zunächst wird die Matrix auf Dreiecksform gebracht, dazu werden erst die Elemente in der linken Spalte eliminiert.
2	1	2	0	1	0	II	$-2 \cdot I$	
4	-1	8	0	0	1	III	$-4 \cdot I$	

1	-1	3	1	0	0	I		Anschließend das Element in der mittleren Spalte.
0	3	-4	-2	1	0	IIa		
0	3	-4	-4	0	1	IIIa	$-1 \cdot IIa$	

1	-1	3	1	0	0	I		
0	3	-4	-2	1	0	IIa		
0	0	0	-2	-1	1	IIIb		

Die dritte Zeile ist eine Nullzeile, damit existiert keine Inverse A^{-1}.
Alternativ kann man zeigen, dass die Determinante von A gleich Null ist. Auch damit ist gezeigt, dass die Matrix nicht invertierbar ist.

16.3 Prozessmatrizen

a) I) Das Diagramm, auch Gozintograph genannt, der die Produktion der Küchengeräte K_1 und K_2 beschreibt, kann wie folgt gezeichnet werden:

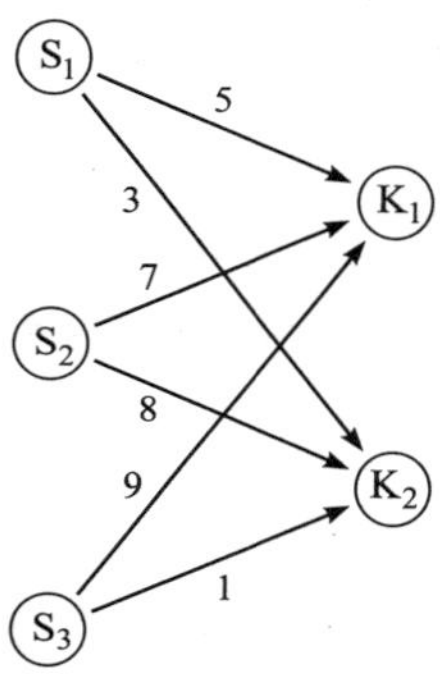

	K_1	K_2
S_1	5	3
S_2	7	8
S_3	9	1

II) Es ist die Anzahl der Schrauben, der sog. «Inputvektor» gesucht. Entweder liest man die Verflechtungsmatrix direkt ab, oder man stellt ein Gleichungssystem so auf, dass auf der linken Seite die Anzahl der Schrauben steht. Es sind y_1, y_2 und y_3 die Anzahl der Schrauben, die für x_1 Küchengeräte K_1 und x_2 Küchengeräte K_2 benötigt werden.

$y_1 = 5 \cdot x_1 + 3 \cdot x_2$

$y_2 = 7 \cdot x_1 + 8 \cdot x_2$ $\Rightarrow$ Die Verflechtungsmatrix hat die Form: $\begin{pmatrix} 5 & 3 \\ 7 & 8 \\ 9 & 1 \end{pmatrix}$

$y_3 = 9 \cdot x_1 + 1 \cdot x_2$

III) Laut Aufgabenstellung sollen 1000 Geräte K_1 und 1500 Geräte K_2 hergestellt werden.

Da in der Tabelle die Reihenfolge K_1, K_2 in den Tabellenspalten gewählt wurde, gilt diese Reihenfolge auch für den Outputvektor: $\begin{pmatrix} 1000 \\ 1500 \end{pmatrix}$.

Der Vektor, der die benötigte Anzahl an Schrauben angibt, ist der Inputvektor. Dieser ergibt sich durch Multiplikation der Produktionsmatrix mit dem Outputvektor:

$$\begin{pmatrix} y_1 \\ y_2 \\ y_3 \end{pmatrix} = \begin{pmatrix} 5 & 3 \\ 7 & 8 \\ 9 & 1 \end{pmatrix} \cdot \begin{pmatrix} 1000 \\ 1500 \end{pmatrix} = \begin{pmatrix} 9500 \\ 19000 \\ 10500 \end{pmatrix}$$

Man benötigt 9500 Schrauben S_1, 19000 Schrauben S_2 und 10500 Schrauben S_3.

b) I) Aus der Aufgabenstellung ergibt sich der gezeichnete Gozintograph; die Abhängigkeiten sind in einer Tabelle aufgeführt, wobei die Outputwerte in den Spalten stehen. Schubladen werden mit S bezeichnet, Türen mit T und Einlegeböden mit E:

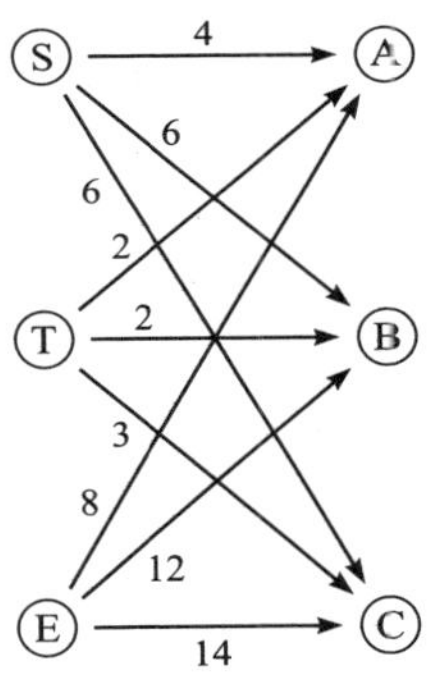

	A	B	C
S	4	6	6
T	2	2	3
E	8	12	14

II) Da der Inputvektor gesucht ist, stellt man das Gleichungssystem so auf, dass auf der linken Seite die Anzahl der Rohmaterialien, also der Schubladen, Türen und Einlegeböden steht; dabei sind y_1, y_2 und y_3 die entsprechenden Anzahlen. Der Outputvektor wird von x_1, x_2 und x_3 gebildet (alternativ kann man die Verflechtungsmatrix direkt aus der Tabelle ablesen.)

$$\begin{aligned} y_1 &= 4 \cdot x_1 + 6 \cdot x_2 + 6 \cdot x_3 \\ y_2 &= 2 \cdot x_1 + 2 \cdot x_2 + 3 \cdot x_3 \\ y_3 &= 8 \cdot x_1 + 12 \cdot x_2 + 14 \cdot x_3 \end{aligned} \quad \Rightarrow \text{Verflechtungsmatrix: } \begin{pmatrix} 4 & 6 & 6 \\ 2 & 2 & 3 \\ 8 & 12 & 14 \end{pmatrix}$$

Laut Aufgabenstellung sollen 10 Schränke von Modell A, 8 Schränke von Modell B und 5 Schränke von Modell C hergestellt werden. Der Vektor, der diese Produktionsmenge beschreibt, ist der Outputvektor: $\begin{pmatrix} 10 \\ 8 \\ 5 \end{pmatrix}$.

Der Inputvektor ergibt sich durch Multiplikation der Produktionsmatrix mit dem Outputvektor:

$$\begin{pmatrix} y_1 \\ y_2 \\ y_3 \end{pmatrix} = \begin{pmatrix} 4 & 6 & 6 \\ 2 & 2 & 3 \\ 8 & 12 & 14 \end{pmatrix} \cdot \begin{pmatrix} 10 \\ 8 \\ 5 \end{pmatrix} = \begin{pmatrix} 118 \\ 51 \\ 246 \end{pmatrix}$$

Für den Auftrag benötigt die Schreinerei also 118 Schubladen, 51 Türen und 246 Einlegeböden.

c) I) Zuerst stellt man das Gleichungssystem so auf, dass auf der linken Seite die jeweilige Menge der Zutaten steht; dabei sind y_1, y_2, y_3 und y_4 die entsprechenden Mengen. Der Outputvektor wird aus x_1, x_2 und x_3 gebildet (man kann die Verflechtungsmatrix auch direkt aus der Tabelle ablesen, wenn man beachtet, dass Zeilen und Spalten vertauscht werden müssen).
Somit gilt:

$$\begin{aligned} y_1 &= 0{,}6 \cdot x_1 + 0{,}7 \cdot x_2 + 0{,}5 \cdot x_3 \\ y_2 &= 0{,}2 \cdot x_1 + 0{,}2 \cdot x_2 + 0{,}1 \cdot x_3 \\ y_3 &= 0{,}1 \cdot x_1 + 0{,}05 \cdot x_2 + 0{,}2 \cdot x_3 \\ y_4 &= 0{,}1 \cdot x_1 + 0{,}05 \cdot x_2 + 0{,}2 \cdot x_3 \end{aligned} \Rightarrow \text{Verflechtungsmatrix: } \begin{pmatrix} 0{,}6 & 0{,}7 & 0{,}5 \\ 0{,}2 & 0{,}2 & 0{,}1 \\ 0{,}1 & 0{,}05 & 0{,}2 \\ 0{,}1 & 0{,}05 & 0{,}2 \end{pmatrix}$$

II) Um die Menge an Zutaten Z_1, Z_2, Z_3und Z_4 (den Inputvektor) zu bestimmen, multipliziert man die Matrix

mit dem Outputvektor $\begin{pmatrix} 200 \\ 400 \\ 600 \end{pmatrix}$:

$$\begin{pmatrix} y_1 \\ y_2 \\ y_3 \\ y_4 \end{pmatrix} = \begin{pmatrix} 0{,}6 & 0{,}7 & 0{,}5 \\ 0{,}2 & 0{,}2 & 0{,}1 \\ 0{,}1 & 0{,}05 & 0{,}2 \\ 0{,}1 & 0{,}05 & 0{,}2 \end{pmatrix} \cdot \begin{pmatrix} 200 \\ 400 \\ 600 \end{pmatrix} = \begin{pmatrix} 700 \\ 180 \\ 160 \\ 160 \end{pmatrix}$$

Es werden 700 kg von Z_1, 180 kg von Z_2, 160 kg von Z_3 und 160 kg von Z_4 benötigt.

16.4 Verkettete Prozesse

a) Die Abhängigkeiten der Produktion können durch einen Gozintograph dargestellt werden:

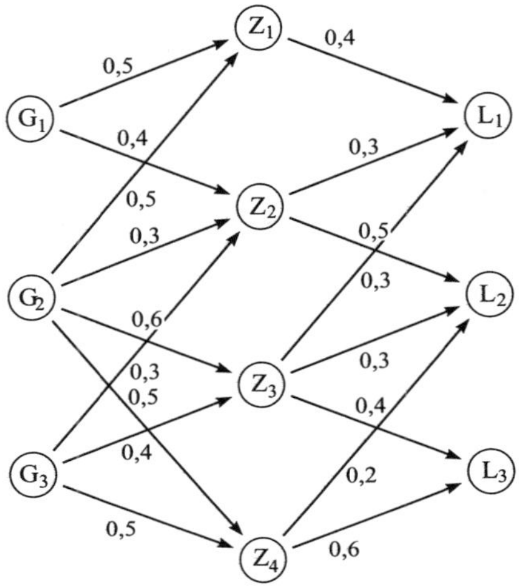

b) Zuerst bestimmt man die Matrix A für den Verarbeitungsprozess der vier Zwischenprodukte in die drei Lacksorten. Der Outputvektor, der aus x_1, x_2 und x_3 besteht, ist die Menge an Lack L_1, L_2 und L_3; der Inputvektor, der sich aus z_1, z_2, z_3 und z_4 zusammensetzt, sei die Menge an Zwischenprodukten Z_1, Z_2, Z_3 und Z_4. Somit gilt:

$$\begin{aligned} z_1 &= 0,4 \cdot x_1 \\ z_2 &= 0,3 \cdot x_1 + 0,5 \cdot x_2 \\ z_3 &= 0,3 \cdot x_1 + 0,3 \cdot x_2 + 0,4 \cdot x_3 \\ z_4 &= \qquad\quad 0,2 \cdot x_2 + 0,6 \cdot x_3 \end{aligned} \quad \Rightarrow A = \begin{pmatrix} 0,4 & 0 & 0 \\ 0,3 & 0,5 & 0 \\ 0,3 & 0,3 & 0,4 \\ 0 & 0,2 & 0,6 \end{pmatrix}$$

Für den Verarbeitungsprozess der drei Grundstoffe in die vier Zwischenprodukte ist der Outputvektor z_1, z_2, z_3 und z_4, die Menge der Zwischenprodukte Z_1, Z_2, Z_3 und Z_4; der Inputvektor y_1, y_2 und y_3 sei die Menge an Grundstoffen G_1, G_2 und G_3. Somit gilt:

$$\begin{aligned} y_1 &= 0,5 \cdot z_1 + 0,4 \cdot z_2 \\ y_2 &= 0,5 \cdot z_1 + 0,3 \cdot z_2 + 0,6 \cdot z_3 + 0,5 \cdot z_4 \\ y_3 &= \qquad\quad 0,3 \cdot z_2 + 0,4 \cdot z_3 + 0,5 \cdot z_4 \end{aligned} \quad \Rightarrow B = \begin{pmatrix} 0,5 & 0,4 & 0 & 0 \\ 0,5 & 0,3 & 0,6 & 0,5 \\ 0 & 0,3 & 0,4 & 0,5 \end{pmatrix}$$

Die Matrix C für den Gesamtprozess erhält man durch die Matrizenmultiplikation $B \cdot A$, da zuerst Matrix A auf den Outputvektor und anschließend (von rechts gesehen) Matrix B auf das Zwischenergebnis angewendet wird:

$$C = B \cdot A = \begin{pmatrix} 0,5 & 0,4 & 0 & 0 \\ 0,5 & 0,3 & 0,6 & 0,5 \\ 0 & 0,3 & 0,4 & 0,5 \end{pmatrix} \cdot \begin{pmatrix} 0,4 & 0 & 0 \\ 0,3 & 0,5 & 0 \\ 0,3 & 0,3 & 0,4 \\ 0 & 0,2 & 0,6 \end{pmatrix} = \begin{pmatrix} 0,32 & 0,2 & 0 \\ 0,47 & 0,43 & 0,54 \\ 0,21 & 0,37 & 0,46 \end{pmatrix}$$

c) Den Bedarf y_1, y_2 und y_3 an Grundstoffen G_1, G_2 und G_3 erhält man nun, indem man die

Matrix C mit dem Outputvektor $\begin{pmatrix} 100 \\ 200 \\ 300 \end{pmatrix}$ multipliziert:

$$\begin{pmatrix} y_1 \\ y_2 \\ y_3 \end{pmatrix} = \begin{pmatrix} 0,32 & 0,2 & 0 \\ 0,47 & 0,43 & 0,54 \\ 0,21 & 0,37 & 0,46 \end{pmatrix} \cdot \begin{pmatrix} 100 \\ 200 \\ 300 \end{pmatrix} = \begin{pmatrix} 72 \\ 295 \\ 233 \end{pmatrix}$$

Man benötigt 72 kg von G_1, 295 kg von G_2 und 233 kg von G_3 um 100 kg L_1, 200 kg L_2 und 300 kg L_3 herzustellen.

17 Schwerpunkt Lineare Optimierung

Lösungsmengen von linearen Ungleichungen

a) Alle Punkte, die die Bedingung der Ungleichung $y \leqslant -x+3$ erfüllen, liegen «unterhalb» oder auf der Geraden $y = -x+3$.

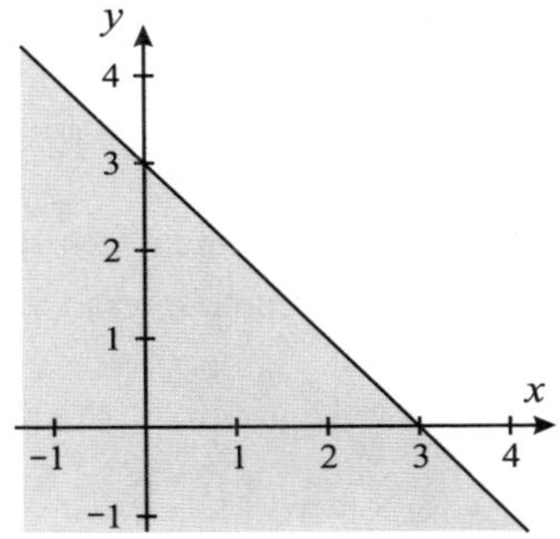

b) Alle Punkte, die die angegebenen Ungleichungen $y \leqslant -\frac{1}{2}x+2$ und $x \geqslant 0$ und $y \geqslant 0$ erfüllen, liegen innerhalb des Gebiets und auf den Grenzen, die von den drei zugehörigen Geraden $y = -\frac{1}{2}x+2$, $x = 0$ und $y = 0$ gebildet werden.

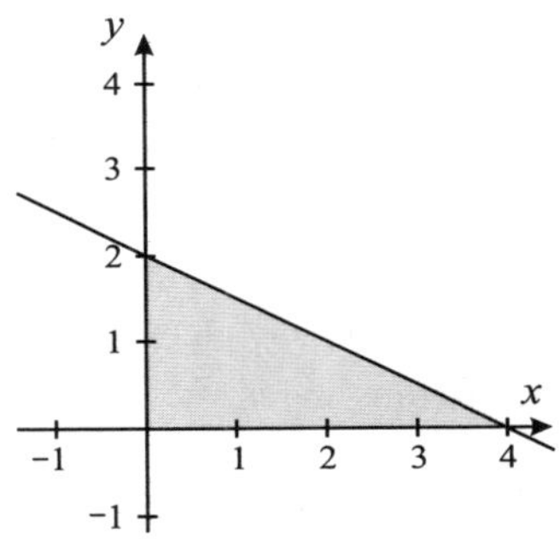

c) Alle Punkte, die die angegebenen Ungleichungen $y \leqslant -\frac{4}{3}x+4$ und $x \geqslant 0$ und $y \geqslant 0$ und $y \leqslant 3$ erfüllen, liegen innerhalb des Gebiets und auf den Grenzen, die von den vier zugehörigen Geraden $y = -\frac{4}{3}x+4$, $x = 0$, $y = 0$ und $y = 3$ gebildet werden.

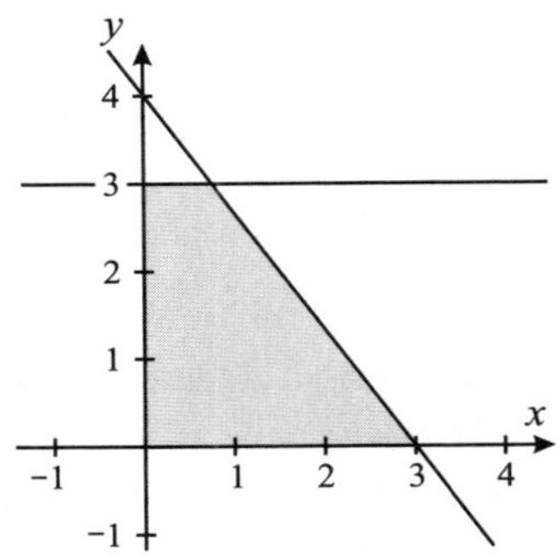

Aufgabe I

Zuerst werden die Variablen x und y festgelegt:
Es werden $x\,\text{m}^2$ Blumen und $y\,\text{m}^2$ Stauden gepflanzt.
Da es keine negativen Flächen gibt, gilt: $x \geqslant 0$ und $y \geqslant 0$ (Nichtnegativitätsbedingung).

Anschließend werden die einschränkenden Bedingungen formuliert:
Die zu bepflanzende Fläche beträgt $4000\,\text{m}^2$, also gilt:

$$x+y \leqslant 4000 \Rightarrow y \leqslant -x+4000$$

Es können höchstens $3500\,\text{m}^2$ Blumen gepflanzt werden, also gilt: $x \leqslant 3500$.
Es können höchstens $2500\,\text{m}^2$ Stauden gepflanzt werden, also gilt: $y \leqslant 2500$.
Der jährliche Arbeitsaufwand pro $1000\,\text{m}^2$ Blumen beträgt 10 Tage, pro $1000\,\text{m}^2$ Stauden 20 Tage; insgesamt stehen der Gärtnerei höchstens 50 Tage zur Bearbeitung der Fläche zur Verfügung, also gilt:

$$\frac{x}{1000}\cdot 10 + \frac{y}{1000}\cdot 20 \leqslant 50 \Rightarrow y \leqslant -\frac{1}{2}x + 2500$$

Hat man die Ungleichungen, falls möglich, nach y aufgelöst, kann man die Bedingungen mit Hilfe der folgenden Randgeraden grafisch darstellen:

$$x = 0,\ y = 0,\ y = -x + 4000,\ x = 3500,\ y = 2500,\ y = -\frac{1}{2}x + 2500$$

Für die Erstellung der Zeichnung verwendet man den Zeichenbereich $0 \leqslant x \leqslant 3500$ und $0 \leqslant y \leqslant 4000$; dabei entspricht $1000\,\text{m}^2$ einer Längeneinheit.
Die Koordinaten der Punkte der grau markierten Fläche (Planungsvieleck) erfüllen alle geforderten Bedingungen.

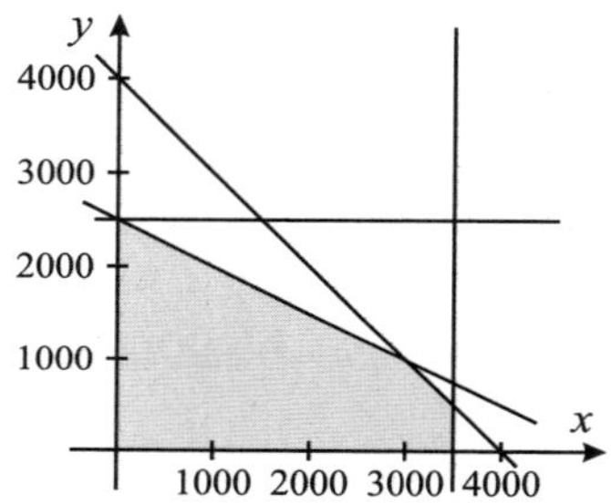

Schließlich wird die Zielfunktion für den Gewinn G bestimmt:
Da pro m^2 Blumen 12 Euro und pro m^2 Stauden 8 Euro Gewinn erzielt werden, gilt:

$$G = 12x + 8y \Rightarrow y = -\frac{3}{2}x + \frac{G}{8}$$

Dies stellt eine Geradenschar mit Steigung $m = -\frac{3}{2}$ und y-Achsenabschnitt $b = \frac{G}{8}$ dar.

Um den maximalen Gewinn zu ermitteln, zeichnet man eine Gerade der Schar, z.B. für $G = 0$ die Ursprungsgerade mit der Gleichung $y = -\frac{3}{2}x$, und verschiebt sie soweit bis zu einem Eckpunkt des Planungsvielecks, dass der y-Achsenabschnitt und damit der Gewinn G möglichst groß wird (gestrichelt gezeichnet).

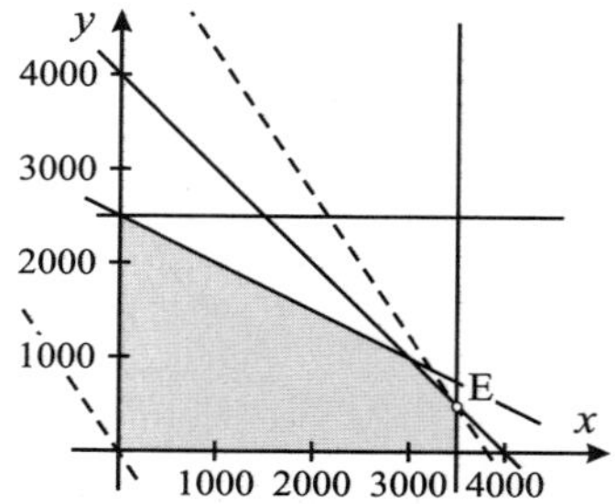

Man erhält als Eckpunkt den Schnittpunkt der Geraden mit den Gleichungen $x = 3500$ und $y = -x + 4000$:
Durch Einsetzen von $x = 3500$ erhält man $y = -3500 + 4000 = 500$.
Damit hat der Eckpunkt E die Koordinaten $E(3500 \mid 500)$.

Also müssen $3500\,\text{m}^2$ Blumen und $500\,\text{m}^2$ Stauden gepflanzt werden, um maximalen Gewinn zu erzielen.

Setzt man $x = 3500$ und $y = 500$ in G ein, erhält man:

$$\mathrm{G} = 12 \cdot 3500 + 8 \cdot 500 = 46\,000$$

Somit beträgt der maximale Gewinn 46 000 Euro.

Aufgabe II

Zuerst werden die Variablen x und y festgelegt:
Es werden x Akkuschrauber und y Bohrmaschinen hergestellt.
Da es keine negativen Anzahlen gibt, gilt: $x \geqslant 0$ und $y \geqslant 0$ (Nichtnegativitätsbedingung)

Anschließend werden die einschränkenden Bedingungen formuliert:
Die erste Abteilung benötigt für die Bearbeitung eines Akkuschraubers 1,2 Minuten und einer Bohrmaschine 3,6 Minuten, insgesamt werden 24 Stunden (1440 Minuten) gearbeitet, also gilt:

$$x \cdot 1{,}2 + y \cdot 3{,}6 \leqslant 1440 \Rightarrow y \leqslant -\frac{1}{3}x + 400$$

Die zweite Abteilung benötigt für die Bearbeitung eines Akkuschraubers 1,8 Minuten und einer Bohrmaschine 1,2 Minuten, insgesamt werden 12 Stunden (720 Minuten) gearbeitet, also gilt:

$$x \cdot 1{,}8 + y \cdot 1{,}2 \leqslant 720 \Rightarrow y \leqslant -\frac{3}{2}x + 600$$

Es werden pro Tag höchstens 300 Akkuschrauber hergestellt, also gilt: $x \leqslant 300$.

Es werden pro Tag höchstens 350 Bohrmaschinen hergestellt, also gilt: $y \leqslant 350$.

Insgesamt werden höchstens 500 Geräte ausgeliefert, also gilt:

$$x + y \leqslant 500 \Rightarrow y \leqslant -x + 500$$

Hat man die Ungleichungen, falls möglich, nach y aufgelöst, kann man die Bedingungen mit Hilfe der folgenden Randgeraden grafisch darstellen:

$$x = 0,\ y = 0,\ y = -\frac{1}{3}x + 400,\ y = -\frac{3}{2}x + 600,\ x = 300,\ y = 350,\ y = -x + 500$$

Für die Erstellung der Zeichnung verwendet man den Zeichenbereich $0 \leqslant x \leqslant 500$ und $0 \leqslant y \leqslant 600$; dabei entspricht eine Längeneinheit 100 Geräten. Die Koordinaten der Punkte der grau markierten Fläche (Planungsvieleck) erfüllen alle geforderten Bedingungen.
Schließlich wird die Zielfunktion, der Umsatz U, bestimmt: Da pro Akkuschrauber 80 Euro und pro Bohrmaschine 60 Euro Umsatz erzielt werden, gilt:

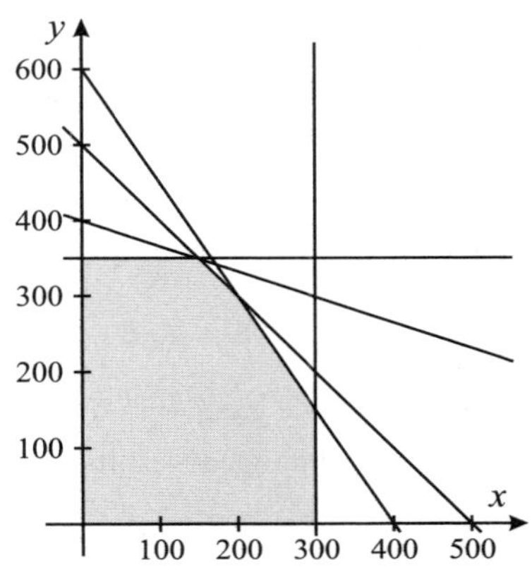

$$\text{U} = x \cdot 80 + y \cdot 60 \Rightarrow y = -\frac{4}{3}x + \frac{\text{U}}{60}$$

Dies stellt eine Geradenschar mit Steigung $m = -\frac{4}{3}$ und y-Achsenabschnitt $b = \frac{\text{U}}{60}$ dar.

Um den maximalen Umsatz zu ermitteln, zeichnet man eine Gerade der Schar, z.B. für $\text{U} = 0$ die Ursprungsgerade mit der Gleichung $y = -\frac{4}{3}x$, und verschiebt sie soweit bis zu einem Eckpunkt des Planungsvielecks, dass der y-Achsenabschnitt und damit der Umsatz U möglichst groß wird. Man erhält als Eckpunkt den Schnittpunkt der Geraden mit den Gleichungen $y = -\frac{3}{2}x + 600$ und $y = -x + 500$.

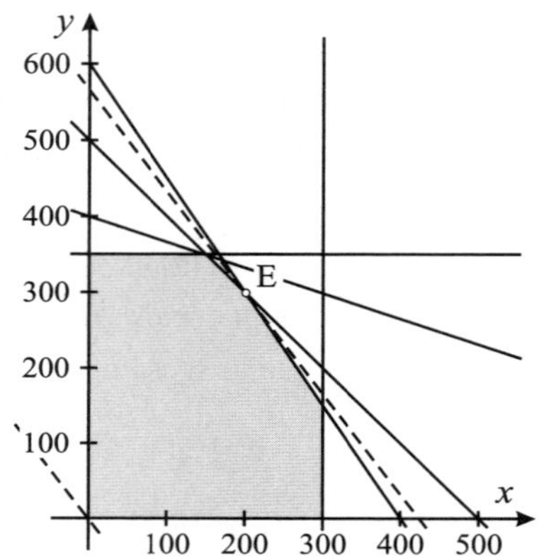

Durch Gleichsetzen erhält man die Gleichung $-\frac{3}{2}x + 600 = -x + 500$ mit der Lösung $x = 200$. Den zugehörigen y-Wert erhält man durch Einsetzen von $x = 200$ in eine der beiden Geradengleichungen: $y = -200 + 500 = 300$.

Damit hat der Eckpunkt E die Koordinaten $\text{E}(200 \mid 300)$.

Also müssen pro Tag 200 Akkuschrauber und 300 Bohrmaschinen hergestellt werden, um maximalen Umsatz zu erzielen.

Setzt man $x = 200$ und $y = 300$ in U ein, erhält man:

$$\text{U} = 200 \cdot 80 + 300 \cdot 60 = 34000$$

Somit beträgt der maximale Umsatz pro Tag 34000 Euro.

Aufgabe III

a) Zuerst werden die Variablen x und y festgelegt:
Es werden x Figuren und y Rahmen hergestellt.
Da es keine negativen Anzahlen gibt, gilt: $x \geqslant 0$ und $y \geqslant 0$ (Nichtnegativitätsbedingung)
Anschließend werden die einschränkenden Bedingungen formuliert:
Für das Hobeln werden für die Figuren 3 Minuten und für die Rahmen 6 Minuten gebraucht, es stehen noch 1200 Minuten Bearbeitungskapazität zur Verfügung, damit ergibt sich:

$$x \cdot 3 + y \cdot 6 \leqslant 1200 \Rightarrow y \leqslant -\frac{1}{2}x + 200$$

Für den ersten Frägsgang (Fräsen 1) werden je 3 Minuten benötigt, es stehen noch 720 Minuten zu Verfügung, also gilt:

$$x \cdot 3 + y \cdot 3 \leqslant 720 \Rightarrow y \leqslant -x + 240$$

Für den zweiten Fräsgang (Fräsen 2) werden pro Figur 9 Minuten und pro Rahmen 3 Minuten gebraucht, es stehen noch 1440 Minuten zu Verfügung, also gilt:

$$x \cdot 9 + y \cdot 3 \leqslant 1440 \Rightarrow y \leqslant -3x + 480$$

Schließlich wird die Zielfunktion, der Erlös, bestimmt:
Da pro Figur 300 Euro und pro Rahmen 200 Euro Erlös erzielt werden, gilt:

$$\mathrm{E} = x \cdot 300 + y \cdot 200 \Rightarrow y = -\frac{3}{2}x + \frac{\mathrm{E}}{200}$$

Dies stellt eine Geradenschar mit Steigung $m = -\frac{3}{2}$ und y-Achsenabschnitt $b = \frac{\mathrm{E}}{200}$ dar.

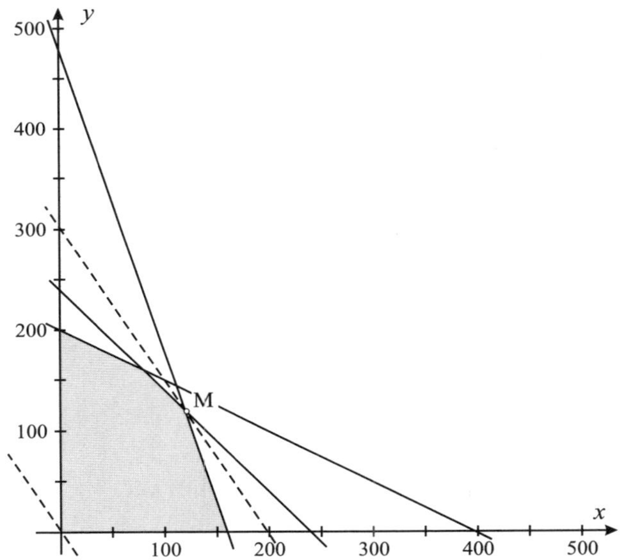

Nun kann man die Bedingungen grafisch mit Hilfe der Randgeraden darstellen. Die Koordinaten der Punkte der grau markierten Fläche (Planungsvieleck) erfüllen alle geforderten Bedingungen.
Um den maximalen Erlös zu ermitteln, zeichnet man eine Gerade der Schar, z.B. für $\mathrm{E} = 0$ die Ursprungsgerade mit der Gleichung $y = -\frac{3}{2}x$ und verschiebt sie soweit bis zu einem Eckpunkt des Planungsvielecks, dass der y-Achsenabschnitt und damit der Erlös E möglichst groß wird.
Man erhält als Eckpunkt den Schnittpunkt der Geraden mit den Gleichungen $y = -x + 240$ und $y = -3x + 480$:
Durch Gleichsetzen erhält man die Gleichung $-x + 240 = -3x + 480$ mit der Lösung $x = 120$.
Den zugehörigen y-Wert erhält man durch Einsetzen von $x = 120$ in eine der beiden Geradengleichungen: $y = -120 + 240 = 120$.
Damit hat der Punkt M die Koordinaten $\mathrm{M}(120 \mid 120)$.
Also ergibt sich ein Erlösmaximum, wenn pro Tag 120 Figuren und 120 Rahmen gefertigt werden.
Setzt man $x = 120$ und $y = 120$ in E ein, erhält man:

$$\mathrm{E} = 120 \cdot 300 + 120 \cdot 200 = 60\,000$$

Somit beträgt der maximale Erlös 60 000 Euro.

b) Bei einer Fertigung von je 120 Figuren und Rahmen gibt es folgende Produktionszeiten:
Für das Hobeln gilt:

$$120 \cdot 3 + 120 \cdot 6 = 1080$$

Damit ist die Hobelmaschine nicht ausgelastet, da die Grenze 1200 Minuten beträgt.
Für den ersten Fräsgang gilt:

$$120 \cdot 3 + 120 \cdot 3 = 720$$

Dieser Arbeitsgang ist in Bezug auf die Zeit ausgelastet.
Für den zweiten Fräsgang gilt:

$$120 \cdot 9 + 120 \cdot 3 = 1440$$

Auch dieser Arbeitsgang ist in Bezug auf die Zeit ausgelastet.
Der Meister hat mit seiner Aussage, dass die Kapazitäten der Maschinen nicht voll ausgeschöpft werden, also nur in Bezug auf das Hobeln recht.

Lineare Algebra TG

18 Rechnen mit Vektoren

18.1 Addition und Subtraktion von Vektoren

Gegeben sind die Vektoren $\vec{a} = \begin{pmatrix} -1 \\ 2 \\ 4 \end{pmatrix}$ und $\vec{b} = \begin{pmatrix} 3 \\ 1 \\ 2 \end{pmatrix}$.

a) $\vec{a}+\vec{b} = \begin{pmatrix} 2 \\ 3 \\ 6 \end{pmatrix}$ b) $\vec{a}-\vec{b} = \begin{pmatrix} -4 \\ 1 \\ 2 \end{pmatrix}$ c) $2\cdot\vec{a} = \begin{pmatrix} -2 \\ 4 \\ 8 \end{pmatrix}$

d) $-\vec{a} = \begin{pmatrix} 1 \\ -2 \\ -4 \end{pmatrix}$ e) $2\vec{a}+3\vec{b} = \begin{pmatrix} 7 \\ 7 \\ 14 \end{pmatrix}$

f) $\vec{a}\cdot\vec{b} = (-1)\cdot 3+2\cdot 1+4\cdot 2 = 7$

g) $|\vec{a}| = \sqrt{(-1)^2+2^2+4^2} = \sqrt{1+4+16} = \sqrt{21}$

h) $|\vec{b}| = \sqrt{3^2+1^2+2^2} = \sqrt{14}$

i) $|\vec{a}+\vec{b}| = \left|\begin{pmatrix} 2 \\ 3 \\ 6 \end{pmatrix}\right| = \sqrt{2^2+3^2+6^2} = \sqrt{49} = 7$

18.2 Orthogonalität von Vektoren

a) $\vec{a}\cdot\vec{b} = \begin{pmatrix} -1 \\ 0 \\ 1 \end{pmatrix}\cdot\begin{pmatrix} 2 \\ 2 \\ 0 \end{pmatrix} = (-1)\cdot 2+0\cdot 2+1\cdot 0 = -2 \Rightarrow \vec{a}$ steht nicht orthogonal auf $\vec{b}$.

b) $\vec{r}\cdot\vec{n} = \begin{pmatrix} 5 \\ -1 \\ 3 \end{pmatrix}\cdot\begin{pmatrix} 2 \\ 1 \\ -3 \end{pmatrix} = 5\cdot 2+(-1)\cdot 1+3\cdot(-3) = 0 \Rightarrow \vec{r}$ steht orthogonal auf $\vec{n}$.

c) $\vec{z}\cdot\vec{w} = \begin{pmatrix} 2 \\ -2 \\ 4 \end{pmatrix}\cdot\begin{pmatrix} 1 \\ 3 \\ 1 \end{pmatrix} = 2\cdot 1+(-2)\cdot 3+4\cdot 1 = 0 \Rightarrow \vec{z}$ steht orthogonal auf $\vec{w}$.

18.3 Auffinden von orthogonalen Vektoren

Es sind Vektoren zu bestimmen, deren Skalarprodukt mit $\vec{n}$ Null ergibt. Dazu kann man zwei Komponenten des Vektors frei wählen, die dritte ergibt sich dann, z.B.:

$$\vec{a} = \begin{pmatrix} 4 \\ -2 \\ 0 \end{pmatrix}, \text{ denn } \vec{a} \cdot \vec{n} = \begin{pmatrix} 4 \\ -2 \\ 0 \end{pmatrix} \cdot \begin{pmatrix} 1 \\ 2 \\ -3 \end{pmatrix} = 4 \cdot 1 + (-2) \cdot 2 + 0 \cdot (-3) = 4 - 4 = 0$$

$$\vec{b} = \begin{pmatrix} 0 \\ 3 \\ 2 \end{pmatrix}, \text{ denn } \vec{b} \cdot \vec{n} = \begin{pmatrix} 0 \\ 3 \\ 2 \end{pmatrix} \cdot \begin{pmatrix} 1 \\ 2 \\ -3 \end{pmatrix} = 0 \cdot 1 + 3 \cdot 2 + 2 \cdot (-3) = 6 - 6 = 0$$

$$\vec{c} = \begin{pmatrix} 5 \\ -1 \\ 1 \end{pmatrix}, \text{ denn } \vec{c} \cdot \vec{n} = \begin{pmatrix} 5 \\ -1 \\ 1 \end{pmatrix} \cdot \begin{pmatrix} 1 \\ 2 \\ -3 \end{pmatrix} = 5 \cdot 1 + (-1) \cdot 2 + 1 \cdot (-3) = 5 - 2 - 3 = 0$$

18.4 Orts- und Verbindungsvektoren

Gegeben sind die Punkte $A(2 \mid 3 \mid 2)$, $B(7 \mid 4 \mid 3)$ und $C(1 \mid 5 \mid -2)$.

a) $\vec{a} = \begin{pmatrix} 2 \\ 3 \\ 2 \end{pmatrix}$, $\vec{b} = \begin{pmatrix} 7 \\ 4 \\ 3 \end{pmatrix}$, $\vec{c} = \begin{pmatrix} 1 \\ 5 \\ -2 \end{pmatrix}$

b) $\overrightarrow{AB} = \vec{b} - \vec{a} = \begin{pmatrix} 7 \\ 4 \\ 3 \end{pmatrix} - \begin{pmatrix} 2 \\ 3 \\ 2 \end{pmatrix} = \begin{pmatrix} 5 \\ 1 \\ 1 \end{pmatrix}$

$$\overrightarrow{AC} = \vec{c} - \vec{a} = \begin{pmatrix} 1 \\ 5 \\ -2 \end{pmatrix} - \begin{pmatrix} 2 \\ 3 \\ 2 \end{pmatrix} = \begin{pmatrix} -1 \\ 2 \\ -4 \end{pmatrix}$$

$$\overrightarrow{BC} = \vec{c} - \vec{b} = \begin{pmatrix} 1 \\ 5 \\ -2 \end{pmatrix} - \begin{pmatrix} 7 \\ 4 \\ 3 \end{pmatrix} = \begin{pmatrix} -6 \\ 1 \\ -5 \end{pmatrix}$$

c) Nein, ein Verbindungsvektor verbindet zwei beliebige Punkte. Ein Ortsvektor geht immer vom Ursprung zu einem Punkt.

18.5 Verschiedene Aufgaben

a) I) $\overrightarrow{AB}=\begin{pmatrix}-4\\-2\\-1\end{pmatrix}, \overrightarrow{AC}=\begin{pmatrix}-1\\-4\\-2\end{pmatrix}, \overrightarrow{BC}=\begin{pmatrix}3\\-2\\-1\end{pmatrix}$, es ist $\overline{AB}=\overline{AC}=\sqrt{21}$,

damit ist das Dreieck gleichschenklig.

II) $\overrightarrow{AB}=\begin{pmatrix}5\\3\\-2\end{pmatrix}, \overrightarrow{AC}=\begin{pmatrix}4\\4\\-2\end{pmatrix}, \overrightarrow{BC}=\begin{pmatrix}-1\\1\\0\end{pmatrix}$, es ist $\overline{AB}=\sqrt{38}$, $\overline{AC}=6$

und $\overline{BC}=\sqrt{2}$, damit ist das Dreieck nicht gleichschenklig.

b) $\overrightarrow{AB}=\begin{pmatrix}-4\\4\\2\end{pmatrix}, \overrightarrow{AC}=\begin{pmatrix}-6\\0\\6\end{pmatrix}, \overrightarrow{BC}=\begin{pmatrix}-2\\-4\\4\end{pmatrix}$

$$\overrightarrow{AB}\cdot\overrightarrow{AC}=\begin{pmatrix}-4\\4\\2\end{pmatrix}\cdot\begin{pmatrix}-6\\0\\6\end{pmatrix}=24+0+12=36$$

$$\overrightarrow{AB}\cdot\overrightarrow{BC}=\begin{pmatrix}-4\\4\\2\end{pmatrix}\cdot\begin{pmatrix}-2\\-4\\4\end{pmatrix}=8-16+8=0$$

$$\overrightarrow{AC}\cdot\overrightarrow{BC}=\begin{pmatrix}-6\\0\\6\end{pmatrix}\cdot\begin{pmatrix}-2\\-4\\4\end{pmatrix}=12+0+24=36$$

Da das Skalarprodukt von $\overrightarrow{AB}$ und $\overrightarrow{BC}$ gleich Null ist, stehen diese beiden Vektoren senkrecht aufeinander, d.h. das Dreieck ABC hat bei B einen rechten Winkel.

c) I)

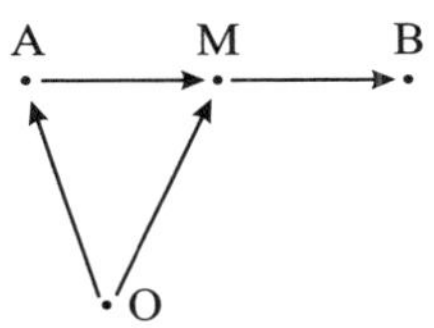

$$\overrightarrow{OM}=\overrightarrow{OA}+\tfrac{1}{2}\overrightarrow{AB}=\begin{pmatrix}4\\1\\3\end{pmatrix}+\tfrac{1}{2}\cdot\begin{pmatrix}-6\\4\\-8\end{pmatrix}=\begin{pmatrix}1\\3\\-1\end{pmatrix}$$

$\Rightarrow M(1\,|\,3\,|\,-1)$

II)

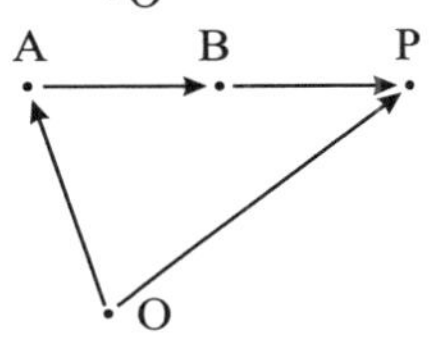

$$\overrightarrow{OP}=\overrightarrow{OA}+2\cdot\overrightarrow{AB}=\begin{pmatrix}3\\-1\\-4\end{pmatrix}+2\cdot\begin{pmatrix}1\\3\\9\end{pmatrix}=\begin{pmatrix}5\\5\\14\end{pmatrix}$$

$\Rightarrow P(5\,|\,5\,|\,14)$

d) I) Den Schwerpunkt S des Dreiecks ABC mit A (4 | 1 | 2), B (5 | 3 | 0) und C (0 | 2 | 1) erhalten Sie mit der Formel

$$\vec{s} = \tfrac{1}{3} \cdot \left(\vec{a} + \vec{b} + \vec{c}\right) = \tfrac{1}{3} \cdot \left(\begin{pmatrix} 4 \\ 1 \\ 2 \end{pmatrix} + \begin{pmatrix} 5 \\ 3 \\ 0 \end{pmatrix} + \begin{pmatrix} 0 \\ 2 \\ 1 \end{pmatrix}\right) = \tfrac{1}{3} \cdot \begin{pmatrix} 9 \\ 6 \\ 3 \end{pmatrix} = \begin{pmatrix} 3 \\ 2 \\ 1 \end{pmatrix}$$

$\Rightarrow$ S (3 | 2 | 1).

II) Den Schwerpunkt S des Dreiecks PQR mit P (−3 | 2 | 4), Q (5 | 1 | 2) und R (−5 | 3 | 6) erhalten Sie mit der Formel

$$\vec{s} = \tfrac{1}{3} \cdot (\vec{p} + \vec{q} + \vec{r}) = \tfrac{1}{3} \cdot \left(\begin{pmatrix} -3 \\ 2 \\ 4 \end{pmatrix} + \begin{pmatrix} 5 \\ 1 \\ 2 \end{pmatrix} + \begin{pmatrix} -5 \\ 3 \\ 6 \end{pmatrix}\right) = \tfrac{1}{3} \cdot \begin{pmatrix} -3 \\ 6 \\ 12 \end{pmatrix} = \begin{pmatrix} -1 \\ 2 \\ 4 \end{pmatrix}$$

$\Rightarrow$ S (−1 | 2 | 4).

e) I)

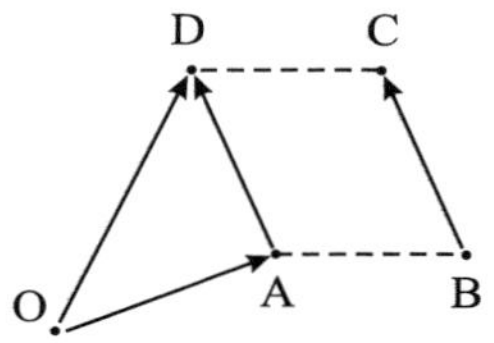

$$\overrightarrow{OD} = \overrightarrow{OA} + \overrightarrow{BC} = \begin{pmatrix} 4 \\ 2 \\ 3 \end{pmatrix} + \begin{pmatrix} -3 \\ -7 \\ -8 \end{pmatrix} = \begin{pmatrix} 1 \\ -5 \\ -5 \end{pmatrix}$$

$\Rightarrow$ D (1 | −5 | −5)

II)

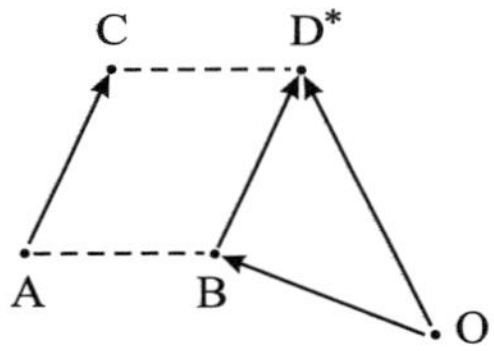

$$\overrightarrow{OD^*} = \overrightarrow{OB} + \overrightarrow{AC} = \begin{pmatrix} 1 \\ 8 \\ 5 \end{pmatrix} + \begin{pmatrix} -6 \\ -1 \\ -6 \end{pmatrix} = \begin{pmatrix} -5 \\ 7 \\ -1 \end{pmatrix}$$

$\Rightarrow$ D* (−5 | 7 | −1)

III)

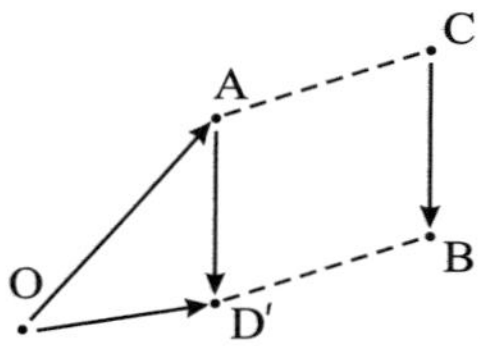

$$\overrightarrow{OD'} = \overrightarrow{OA} + \overrightarrow{CB} = \begin{pmatrix} 4 \\ 2 \\ 3 \end{pmatrix} + \begin{pmatrix} 3 \\ 7 \\ 8 \end{pmatrix} = \begin{pmatrix} 7 \\ 9 \\ 11 \end{pmatrix}$$

$\Rightarrow$ D′ (7 | 9 | 11)

f) I) Es ergeben sich folgende mögliche Vektorketten:

$$\overrightarrow{OD} = \overrightarrow{OA} + \overrightarrow{BC} = \begin{pmatrix} 3 \\ 1 \\ 4 \end{pmatrix} + \begin{pmatrix} 7 \\ -3 \\ 6 \end{pmatrix} = \begin{pmatrix} 10 \\ -2 \\ 10 \end{pmatrix} \Rightarrow \text{D}(10 \mid -2 \mid 10)$$

$$\overrightarrow{OE} = \overrightarrow{OA} + \overrightarrow{BF} = \begin{pmatrix} 3 \\ 1 \\ 4 \end{pmatrix} + \begin{pmatrix} 11 \\ 1 \\ 9 \end{pmatrix} = \begin{pmatrix} 14 \\ 2 \\ 13 \end{pmatrix} \Rightarrow \text{E}(14 \mid 2 \mid 13)$$

$$\overrightarrow{OG} = \overrightarrow{OC} + \overrightarrow{BF} = \begin{pmatrix} 5 \\ -2 \\ 3 \end{pmatrix} + \begin{pmatrix} 11 \\ 1 \\ 9 \end{pmatrix} = \begin{pmatrix} 16 \\ -1 \\ 12 \end{pmatrix} \Rightarrow \text{G}(16 \mid -1 \mid 12)$$

$$\overrightarrow{OH} = \overrightarrow{OD} + \overrightarrow{BF} = \begin{pmatrix} 10 \\ -2 \\ 10 \end{pmatrix} + \begin{pmatrix} 11 \\ 1 \\ 9 \end{pmatrix} = \begin{pmatrix} 21 \\ -1 \\ 19 \end{pmatrix} \Rightarrow \mathrm{H}(21 \mid -1 \mid 19)$$

II) Die Länge der Raumdiagonalen AG ist die Länge des Verbindungsvektors $\overrightarrow{AG}$:

$$AG = |\overrightarrow{AG}| = \left| \begin{pmatrix} 13 \\ -2 \\ 8 \end{pmatrix} \right| = \sqrt{169+4+64} = \sqrt{237}\,\text{LE}.$$

g) Bei einem schiefen Dreiecksprisma sind folgende 3 Kanten parallel: AD, BE und CF $\Rightarrow$

$\overrightarrow{AD} = \overrightarrow{BE} = \overrightarrow{CF}$. Daher gilt: $\overrightarrow{OE} = \overrightarrow{OB} + \overrightarrow{AD} = \begin{pmatrix} 5 \\ -2 \\ -1 \end{pmatrix} + \begin{pmatrix} 3 \\ 3 \\ 5 \end{pmatrix} = \begin{pmatrix} 8 \\ 1 \\ 4 \end{pmatrix}$

$\Rightarrow \mathrm{E}(8 \mid 1 \mid 4)$

$$\overrightarrow{OF} = \overrightarrow{OC} + \overrightarrow{AD} = \begin{pmatrix} -1 \\ 3 \\ -2 \end{pmatrix} + \begin{pmatrix} 3 \\ 3 \\ 5 \end{pmatrix} = \begin{pmatrix} 2 \\ 6 \\ 3 \end{pmatrix} \Rightarrow \mathrm{F}(2 \mid 6 \mid 3)$$

Die Länge der Kante EF ist $|\overrightarrow{EF}| = \left| \begin{pmatrix} -6 \\ 5 \\ -1 \end{pmatrix} \right| = \sqrt{36+25+1} = \sqrt{62}\,\text{LE}.$

18.6 Lineare Abhängigkeit/ Unabhängigkeit

a) Der Ansatz $k \cdot \begin{pmatrix} 2 \\ 1 \\ -3 \end{pmatrix} = \begin{pmatrix} -4 \\ -2 \\ 6 \end{pmatrix}$ führt zu $\begin{array}{rcr} 2k & = & -4 \\ k & = & -2 \\ -3k & = & 6 \end{array}$ und damit zu $k = -2$,

d.h. $\vec{a}$ und $\vec{b}$ sind linear abhängig.

b) Der Ansatz $k \cdot \begin{pmatrix} 2 \\ 0 \\ 3 \end{pmatrix} = \begin{pmatrix} -2 \\ 1 \\ -3 \end{pmatrix}$ führt zu $\begin{array}{rcr} 2k & = & -2 \\ 0 & = & 1 \\ 3k & = & -3 \end{array}$ und damit zu einem

Widerspruch, d.h. $\vec{a}$ und $\vec{b}$ sind linear unabhängig.

c) Der Ansatz $k \cdot \begin{pmatrix} 6 \\ 3 \\ -9 \end{pmatrix} = \begin{pmatrix} 2 \\ 1 \\ -3 \end{pmatrix}$ führt zu $\begin{array}{rcr} 6k & = & 2 \\ 3k & = & 1 \\ -9k & = & -3 \end{array}$ und damit zu $k = \frac{1}{3}$,

d.h. $\vec{a}$ und $\vec{b}$ sind linear abhängig.

d) Der Ansatz $k \cdot \begin{pmatrix} 4 \\ -2 \\ 3 \end{pmatrix} = \begin{pmatrix} 5 \\ 1 \\ 9 \end{pmatrix}$ führt zu $\begin{aligned} 4k &= 5 \\ -2k &= 1 \\ 3k &= 9 \end{aligned}$ und damit zu verschiedenen Werten für k, also sind $\vec{a}$ und $\vec{b}$ linear unabhängig.

19 Geraden

19.1 Aufstellen von Geradengleichungen

Der Ortsvektor des einen Punktes wird als Stützvektor für die Gerade benutzt. Einen Richtungsvektor erhält man, indem man einen Verbindungsvektor zwischen den beiden Punkten aufstellt. Da es beliebig ist, welcher Punkt als «Stützpunkt» genommen wird, bzw. in welche Richtung man den Richtungsvektor aufstellt, gibt es mehrere Lösungen. Für Aufgabe a) sind alle vier Lösungen dargestellt, für die Aufgaben b) und c) ist eine mögliche Lösung aufgeführt.

a) I) $g: \vec{x} = \begin{pmatrix} 1 \\ 0 \\ 2 \end{pmatrix} + r \cdot \begin{pmatrix} 2 \\ 1 \\ 1 \end{pmatrix}$ II) $g: \vec{x} = \begin{pmatrix} 3 \\ 1 \\ 3 \end{pmatrix} + r \cdot \begin{pmatrix} 2 \\ 1 \\ 1 \end{pmatrix}$

III) $g: \vec{x} = \begin{pmatrix} 1 \\ 0 \\ 2 \end{pmatrix} + r \cdot \begin{pmatrix} -2 \\ -1 \\ -1 \end{pmatrix}$ IV) $g: \vec{x} = \begin{pmatrix} 3 \\ 1 \\ 3 \end{pmatrix} + r \cdot \begin{pmatrix} -2 \\ -1 \\ -1 \end{pmatrix}$

b) $g: \vec{x} = \begin{pmatrix} 2 \\ 1 \\ -4 \end{pmatrix} + s \cdot \begin{pmatrix} 2 \\ -1 \\ 5 \end{pmatrix}$ c) $g: \vec{x} = \begin{pmatrix} 1 \\ 1 \\ 0 \end{pmatrix} + t \cdot \begin{pmatrix} 1 \\ 1 \\ -1 \end{pmatrix}$

19.2 Punktprobe

Die Ortsvektoren der Punkte werden in die Geradengleichung eingesetzt. Dann ermittelt man den Parameter mit Hilfe der Gleichungen des dazugehörigen Gleichungssystems. Es muss sich für alle drei Gleichungen der gleiche Parameter ergeben.

a) Einsetzen ergibt:

$$\begin{array}{lrcrcr} \text{I} & 2 & = & 1 & + & r \\ \text{II} & 7 & = & 3 & + & 4r \\ \text{III} & 0 & = & -2 & + & 2r \end{array}$$

Lösen von Gleichung I, II und III führt zu $r = 1$. Also liegt der Punkt A auf der Geraden.

b) Einsetzen ergibt:

$$\begin{array}{lrcrcr} \text{I} & 3 & = & 1 & + & r \\ \text{II} & 11 & = & 3 & + & 4r \\ \text{III} & 3 & = & -2 & + & 2r \end{array}$$

Lösen von Gleichung I und II führt zu $r = 2$. Lösen von Gleichung III ergibt $r = 2,5$. Dies ist ein Widerspruch. Der Punkt liegt also nicht auf der Geraden.

c) Lösen von Gleichung I, II und III führt zu $r = -3$. Also liegt der Punkt C auf der Geraden.

19.3 Parallele Geraden

Wenn die Geraden parallel sind, müssen die Richtungsvektoren linear abhängig sein. Außerdem darf kein «Stützpunkt» einer Geraden in einer anderen enthalten sein.

Da $r \cdot \begin{pmatrix} 2 \\ -1 \\ -3 \end{pmatrix} = \begin{pmatrix} 4 \\ -2 \\ -6 \end{pmatrix}$ für $r = 2$ und $r \cdot \begin{pmatrix} 2 \\ -1 \\ -3 \end{pmatrix} = \begin{pmatrix} -6 \\ 3 \\ 9 \end{pmatrix}$ für $r = -3$ gilt, sind die Richtungsvektoren linear abhängig. Punktproben der Stützvektoren in den jeweils anderen Geraden ergeben, dass die Geraden nicht identisch sind. Also sind alle Geraden echt parallel zueinander.

19.4 Gegenseitige Lage von Geraden

Für einige Aufgaben ist die Lösung ausführlich dargestellt, ansonsten sind Zwischenergebnisse und das Endergebnis angegeben.

a) Die Richtungsvektoren der Geraden sind kein Vielfaches voneinander, da es kein k gibt, so dass gilt: $k \cdot \begin{pmatrix} 1 \\ 1 \\ 2 \end{pmatrix} = \begin{pmatrix} 2 \\ 0 \\ 1 \end{pmatrix}$, also können sich die Geraden schneiden oder windschief sein.
Gleichsetzen der Geraden führt zu:

$$\begin{array}{lrcrcr} \text{I} & 4 & + & t & = & 2r \\ \text{II} & 2 & + & t & = & 0 \\ \text{III} & 5 & + & 2t & = & r \end{array}$$

Gleichung II ergibt: $t = -2$. Eingesetzt in I ergibt sich $r = 1$. t und r müssen noch in Gl. III überprüft werden: $5 + 2 \cdot (-2) = 1$. Nun setzt man r in die Gleichung von g_2 ein, es ergibt sich der Schnittpunkt S mit $S(2 \mid 0 \mid 1)$.

b) Die Richtungsvektoren der Geraden sind kein Vielfaches voneinander, da es kein k gibt, so dass gilt: $k \cdot \begin{pmatrix} 1 \\ 1 \\ 1 \end{pmatrix} = \begin{pmatrix} 3 \\ 4 \\ 5 \end{pmatrix}$, also können sich die Geraden schneiden oder windschief sein.
Gleichsetzen der Geraden führt zu:

$$\begin{array}{lrcrcrcr} \text{I} & 2 & + & r & = & 3 & + & 3t \\ \text{II} & & & r & = & 2 & + & 4t \\ \text{III} & & & r & = & 3 & + & 5t \end{array}$$

Gleichung I – Gleichung II ergibt: $t = -1$. Eingesetzt in Gleichung II ergibt sich $r = -2$. t und r müssen noch in III überprüft werden: $-2 = 3 + 5 \cdot (-1)$. Einsetzen von r in g_1 ergibt den Schnittpunkt S mit $S(0 \mid -2 \mid -2)$.

c) Die Richtungsvektoren der Geraden sind kein Vielfaches voneinander, da es kein k gibt, so dass gilt: $k \cdot \begin{pmatrix} 2 \\ 1 \\ -3 \end{pmatrix} = \begin{pmatrix} 4 \\ -5 \\ -1 \end{pmatrix}$.

Gleichsetzen der Geraden führt zu:

$$\begin{array}{lrcrcrcr} \text{I} & 1 & + & 2s & = & 5 & + & 4t \\ \text{II} & -3 & + & s & = & 1 & - & 5t \\ \text{III} & 5 & - & 3s & = & -3 & - & t \end{array}$$

Gleichung I $-$ 2$\cdot$ Gl. II ergibt: $t = \frac{2}{7}$. Eingesetzt in Gleichung II ergibt sich $s = \frac{18}{7}$. Es müssen s und t noch in Gl. III überprüft werden, es ergibt sich: $\frac{4}{7} = 0$. Dies ist ein Widerspruch, also sind die Geraden windschief.

d) Die Richtungsvektoren der Geraden sind kein Vielfaches voneinander, da es kein k gibt, so dass gilt: $k \cdot \begin{pmatrix} 2 \\ 0 \\ 1 \end{pmatrix} = \begin{pmatrix} 0 \\ 1 \\ -1 \end{pmatrix}$. Gleichsetzen der Geradengleichungen und Berechnen von t und r mit Gleichung I und II ergibt: $t = \frac{1}{2}$ und $r = -1$. Prüfen in Gleichung III führt auf einen Widerspruch, also sind die Geraden windschief.

e) Prüfung der Richtungsvektoren:

$k \cdot \begin{pmatrix} 2 \\ -1 \\ 3 \end{pmatrix} = \begin{pmatrix} -2 \\ 1 \\ -3 \end{pmatrix} \Rightarrow k = -1$, d.h. die Richtungsvektoren sind ein Vielfaches voneinander (linear abhängig), also können die Geraden parallel oder identisch sein.

Man prüft nun, ob P $(4 \mid 0 \mid 1)$ der Geraden g auch auf der Geraden h liegt:

$$\begin{pmatrix} 4 \\ 0 \\ 1 \end{pmatrix} = \begin{pmatrix} 6 \\ -1 \\ 4 \end{pmatrix} + t \cdot \begin{pmatrix} -2 \\ 1 \\ -3 \end{pmatrix}$$

$4 = 6 - 2t \Rightarrow t = 1$

$0 = -1 + t \Rightarrow t = 1$

$1 = 4 - 3t \Rightarrow t = 1$, positive Punktprobe, also sind die Geraden identisch.

f) Prüfung der Richtungsvektoren:

$k \cdot \begin{pmatrix} 1 \\ -1 \\ 2 \end{pmatrix} = \begin{pmatrix} -3 \\ 3 \\ -6 \end{pmatrix} \Rightarrow k = -3$, d.h. die Richtungsvektoren sind ein Vielfaches voneinander (linear abhängig), also können die Geraden parallel oder identisch sein.

Man prüft nun, ob P $(1 \mid 2 \mid 3)$ der Geraden g auch auf der Geraden h liegt:

$$\begin{pmatrix} 1 \\ 2 \\ 3 \end{pmatrix} = \begin{pmatrix} -1 \\ 4 \\ -1 \end{pmatrix} + s \cdot \begin{pmatrix} -3 \\ 3 \\ -6 \end{pmatrix}$$

$1 = -1 - 3s \Rightarrow s = -\frac{2}{3}$
$2 = 4 + 3s \Rightarrow s = -\frac{2}{3}$
$3 = -1 - 6s \Rightarrow s = -\frac{2}{3}$, positive Punktprobe, also sind die Geraden identisch.

g) Prüfung der Richtungsvektoren:

$k \cdot \begin{pmatrix} -2 \\ -1 \\ 3 \end{pmatrix} = \begin{pmatrix} 4 \\ 2 \\ -6 \end{pmatrix} \Rightarrow k = -2$, d.h. die Richtungsvektoren sind ein Vielfaches voneinander (linear abhängig), also können die Geraden parallel oder identisch sein.
Man prüft nun, ob $P(1 \mid 4 \mid -2)$ der Geraden g auch auf der Geraden h liegt:

$$\begin{pmatrix} 1 \\ 4 \\ -2 \end{pmatrix} = \begin{pmatrix} -1 \\ 3 \\ -1 \end{pmatrix} + r \cdot \begin{pmatrix} 4 \\ 2 \\ -6 \end{pmatrix}$$

$1 = -1 + 4r \Rightarrow r = \frac{1}{2}$
$4 = 3 + 2r \Rightarrow r = \frac{1}{2}$
$-2 = -1 - 6r \Rightarrow r = \frac{1}{6}$, dies ist ein Widerspruch, d.h. negative Punktprobe, also sind die Geraden parallel.

h) Prüfung der Richtungsvektoren:

$k \cdot \begin{pmatrix} 4 \\ 6 \\ -8 \end{pmatrix} = \begin{pmatrix} 2 \\ 3 \\ -4 \end{pmatrix} \Rightarrow k = \frac{1}{2}$, d.h. die Richtungsvektoren sind ein Vielfaches voneinander (linear abhängig), also können die Geraden parallel oder identisch sein.
Man prüft nun, ob $P(0 \mid 1 \mid 4)$ der Geraden g auch auf der Geraden h liegt:

$$\begin{pmatrix} 0 \\ 1 \\ 4 \end{pmatrix} = \begin{pmatrix} 4 \\ 8 \\ -4 \end{pmatrix} + t \cdot \begin{pmatrix} 2 \\ 3 \\ -4 \end{pmatrix}$$

$0 = 4 + 2t \Rightarrow t = -2$
$1 = 8 + 3t \Rightarrow t = -\frac{7}{3}$
$4 = -4 - 4t \Rightarrow t = -2$, Widerspruch, d.h. negative Punktprobe, also sind die Geraden parallel.

19.5 Parallele Geraden mit Parameter

Wenn die beiden Geraden parallel sein sollen, müssen die beiden Richtungsvektoren linear abhängig sein. Dazu bestimmt man t so, dass der eine Vektor ein Vielfaches des anderen ist.

a) Gesucht ist t, so dass gilt: $\begin{pmatrix} 0 \\ 2 \\ 2t \end{pmatrix} = r \cdot \begin{pmatrix} 0 \\ 4 \\ 4 \end{pmatrix}$. Es ergibt sich:

$$\begin{array}{lrcl} \text{I} & 0 & = & 0 \\ \text{II} & 2 & = & 4r \\ \text{III} & 2t & = & 4r \end{array}$$

Lösen führt zu $r = \frac{1}{2}$ und $t = 1$. Es muss noch sichergestellt sein, dass die Geraden nicht identisch sind, also macht man die Punktprobe:

$$\begin{array}{lrcrcr} \text{I} & 1 & = & 4 & & \\ \text{II} & 1 & = & 1 & + & 4r \\ \text{III} & 1 & = & 7 & + & 4r \end{array}$$

Für I ergibt sich unmittelbar ein Widerspruch, also sind die Geraden echt parallel (da sie keinen Schnittpunkt besitzen).

b) Gesucht ist t, so dass gilt: $\begin{pmatrix} 0,5t \\ t \\ 4 \end{pmatrix} = r \cdot \begin{pmatrix} 1 \\ 2 \\ -2 \end{pmatrix}$. Es ergibt sich:

$$\begin{array}{lrcr} \text{I} & 0,5t & = & r \\ \text{II} & t & = & 2r \\ \text{III} & 4 & = & -2r \end{array}$$

Aus III ergibt sich $r = -2$. Einsetzen in II führt zu $t = -4$. Überprüfen in I ergibt eine wahre Aussage. Es muss noch sichergestellt sein, dass die Geraden nicht identisch sind, also macht man die Punktprobe. Dies führt zu einen Widerspruch, also sind die Geraden echt parallel.

c) Gesucht ist t, so dass gilt: $\begin{pmatrix} t \\ 2t \\ -3 \end{pmatrix} = s \cdot \begin{pmatrix} 3 \\ 6 \\ -t \end{pmatrix}$. Es ergibt sich:

$$\begin{array}{lrcr} \text{I} & t & = & 3s \\ \text{II} & 2t & = & 6s \\ \text{III} & -3 & = & -t \cdot s \end{array}$$

I und II sind ein Vielfaches voneinander, daher benutzt man die Gleichungen I und III. Einsetzen von I in III führt zu $s = \pm 1$. Lösen führt auf $t_1 = 3$ und $t_2 = -3$. Es gibt also zwei Werte von t, für die die Geraden parallel sind. Macht man jeweils die Punktprobe, führt dies auf einen Widerspruch, damit sind die Geraden echt parallel.

19.6 Winkel zwischen Geraden

a) Durch die Aufgabenstellung ist vorausgesetzt, dass sich die beiden Geraden tatsächlich schneiden, dies hätte sonst geprüft werden müssen. Der Winkel zwischen den beiden Geraden wird berechnet, indem man den Winkel zwischen den Richtungsvektoren berechnet:

$$\cos\alpha = \frac{\left|\begin{pmatrix} -1 \\ 3 \\ 5 \end{pmatrix} \cdot \begin{pmatrix} 7 \\ -1 \\ 2 \end{pmatrix}\right|}{\sqrt{35}\cdot\sqrt{54}} = \frac{|-7-3+10|}{\sqrt{35}\cdot\sqrt{54}} = \frac{|0|}{\sqrt{35}\cdot\sqrt{54}} = 0 \Rightarrow \alpha = 90^\circ$$

b) Auch hier wird der Winkel α zwischen den Richtungsvektoren bestimmt:

$$\cos\alpha = \frac{\left|\begin{pmatrix} 2 \\ -6 \\ 10 \end{pmatrix} \cdot \begin{pmatrix} 2 \\ 3 \\ 5 \end{pmatrix}\right|}{\sqrt{140}\cdot\sqrt{38}} = \frac{|4-18+50|}{\sqrt{140}\cdot\sqrt{38}} = \frac{36}{\sqrt{140}\cdot\sqrt{38}} \Rightarrow \alpha \approx 60{,}42^\circ$$

19.7 Allgemeines Verständnis von Geraden

a) I) Die Richtungsvektoren $\vec{r}$ und $\vec{v}$ müssen linear abhängig (ein Vielfaches voneinander) sein. Für die Stützvektoren muss gelten: $\vec{a} \neq \vec{b}$. Außerdem darf der zu $\vec{b}$ gehörende Punkt B nicht auf g liegen, das heißt: $\vec{b} \neq \vec{a} + s\cdot\vec{r}$. (Bzw. der zu $\vec{a}$ gehörende Punkt A darf nicht auf h liegen.)

II) Die Stützvektoren müssen nicht unbedingt gleich sein, aber jeder «Stützpunkt» muss ein Punkt der anderen Gerade sein (Nachweis durch Punktprobe). Die Richtungsvektoren $\vec{r}$ und $\vec{v}$ müssen linear abhängig sein.

III) Die Stützvektoren müssen nicht unbedingt gleich sein, aber die Geraden müssen sich schneiden. Die Richtungsvektoren müssen orthogonal sein: $\vec{r}\cdot\vec{v} = 0$.

b) Für die Winkelbestimmung braucht man die beiden Richtungsvektoren $\vec{r}$ und $\vec{v}$.
Für den spitzen Winkel δ gilt dann:

$$\cos\delta = \frac{|\vec{r}\cdot\vec{v}|}{|\vec{r}|\cdot|\vec{v}|}$$

c) Zur Bestimmung der gegenseitigen Lage prüft man zuerst die Richtungsvektoren auf lineare Abhängigkeit bzw. Unabhängigkeit:

1. Sind die Richtungsvektoren ein Vielfaches voneinander (linear abhängig), können die Geraden parallel oder identisch sein.
   Sie sind identisch, wenn ein Punkt der einen Geraden auf der anderen Geraden liegt (positive Punktprobe), sonst sind sie parallel (negative Punktprobe).

2. Sind die Richtungsvektoren kein Vielfaches voneinander (linear unabhängig), können die Geraden sich schneiden oder windschief sein.
   Durch Gleichsetzen erhält man den Schnittpunkt oder einen Widerspruch, welcher angibt, dass die Geraden windschief sind.

20 Ebenen

20.1 Parameterform der Ebenengleichung

a) Einer der angegebenen Punkte, z.B. A, wird als «Stützpunkt» genommen; die Verbindungsvektoren $\overrightarrow{AB}$ und $\overrightarrow{AC}$ sind dann die Spannvektoren der Ebene. Konkret ergibt sich damit:

$$E\colon \vec{x} = \begin{pmatrix} 1 \\ 4 \\ 3 \end{pmatrix} + r \cdot \begin{pmatrix} 1 \\ 3 \\ -6 \end{pmatrix} + s \cdot \begin{pmatrix} 2 \\ 1 \\ -2 \end{pmatrix}$$

b) Auch hier wird einer der angegebenen Punkte als Stützpunkt genommen, die Verbindungsvektoren $\overrightarrow{PQ}$ und $\overrightarrow{PR}$ ermittelt und als Spannvektoren genommen. Damit gilt:

$$E\colon \vec{x} = \begin{pmatrix} 3 \\ 1 \\ 2 \end{pmatrix} + r \cdot \begin{pmatrix} 1 \\ 6 \\ 1 \end{pmatrix} + s \cdot \begin{pmatrix} 1 \\ -1 \\ -3 \end{pmatrix}$$

c) Der «Stützpunkt» und der erste Spannvektor können direkt von der Geraden g übernommen werden. Den zweiten Spannvektor erhält man, indem man den Verbindungsvektor zwischen dem Stützpunkt und dem angegebenen Punkt aufstellt. Damit gilt:

$$E\colon \vec{x} = \begin{pmatrix} -1 \\ 2 \\ 4 \end{pmatrix} + r \cdot \begin{pmatrix} 3 \\ 6 \\ -1 \end{pmatrix} + s \cdot \begin{pmatrix} 2 \\ 1 \\ 2 \end{pmatrix}$$

d) Auch hier können der «Stützpunkt» und der erste Spannvektor direkt von der Geraden g übernommen werden. Den zweiten Spannvektor erhält man, indem man den Verbindungsvektor zwischen dem angegebenen Punkt und dem Stützpunkt aufstellt. Damit gilt:

$$E\colon \vec{x} = \begin{pmatrix} 7 \\ 3 \\ 2 \end{pmatrix} + r \cdot \begin{pmatrix} 1 \\ 2 \\ 1 \end{pmatrix} + s \cdot \begin{pmatrix} 7 \\ 2 \\ 0 \end{pmatrix}$$

20.2 Bestimmen von Geraden und Ebenen in einer Pyramide

a) Da der Mittelpunkt der Pyramide der Koordinatenursprung ist, lassen sich die Punkte durch Symmetriebetrachtungen bestimmen: $Q(2 \mid 2 \mid 0)$, $R(-2 \mid 2 \mid 0)$, $S(-2 \mid -2 \mid 0)$.

b) Der Ortsvektor von P wird als Stützvektor der Geraden genommen, der Verbindungsvektor von P nach T als Richtungsvektor: Die Gerade ist damit:

$$g: \vec{x} = \begin{pmatrix} 2 \\ -2 \\ 0 \end{pmatrix} + r \cdot \begin{pmatrix} -2 \\ 2 \\ 6 \end{pmatrix}.$$

c) Der Punkt T wird als Stützpunkt benutzt, die Vektoren $\overrightarrow{TQ}$ und $\overrightarrow{TR}$ als Spannvektoren:

$$E\colon \vec{x} = \begin{pmatrix} 0 \\ 0 \\ 6 \end{pmatrix} + r \cdot \begin{pmatrix} 2 \\ 2 \\ -6 \end{pmatrix} + s \cdot \begin{pmatrix} -2 \\ 2 \\ -6 \end{pmatrix}$$

bzw.

$$E\colon \vec{x} = \begin{pmatrix} 0 \\ 0 \\ 6 \end{pmatrix} + r \cdot \begin{pmatrix} 1 \\ 1 \\ -3 \end{pmatrix} + s \cdot \begin{pmatrix} -1 \\ 1 \\ -3 \end{pmatrix}$$

21 Gegenseitige Lage von Geraden und Ebenen

a) Die Gerade und die Ebene werden gleichgesetzt:

$$\begin{pmatrix} 1 \\ -2 \\ -2 \end{pmatrix} + r \cdot \begin{pmatrix} 3 \\ 6 \\ -3 \end{pmatrix} + s \cdot \begin{pmatrix} 8 \\ -4 \\ 4 \end{pmatrix} = \begin{pmatrix} 4 \\ 1 \\ 3 \end{pmatrix} + t \cdot \begin{pmatrix} 2 \\ -1 \\ 1 \end{pmatrix}$$

daraus ergibt sich folgendes Gleichungssystem:

$$\begin{array}{rcrcrcr} 3r & + & 8s & - & 2t & = & 3 \\ 6r & - & 4s & + & t & = & 3 \\ -3r & + & 4s & - & t & = & 5 \end{array}$$

Löst man dieses Gleichungssystem mit dem Gaußschen Lösungsverfahren oder mit dem GTR, ergibt sich ein Widerspruch, d.h. es gibt keine Lösung. Das bedeutet, dass sich Gerade und Ebene nicht schneiden, die Gerade liegt also parallel zur Ebene.

b) Die Gerade und die Ebene werden gleichgesetzt:

$$\begin{pmatrix} 4 \\ 6 \\ 8 \end{pmatrix} + r \cdot \begin{pmatrix} 3 \\ 8 \\ 9 \end{pmatrix} + s \cdot \begin{pmatrix} 10 \\ 5 \\ 4 \end{pmatrix} = \begin{pmatrix} 3 \\ 4 \\ 7 \end{pmatrix} + t \cdot \begin{pmatrix} 1 \\ 0 \\ 1 \end{pmatrix}$$

daraus ergibt sich folgendes Gleichungssystem:

$$\begin{array}{rcrcrcr} 3r & + & 10s & - & t & = & -1 \\ 8r & + & 5s & & & = & -2 \\ 9r & + & 4s & - & t & = & -1 \end{array}$$

Löst man dieses Gleichungssystem mit dem Gaußschen Lösungsverfahren oder mit dem GTR, so ergibt sich $r = -\frac{2}{13}$, $s = -\frac{2}{13}$ und $t = -1$. Einsetzen von t in die Geradengleichung führt zum Schnittpunkt $S\,(2\,|\,4\,|\,6)$.

c) Die Gerade und die Ebene werden gleichgesetzt:

$$\begin{pmatrix} 2 \\ 1 \\ 3 \end{pmatrix} + r \cdot \begin{pmatrix} 1 \\ -2 \\ 1 \end{pmatrix} + s \cdot \begin{pmatrix} 2 \\ 0 \\ 4 \end{pmatrix} = \begin{pmatrix} 3 \\ -1 \\ 4 \end{pmatrix} + t \cdot \begin{pmatrix} 3 \\ -2 \\ 5 \end{pmatrix}$$

daraus ergibt sich folgendes Gleichungssystem:

$$\begin{array}{rcrcrcr} 1r & + & 2s & - & 3t & = & 1 \\ -2r & + & 0s & + & 2t & = & -2 \\ 1r & + & 4s & - & 5t & = & 1 \end{array}$$

Löst man dieses Gleichungssystem mit dem Gaußschen Lösungsverfahren oder mit dem GTR, so ergibt sich eine «Nullzeile», also besitzt das Gleichungssystem unendlich viele Lösungen, die Gerade liegt also in der Ebene.

22 Gegenseitige Lage zweier Ebenen

a) Die Ebenengleichungen werden gleichgesetzt:

$$\begin{pmatrix}-4\\1\\6\end{pmatrix}+r\cdot\begin{pmatrix}5\\-3\\-2\end{pmatrix}+s\cdot\begin{pmatrix}2\\2\\-1\end{pmatrix}=\begin{pmatrix}4\\5\\-3\end{pmatrix}+t\cdot\begin{pmatrix}0\\-2\\1\end{pmatrix}+u\cdot\begin{pmatrix}-3\\1\\3\end{pmatrix}$$

daraus ergibt sich folgendes Gleichungssystem:

$$\begin{array}{lrcrcrcrcr} \text{I} & 5r & + & 2s & & & + & 3u & = & 8 \\ \text{II} & -3r & + & 2s & + & 2t & - & u & = & 4 \\ \text{III} & -2r & - & s & - & t & - & 3u & = & -9 \end{array}$$

Vereinfachen mit dem Gauß-Verfahren führt zu:

$$\begin{array}{lrcrcrcrcr} \text{I} & 5r & + & 2s & & & + & 3u & = & 8 \\ \text{II}a & & & 16s & + & 10t & + & 4u & = & 44 \\ \text{III}b & & & & & t & + & 2u & = & 6 \end{array}$$

Nun stellt man nach einem Parameter um, es bietet sich t an, da sonst Brüche auftreten: $t = 6 - 2u$.

Alternativ benutzt man zum Lösen den GTR und erhält in der letzten Zeile den gleichen Ausdruck. Dieser Ausdruck wird jetzt für t in E_2 eingesetzt:

$$\vec{x}=\begin{pmatrix}4\\5\\-3\end{pmatrix}+(6-2u)\cdot\begin{pmatrix}0\\-2\\1\end{pmatrix}+\cdot u\cdot\begin{pmatrix}-3\\1\\3\end{pmatrix}$$

Ausmultiplizieren ergibt:

$$\vec{x}=\begin{pmatrix}4\\5\\-3\end{pmatrix}+\begin{pmatrix}0\\-12\\6\end{pmatrix}+u\cdot\begin{pmatrix}0\\4\\-2\end{pmatrix}+u\cdot\begin{pmatrix}-3\\1\\3\end{pmatrix}$$

Die Schnittgerade ist damit:

$$g:\ \vec{x}=\begin{pmatrix}4\\-7\\3\end{pmatrix}+u\cdot\begin{pmatrix}-3\\5\\1\end{pmatrix}$$

b) Die Ebenengleichungen werden gleichgesetzt:

$$\begin{pmatrix}4\\5\\7\end{pmatrix}+r\cdot\begin{pmatrix}1\\1\\2\end{pmatrix}+s\cdot\begin{pmatrix}2\\3\\6\end{pmatrix}=\begin{pmatrix}3\\2\\11\end{pmatrix}+t\cdot\begin{pmatrix}1\\-1\\2\end{pmatrix}+u\cdot\begin{pmatrix}2\\-5\\8\end{pmatrix}$$

Daraus ergibt sich folgendes Gleichungssystem:

$$\begin{array}{lrcrcrcrcr} \text{I} & r & + & 2s & - & t & - & 2u & = & -1 \\ \text{II} & r & + & 3s & + & t & + & 5u & = & -3 \\ \text{III} & 2r & + & 6s & - & 2t & - & 8u & = & 4 \end{array}$$

Vereinfachen mit dem Gauß-Verfahren führt zu:

$$\begin{array}{lrcrcrcrcr} \text{I} & r & + & 2s & - & t & - & 2u & = & -1 \\ \text{II}a & & & -s & - & 2t & - & 7u & = & 2 \\ \text{III}b & & & & - & 4t & - & 18u & = & 10 \end{array}$$

Alternativ benutzt man den GTR.
Aus der letzten Zeile ergibt sich in beiden Fällen: $t + 4,5u = -2,5$.
Dieser Ausdruck wird nach t umgestellt: $t = -2,5 - 4,5u$ und für t in E_2 eingesetzt:

$$\vec{x} = \begin{pmatrix} 3 \\ 2 \\ 11 \end{pmatrix} + (-2,5 - 4,5u) \cdot \begin{pmatrix} 1 \\ -1 \\ 2 \end{pmatrix} + u \cdot \begin{pmatrix} 2 \\ -5 \\ 8 \end{pmatrix}$$

Ausmultiplizieren ergibt:

$$\vec{x} = \begin{pmatrix} 3 \\ 2 \\ 11 \end{pmatrix} + \begin{pmatrix} -2,5 \\ 2,5 \\ -5 \end{pmatrix} + u \cdot \begin{pmatrix} -4,5 \\ 4,5 \\ -9 \end{pmatrix} + u \cdot \begin{pmatrix} 2 \\ -5 \\ 8 \end{pmatrix}$$

Die Schnittgerade ist damit:

$$g\colon\ \vec{x} = \begin{pmatrix} 0,5 \\ 4,5 \\ 6 \end{pmatrix} + u \cdot \begin{pmatrix} -2,5 \\ -0,5 \\ -1 \end{pmatrix} \text{ bzw. } g\colon\ \vec{x} = \begin{pmatrix} 0,5 \\ 4,5 \\ 6 \end{pmatrix} + u \cdot \begin{pmatrix} 5 \\ 1 \\ 2 \end{pmatrix}$$

c) Die Ebenengleichungen werden gleichgesetzt:

$$\begin{pmatrix} 1 \\ 3 \\ 4 \end{pmatrix} + r \cdot \begin{pmatrix} -2 \\ 5 \\ 11 \end{pmatrix} + s \cdot \begin{pmatrix} -3 \\ 2 \\ 0 \end{pmatrix} = \begin{pmatrix} 3 \\ 6 \\ 3 \end{pmatrix} + t \cdot \begin{pmatrix} 1 \\ 2 \\ 8 \end{pmatrix} + u \cdot \begin{pmatrix} 2 \\ 1 \\ 7 \end{pmatrix}$$

Daraus ergibt sich folgendes Gleichungssystem:

$$\begin{array}{lrcrcrcrcr} \text{I} & -2r & - & 3s & - & t & - & 2u & = & 2 \\ \text{II} & 5r & + & 2s & - & 2t & - & u & = & 3 \\ \text{III} & 11r & + & 0s & - & 8t & - & 7u & = & -1 \end{array}$$

Vereinfachen mit dem Gauß-Verfahren oder dem GTR führt zu:

$$\begin{array}{lrcrcrcrcr} \text{I} & -2r & - & 3s & - & t & - & 2u & = & 2 \\ \text{II}a & & - & 11s & - & 9t & - & 12u & = & 16 \\ \text{III}b & & & & & & & 0 & = & 38 \end{array}$$

Die letzte Zeile ist ein Widerspruch, daher liegen die beiden Ebenen parallel.

d) Die Ebenengleichungen werden gleichgesetzt:

$$\begin{pmatrix} 1 \\ 4 \\ 3 \end{pmatrix} + r \cdot \begin{pmatrix} 2 \\ 4 \\ 5 \end{pmatrix} + s \cdot \begin{pmatrix} 1 \\ -1 \\ 1 \end{pmatrix} = \begin{pmatrix} 2 \\ 3 \\ 4 \end{pmatrix} + t \cdot \begin{pmatrix} 2 \\ 0 \\ 3 \end{pmatrix} + u \cdot \begin{pmatrix} 1 \\ -7 \\ -2 \end{pmatrix}$$

Daraus ergibt sich folgendes Gleichungssystem:

$$\begin{array}{lrcrcrcrcr} \text{I} & 2r & + & s & - & 2t & - & u & = & 1 \\ \text{II} & 4r & - & s & + & 0t & + & 7u & = & -1 \\ \text{III} & 5r & + & s & - & 3t & + & 2u & = & 1 \end{array}$$

Vereinfachen mit dem Gauß-Verfahren oder dem GTR führt zu:

$$\begin{array}{lrcrcrcrcr} \text{I} & 2r & + & s & - & 2t & - & u & = & 1 \\ \text{IIa} & & & 3s & - & 4t & - & 9u & = & 3 \\ \text{IIIa} & & & & & & & 0 & = & 0 \end{array}$$

Die letzte Zeile ist eine Nullzeile, damit sind die beiden Ebenen identisch.

Stochastik

23 Grundlegende Begriffe

23.1 Zufallsexperimente und Ereignisse

a) I) $\Omega = \{\text{www, wwz, wzw, zww, wzz, zwz, zzw, zzz}\}$, die Reihenfolge spielt bei einer Mengenaufzählung keine Rolle.

II) $\Omega = \{6, \text{keine } 6\}$.
Die Lösung $\Omega = \{1, 2, 3, 4, 5, 6\}$ wäre auch möglich, ist aber der Fragestellung weniger angemessen.

III) $\Omega = \{$Alter zwischen 14 und 18 Jahren einschließlich, nicht zur Altersgruppe gehörend$\}$
oder: $\Omega = \{$jünger als 14, zwischen 14 und 18, älter als 18$\}$
Möglich wäre auch die (unnötig große) Menge $\Omega = \{0, 1, 2, \ldots, 100, \ldots\}$.

b) Lösungen:
$A = \{2; 4; 6\}$.
$B = \{1; 2\}$.
$C = \{2; 3; 5\}$; 1 ist keine Primzahl.
$D = \{1, 2; 3; 4; 5; 6\}$; dies nennt man das sichere Ereignis, da es auf jeden Fall eintritt.
$E = \{\}$ oder $E = \emptyset$; E ist hier die leere Menge, da keine der Zahlen von 1 bis 6 durch 7 teilbar ist. Man spricht vom unmöglichen Ereignis.

c) I) A: Es erscheint dreimal dieselbe Seite.
B: Es taucht höchstens einmal «Zahl» auf oder
B: Es taucht mindestens zweimal «Wappen» auf oder
B: Es taucht mehr als einmal «Wappen» auf.
C: Beim ersten Wurf erscheint Zahl.

II) $\overline{A} = \{\text{wwz, wzw, zww, zzw, zwz, wzz}\}$.
$\overline{A}$: Es tauchen sowohl «Wappen» als auch «Zahl» auf oder
$\overline{A}$: Es erscheint nicht dreimal dieselbe Seite.
$\overline{B} = \{\text{zzz, zzw, zwz, wzz}\}$.
$\overline{B}$: Es taucht mehr als einmal «Zahl» auf.
$\overline{C} = \{\text{www, wwz, wzw, wzz}\}$.
$\overline{C}$: Beim ersten Wurf erscheint «Wappen».

23.2 Absolute und relative Häufigkeit

a) Es sind insgesamt 20 Ziffern. Die Anzahl, mit der eine bestimmte Ziffer auftritt, stellt deren absolute Häufigkeit H dar. Teilt man diese Anzahl durch die Gesamtanzahl an Ziffern, erhält man die relative Häufigkeit h:

Die Ziffer 1 kommt 10-mal, die Ziffer 2 kommt 6-mal und die Ziffer 3 kommt 4-mal vor,

also gilt:
$$\begin{aligned} H(1) &= 10 & h(1) &= \tfrac{10}{20} = \tfrac{1}{2} = 0{,}5 \\ H(2) &= 6 & h(2) &= \tfrac{6}{20} = \tfrac{3}{10} = 0{,}3 \\ H(3) &= 4 & h(3) &= \tfrac{4}{20} = \tfrac{1}{5} = 0{,}2 \end{aligned}$$

b) Es sind insgesamt 30 Schüler. Für die relativen Häufigkeiten gilt dann:
$$\begin{aligned} h(1) &= \tfrac{3}{30} = \tfrac{1}{10} & h(4) &= \tfrac{8}{30} = \tfrac{4}{15} \\ h(2) &= \tfrac{5}{30} = \tfrac{1}{6} & h(5) &= \tfrac{3}{30} = \tfrac{1}{10} \\ h(3) &= \tfrac{10}{30} = \tfrac{1}{3} & h(6) &= \tfrac{1}{30} \end{aligned}$$

c) Die Werte der relativen Häufigkeit h liegen zwischen Null und Eins (einschließlich): $0 \leqslant h \leqslant 1$.
Die relative Häufigkeit ist 0, wenn ein Ereignis gar nicht auftritt; sie ist 1, wenn bei der Versuchsreihe immer dasselbe Ereignis auftritt. Addiert man die relativen Häufigkeiten aller möglichen Ereignisse, so erhält man 1.

23.3 Wahrscheinlichkeit bei Laplace-Versuchen

a) Das empirische Gesetz der großen Zahl besagt, dass sich bei sehr langen Versuchsreihen die relative Häufigkeit eines Ergebnisses immer mehr der Wahrscheinlichkeit dieses Ergebnisses annähert.

b) Insgesamt gibt es 20 mögliche Ergebnisse.
Die Zahlen 4, 8, 12, 16 und 20 sind durch 4 teilbar, also gibt es 5 günstige Ergebnisse bei Ereignis A, die Wahrscheinlichkeit P(A) ist also: $P(A) = \frac{5}{20} = \frac{1}{4} = 0{,}25$.
Die Zahlen 14, 15, 16, 17, 18, 19 und 20 sind größer als 13, also gibt es 7 günstige Ergebnisse bei Ereignis B, die Wahrscheinlichkeit P(B) ist also: $P(B) = \frac{7}{20} = 0{,}35$.
Die Zahlen 1, 4, 9 und 16 sind Quadratzahlen, also gibt es 4 günstige Ergebnisse bei Ereignis C, die Wahrscheinlichkeit P(C) ist also: $P(C) = \frac{4}{20} = \frac{1}{5} = 0{,}2$.

c) Es gibt bei zweimaligem Würfeln insgesamt 36 mögliche Ergebnisse (6 Möglichkeiten für den 1. Wurf und 6 Möglichkeiten für den 2. Wurf). Für die Wahrscheinlichkeiten ergibt sich somit:
$P(A) = \frac{1}{36}$, da (6,6) nur einmal vorkommt.
$P(B) = \frac{4}{36} = \frac{1}{9}$, da (1,4), (4,1), (2,3) und (3,2) die Augensumme 5 ergeben.
$P(C) = \frac{9}{36} = \frac{1}{4}$, da bei (2,2), (2,4), (2,6), (4,2), (4,4), (4,6), (6,2), (6,4) und (6,6) beide Augenzahlen gerade sind.

d) Es gibt für das Tennis-Doppel mit Anke (A), Britta (B), Christine (C) und Doris (D) insgesamt 12 mögliche Ziehungen: AB, AC, AD, BA, BC, BD, CA, CB, CD, DA, DB, DC.
Davon sind AB, BA, CD und DC für das gefragte Ereignis günstig.
Also gilt: P(«Anke und Britta bilden ein Team») $= \frac{4}{12} = \frac{1}{3}$.
Alternativ kann man auch so argumentieren:
Es gibt drei mögliche Paarungen: AB/CD, AC/BD und AD/BC, die alle gleich wahrscheinlich sind, also hat jede die Wahrscheinlichkeit $\frac{1}{3}$.

24 Berechnung von Wahrscheinlichkeiten

24.1 Baumdiagramme und Pfadregeln

a) I)

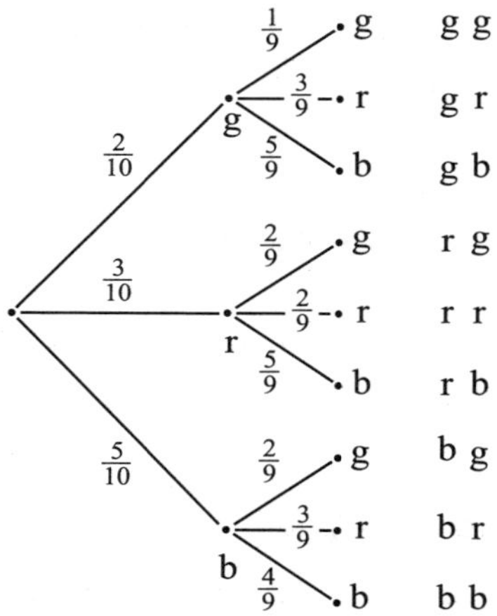

Da insgesamt 10 Kugeln in der Urne sind, betragen die Wahrscheinlichkeiten beim 1. Ziehen für grün, rot bzw. blau: $\frac{2}{10}, \frac{3}{10}$ bzw. $\frac{5}{10}$.

Danach sind nur noch 9 Kugeln in der Urne und die Wahrscheinlichkeiten bzgl. der 2. Ziehung hängen jeweils davon ab, welche Farbe beim 1. Mal gezogen wurde.

II) Die erste Pfadregel (Produktregel) besagt, dass sich die Wahrscheinlichkeit für einen Pfad aus dem Produkt der Wahrscheinlichkeiten längs des Pfades ergibt.
Dem Ereignis A entspricht der Pfad zu gg, dem Ereignis B entsprechend zu rb.
$A = \{gg\}\,;\, P(A) = \frac{2}{10} \cdot \frac{1}{9} = \frac{1}{45}$.
$B = \{rb\}\,;\, P(B) = \frac{3}{10} \cdot \frac{5}{9} = \frac{1}{6}$.
Die zweite Pfadregel (Summenregel) besagt, dass sich die Wahrscheinlichkeit eines Ereignisses aus der Summe der Wahrscheinlichkeiten aller Pfade, die zu diesem Ereignis gehören, ergibt.
$C = \{rg, gr\}\,;\, P(C) = \frac{3}{10} \cdot \frac{2}{9} + \frac{2}{10} \cdot \frac{3}{9} = \frac{2}{15}$.
$D = \{gg, rr, bb\}\,;\, P(D) = \frac{2}{10} \cdot \frac{1}{9} + \frac{3}{10} \cdot \frac{2}{9} + \frac{5}{10} \cdot \frac{4}{9} = \frac{2+6+20}{90} = \frac{14}{45}$.
$E = \{gg, gr, rg, rr\}\,;\, P(E) = \frac{2}{10} \cdot \frac{1}{9} + \frac{2}{10} \cdot \frac{3}{9} + \frac{3}{10} \cdot \frac{2}{9} + \frac{3}{10} \cdot \frac{2}{9} = \frac{2+6+6+6}{90} = \frac{2}{9}$.

b) I)

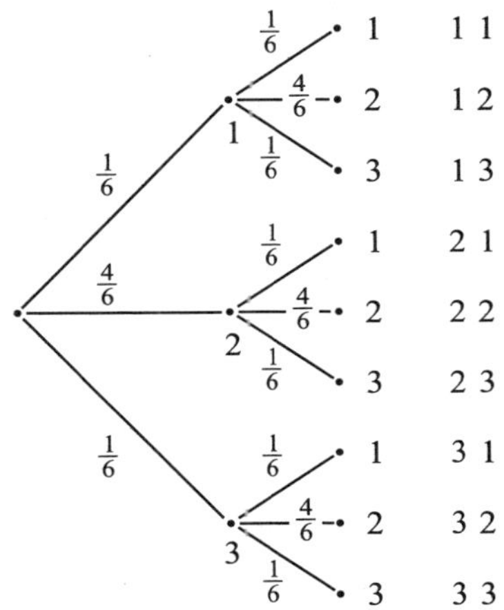

II) $A = \{12\}$; $P(A) = \frac{1}{6} \cdot \frac{4}{6} = \frac{1}{9}$.

$B = \{12, 22, 32\}$; $P(B) = \frac{1}{6} \cdot \frac{4}{6} + \frac{4}{6} \cdot \frac{4}{6} + \frac{1}{6} \cdot \frac{4}{6} = \frac{1}{9} + \frac{4}{9} + \frac{1}{9} = \frac{6}{9} = \frac{2}{3}$.

$C = \{11, 12, 13\}$; $P(C) = \frac{1}{6} \cdot \frac{1}{6} + \frac{1}{6} \cdot \frac{4}{6} + \frac{1}{6} \cdot \frac{1}{6} = \frac{1+4+1}{36} = \frac{6}{36} = \frac{1}{6}$.

$D = \{13, 22, 31\}$; $P(D) = \frac{1}{6} \cdot \frac{1}{6} + \frac{4}{6} \cdot \frac{4}{6} + \frac{1}{6} \cdot \frac{1}{6} = \frac{1+16+1}{36} = \frac{18}{36} = \frac{1}{2}$.

$E = \{11, 13, 23, 31\}$; $P(E) = \frac{1}{6} \cdot \frac{1}{6} + \frac{1}{6} \cdot \frac{1}{6} + \frac{4}{6} \cdot \frac{1}{6} + \frac{1}{6} \cdot \frac{1}{6} = \frac{1+1+4+1}{36} = \frac{7}{36}$.

c) I) e: Fehler erkannt; $P(e) = 0{,}8$.

$\overline{e}$: Fehler nicht erkannt; $P(\overline{e}) = 0{,}2$.

Zweimal den Fehler übersehen und beim dritten Mal erkennen entspricht dem Pfad $\overline{e}\overline{e}e$.

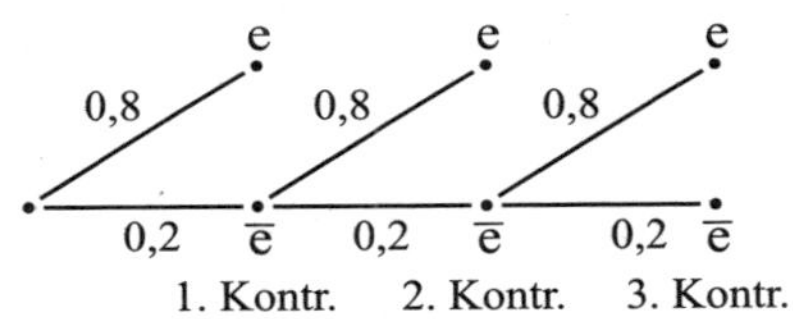

Es ist $P(\overline{e}\overline{e}e) = 0{,}2 \cdot 0{,}2 \cdot 0{,}8 = 0{,}032 = 3{,}2\,\%$.

II) Den Fehler spätestens beim 3. Mal erkennen bedeutet $\{e, \overline{e}e, \overline{e}\overline{e}e\}$.

Es ist: $P(e) = 0{,}8$, $P(\overline{e}e) = 0{,}2 \cdot 0{,}8 = 0{,}16$ und $P(\overline{e}\overline{e}e) = 0{,}032$.

Nach der 2. Pfadregel gilt:

P(«spätestens beim 3. Mal erkannt») $= 0{,}8 + 0{,}16 + 0{,}032 = 0{,}992 = 99{,}2\,\%$.

Schneller lässt sich die Wahrscheinlichkeit mit dem Gegenereignis bestimmen. Es heißt hier: «Der Fehler ist auch beim 3. Mal noch nicht erkannt» und bedeutet $\{\overline{e}\overline{e}\overline{e}\}$.

Für die Wahrscheinlichkeit des Gegenereignisses gilt:

$P(\overline{e}\overline{e}\overline{e}) = 0{,}2 \cdot 0{,}2 \cdot 0{,}2 = 0{,}008 = 0{,}8\,\%$.

Damit ist $100\,\% - 0{,}8\,\% = 99{,}2\,\%$ die gesuchte Wahrscheinlichkeit.

d)

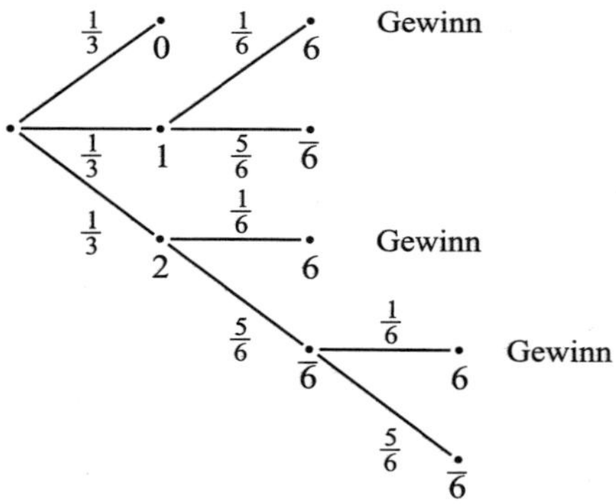

Die drei Pfade (1,6), (2,6) und $(2,\overline{6},6)$ führen zum Gewinn.

$\text{P(Gewinn)} = \frac{1}{3} \cdot \frac{1}{6} + \frac{1}{3} \cdot \frac{1}{6} + \frac{1}{3} \cdot \frac{5}{6} \cdot \frac{1}{6}$
$= \frac{6+6+5}{108} = \frac{17}{108} \approx 0,16$

Die Gewinnwahrscheinlichkeit beträgt etwa 16 %.

e)

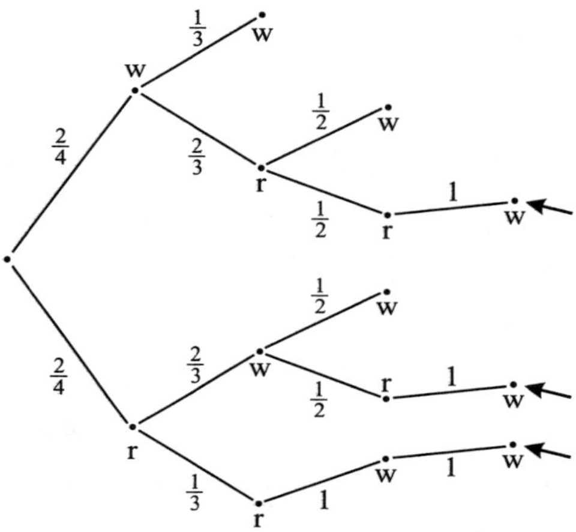

Bei den drei markierten Pfaden mussten alle vier Kugeln herausgenommen werden.

P(«4-mal ziehen»)
$= \frac{2}{4} \cdot \frac{2}{3} \cdot \frac{1}{2} \cdot 1 + \frac{2}{4} \cdot \frac{2}{3} \cdot \frac{1}{2} \cdot 1 + \frac{2}{4} \cdot \frac{1}{3} \cdot 1 \cdot 1$
$= \frac{1}{6} + \frac{1}{6} + \frac{1}{6} = \frac{1}{2}.$

Die gesuchte Wahrscheinlichkeit beträgt $\frac{1}{2}$ oder 50 %.

f)

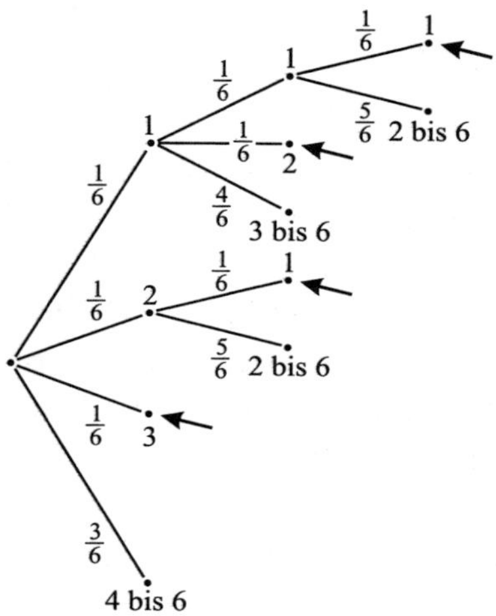

Die markierten Pfade führen zum Gewinn.

$\text{P(Gewinn)} = \frac{1}{6} \cdot \frac{1}{6} \cdot \frac{1}{6} + \frac{1}{6} \cdot \frac{1}{6} + \frac{1}{6} \cdot \frac{1}{6} + \frac{1}{6}$
$= \frac{1+6+6+36}{216} = \frac{49}{216} \approx 0,23$

Die Gewinnwahrscheinlichkeit beträgt $\frac{49}{216}$ oder etwa 23 %.

24.2 Unabhängigkeit von zwei Ereignissen

Es ist: $P(m) = \frac{90}{200} = 0,45$; $P(R) = \frac{80}{200} = 0,4$; $P(m \cap R) = \frac{36}{200} = 0,18$.
Da $0,45 \cdot 0,4 = 0,18$ gilt der spezielle Multiplikationssatz und die Ereignisse sind unabhängig.
Alternativer Lösungsweg:
Man prüft nach, ob der Anteil an Rauchern unter allen Befragten genau so groß ist wie der Anteil an Rauchern unter den Männern.
Anteil der Raucher unter allen Befragten: $\frac{80}{200} = \frac{2}{5} = 0,4$.
Anteil der Raucher unter den Männern: $\frac{36}{90} = \frac{2}{5} = 0,4$.
Die Werte stimmen überein, also sind Geschlecht und Rauchverhalten unabhängig voneinander.

25 Kombinatorische Zählprobleme

25.1 Geordnete Stichproben mit Zurücklegen

a) Zuerst bestimmt man die Anzahl aller Möglichkeiten: Für jede der 4 Stellen gibt es 10 mögliche Ziffern, also insgesamt 10^4 Möglichkeiten.
   A: Für jede Stelle stehen 5 ungerade Ziffern zur Verfügung, also 5^4 günstige Möglichkeiten.
   Somit gilt für die Wahrscheinlichkeit: $P(A) = \frac{5^4}{10^4} = (\frac{5}{10})^4 = (\frac{1}{2})^4 = \frac{1}{16}$.
   B: Für jede Stelle stehen 2 verschiedene Ziffern zur Verfügung, also 2^4 günstige Möglichkeiten. Somit gilt: $P(B) = \frac{2^4}{10^4} = (\frac{1}{5})^4 = \frac{1}{625}$.
   C: Die erste und die zweite Ziffer können frei gewählt werden, die beiden anderen liegen dann fest: $10 \cdot 10 \cdot 1 \cdot 1 = 100$ günstige Ausfälle, also: $P(C) = \frac{100}{10^4} = \frac{1}{100}$.

b) Für jede Perle stehen 3 Farben mit der gleichen Wahrscheinlichkeit zur Verfügung (zufällige Farbwahl).
   Anzahl aller möglichen Ausfälle: $3^6 = 729$.
   A: Für jede Perle gibt es 2 Möglichkeiten (blau bzw. grün), also 2^6 günstige Ausfälle.
   Somit ist $P(A) = \frac{2^6}{3^6} = \frac{64}{729}$.
   B: Die 3 letzten Perlen können frei gewählt werden, also 3^3 günstige Ausfälle.
   Somit ist $P(B) = \frac{3^3}{3^6} = \frac{1}{3^3} = \frac{1}{27}$.
   C: Es gibt nur die 2 Möglichkeiten, dass mit rot bzw. mit grün begonnen wird; der Rest ist festgelegt, also 2 günstige Ausfälle. Somit ist $P(C) = \frac{2}{3^6} = \frac{2}{729}$.

c) Für jeden der 8 Mühlesteine stehen 2 Farben zur Verfügung.
   Anzahl aller möglichen Ausfälle: $2^8 = 256$.
   A: Es gibt nur 2 günstige Ausfälle (alle schwarz oder alle weiß).
   Somit ist $P(A) = \frac{2}{2^8} = \frac{1}{2^7} = \frac{1}{128}$.
   B: Es gibt 8 günstige Ausfälle, da der weiße Stein an 8 verschiedenen Stellen sein kann.
   Somit ist $P(B) = \frac{8}{2^8} = \frac{1}{2^5} = \frac{1}{32}$.

C: Es gibt 2^7 günstige Ausfälle, da die ersten 7 Steine frei gewählt werden können, der letzte aber festgelegt ist. Somit ist $P(C) = \frac{2^7}{2^8} = \frac{1}{2}$.

25.2 Geordnete Stichproben ohne Zurücklegen

Die Möglichkeiten pro Stufe werden jeweils miteinander multipliziert.

a) Anzahl aller möglichen Ausfälle: $10 \cdot 9 \cdot 8 \cdot 7 \cdot 6$, da zu Beginn 10 Kugeln in der Urne sind.
$P(A) = \frac{6 \cdot 5 \cdot 4 \cdot 3 \cdot 2}{10 \cdot 9 \cdot 8 \cdot 7 \cdot 6} = \frac{4 \cdot 3}{9 \cdot 8 \cdot 7} = \frac{1}{3 \cdot 2 \cdot 7} = \frac{1}{42}$.
$P(B) = \frac{4 \cdot 3 \cdot 2 \cdot 1 \cdot 6}{10 \cdot 9 \cdot 8 \cdot 7 \cdot 6} = \frac{1}{10 \cdot 3 \cdot 7} = \frac{1}{210}$.
$P(C) = \frac{4 \cdot 9 \cdot 8 \cdot 7 \cdot 6}{10 \cdot 9 \cdot 8 \cdot 7 \cdot 6} = \frac{4}{10} = \frac{2}{5}$.
$P(D) = P(rwrwr) + P(wrwrw) = \frac{6 \cdot 4 \cdot 5 \cdot 3 \cdot 4}{10 \cdot 9 \cdot 8 \cdot 7 \cdot 6} + \frac{4 \cdot 6 \cdot 3 \cdot 5 \cdot 2}{10 \cdot 9 \cdot 8 \cdot 7 \cdot 6} = \frac{3}{9 \cdot 7} + \frac{3}{9 \cdot 2 \cdot 7} = \frac{1}{21} + \frac{1}{42} = \frac{3}{42} = \frac{1}{14}$.

b) Anzahl aller möglichen Ausfälle: $10 \cdot 9 \cdot 8 = 720$.
$P(A) = \frac{1}{10 \cdot 9 \cdot 8} = \frac{1}{720}$.
$P(B) = \frac{3 \cdot 2 \cdot 1}{10 \cdot 9 \cdot 8} = \frac{1}{10 \cdot 3 \cdot 4} = \frac{1}{120}$.
$P(C) = \frac{9 \cdot 8 \cdot 7}{10 \cdot 9 \cdot 8} = \frac{7}{10}$.
$P(D) = \frac{7 \cdot 6 \cdot 5}{10 \cdot 9 \cdot 8} = \frac{7}{3 \cdot 8} = \frac{7}{24}$.

c) Anzahl aller möglichen Ausfälle: $5 \cdot 4 \cdot 3 \cdot 2 \cdot 1$.
$P(A) = \frac{4 \cdot 3 \cdot 1 \cdot 2 \cdot 1}{5 \cdot 4 \cdot 3 \cdot 2 \cdot 1} = \frac{1}{5}$.
$P(B) = 1 - P(\overline{B}) = 1 - \frac{4 \cdot 3 \cdot 2 \cdot 1 \cdot 1}{5 \cdot 4 \cdot 3 \cdot 2 \cdot 1} = 1 - \frac{1}{5} = \frac{4}{5}$.

25.3 Ungeordnete Stichproben ohne Zurücklegen

a) Die Anzahl aller möglichen Ausfälle, wenn von 25 Kugeln 4 gezogen werden, ist:
$\binom{25}{4} = \frac{25 \cdot 24 \cdot 23 \cdot 22}{4 \cdot 3 \cdot 2 \cdot 1} = 25 \cdot 23 \cdot 22$.
A: 5 Zahlen sind durch 5 teilbar, also gibt es $\binom{5}{4}$ günstige Ausfälle.
Damit ist $P(A) = \frac{\binom{5}{4}}{\binom{25}{4}} = \frac{5}{25 \cdot 23 \cdot 22} = \frac{1}{5 \cdot 23 \cdot 22} = \frac{1}{23 \cdot 110} = \frac{1}{2530}$.
B: 12 Zahlen sind gerade, also gibt es $\binom{12}{4}$ günstige Ausfälle.
Damit ist $P(B) = \frac{\binom{12}{4}}{\binom{25}{4}} = \frac{\frac{12 \cdot 11 \cdot 10 \cdot 9}{4 \cdot 3 \cdot 2 \cdot 1}}{25 \cdot 23 \cdot 22} = \frac{11 \cdot 5 \cdot 9}{25 \cdot 23 \cdot 22} = \frac{9}{230}$.
C: Es gibt nur zwei günstige Ausfälle: $\{(1,2,3,4),(1,2,3,5)\}$.
Damit ist $P(C) = \frac{2}{25 \cdot 23 \cdot 22} = \frac{1}{25 \cdot 23 \cdot 11} = \frac{1}{6325}$.
D: Das Produkt 12 ist nicht möglich, da $1 \cdot 2 \cdot 3 \cdot 4$ schon 24 ergibt. Damit ist $P(D) = 0$.

b) Wenn von 15 Kugeln 3 gezogen werden, ist die Anzahl aller möglichen Ausfälle:
$\binom{15}{3} = \frac{15 \cdot 14 \cdot 13}{3 \cdot 2 \cdot 1} = 5 \cdot 7 \cdot 13$.
A: Von 7 weißen Kugeln 3 ziehen ergibt $\binom{7}{3}$ günstige Ausfälle.
Damit ist $P(A) = \frac{\binom{7}{3}}{\binom{15}{3}} = \frac{\frac{7 \cdot 6 \cdot 5}{3 \cdot 2 \cdot 1}}{5 \cdot 7 \cdot 13} = \frac{7 \cdot 5}{5 \cdot 7 \cdot 13} = \frac{1}{13}$.
B: Von 7 weißen (w) Kugeln 3 ziehen, ergibt $\binom{7}{3}$ günstige Ausfälle, von 5 schwarzen (s) Kugeln 3 ziehen, ergibt $\binom{5}{3}$ günstige Ausfälle, von 3 roten (r) Kugeln 3 ziehen, ergibt

$\binom{3}{3}$ günstige Ausfälle.

Damit ist $P(B) = P(www) + P(sss) + P(rrr)$
$= \frac{\binom{7}{3}}{\binom{15}{3}} + \frac{\binom{5}{3}}{\binom{15}{3}} + \frac{\binom{3}{3}}{\binom{15}{3}} = \frac{\frac{7\cdot6\cdot5}{3\cdot2\cdot1}}{5\cdot7\cdot13} + \frac{\frac{5\cdot4\cdot3}{3\cdot2\cdot1}}{5\cdot7\cdot13} + \frac{\frac{3\cdot2\cdot1}{3\cdot2\cdot1}}{5\cdot7\cdot13} = \frac{7\cdot5+10+1}{5\cdot7\cdot13} = \frac{46}{455}.$

C: Von 7 weißen Kugeln 1 ziehen, ergibt $\binom{7}{1}$ günstige Ausfälle, von 5 schwarzen Kugeln 2 ziehen ergibt $\binom{5}{2}$ günstige Ausfälle, insgesamt $\binom{7}{1}\cdot\binom{5}{2}$ günstige Ausfälle.

Damit ist $P(C) = \frac{\binom{7}{1}\cdot\binom{5}{2}}{\binom{15}{3}} = \frac{7\cdot10}{5\cdot7\cdot13} = \frac{2}{13}.$

D: Es gibt 12 nicht-rote Kugeln, von denen 3 gezogen werden müssen, also gibt es $\binom{12}{3}$ günstige Ausfälle.

Damit ist $P(D) = \frac{\binom{12}{3}}{\binom{15}{3}} = \frac{\frac{12\cdot11\cdot10}{3\cdot2\cdot1}}{5\cdot7\cdot13} = \frac{2\cdot11\cdot10}{5\cdot7\cdot13} = \frac{44}{91}.$

E: Entsprechend Ereignis C ergeben sich $\binom{7}{1}\cdot\binom{5}{1}\cdot\binom{3}{1}$ günstige Ausfälle.

Damit ist $P(E) = \frac{\binom{7}{1}\cdot\binom{5}{1}\cdot\binom{3}{1}}{\binom{15}{3}} = \frac{7\cdot5\cdot3}{5\cdot7\cdot13} = \frac{3}{13}.$

F: Betrachtet man das Gegenereignis $\overline{F}$: «keine weiße Kugel», so muss man von 8 Kugeln 3 ziehen, d.h. es gibt hierfür $\binom{8}{3}$ günstige Ausfälle.

Damit ist $P(F) = 1 - P(\overline{F}) = 1 - \frac{\binom{8}{3}}{\binom{15}{3}} = 1 - \frac{\frac{8\cdot7\cdot6}{3\cdot2\cdot1}}{5\cdot7\cdot13} = 1 - \frac{8\cdot7}{5\cdot7\cdot13} = 1 - \frac{8}{65} = \frac{57}{65}.$

c) Wenn von 10 Glühbirnen 3 herausgegriffen werden, so ist die Anzahl aller möglichen Ausfälle: $\binom{10}{3} = \frac{10\cdot9\cdot8}{3\cdot2\cdot1} = 10\cdot3\cdot4.$

A: Von 8 nicht-defekten Glühbirnen werden 3 gegriffen, also gibt es $\binom{8}{3}$ günstige Ausfälle.

Damit ist $P(A) = \frac{\binom{8}{3}}{\binom{10}{3}} = \frac{\frac{8\cdot7\cdot6}{3\cdot2\cdot1}}{\frac{10\cdot9\cdot8}{3\cdot2\cdot1}} = \frac{8\cdot7}{10\cdot3\cdot4} = \frac{7}{15}.$

B: Von 8 nicht-defekten Glühbirnen werden 2 gegriffen und von 2 defekten Glühbirnen wird eine gegriffen, also gibt es $\binom{8}{2}\cdot\binom{2}{1}$ günstige Ausfälle.

Damit ist $P(B) = \frac{\binom{8}{2}\cdot\binom{2}{1}}{\binom{10}{3}} = \frac{\frac{8\cdot7}{2\cdot1}\cdot2}{10\cdot3\cdot4} = \frac{8\cdot7}{10\cdot3\cdot4} = \frac{7}{15}.$

C: Von 8 nicht-defekten Glühbirnen wird eine gegriffen und von 2 defekten Glühbirnen werden 2 gegriffen, also gibt es $\binom{8}{1}\cdot\binom{2}{2}$ günstige Ausfälle.

Damit ist $P(C) = \frac{\binom{8}{1}\cdot\binom{2}{2}}{\binom{10}{3}} = \frac{8\cdot1}{10\cdot3\cdot4} = \frac{1}{15}.$

Probe: $P(A) + P(B) + P(C) = \frac{7}{15} + \frac{7}{15} + \frac{1}{15} = 1.$

d) Anzahl aller möglichen Tipps, wenn von 49 Kugeln 6 gezogen werden: $\binom{49}{6}$.

Um genau 4 Richtige zu haben, müssen 4 der getippten Zahlen zu den 6 gezogenen gehören und 2 zu den nicht-gezogenen, also gibt es $\binom{6}{4}\cdot\binom{43}{2}$ günstige Ausfälle.

Damit ist:

$P(4\text{ Richtige}) = \frac{\binom{6}{4}\cdot\binom{43}{2}}{\binom{49}{6}} = \frac{\frac{6\cdot5\cdot4\cdot3}{4\cdot3\cdot2\cdot1}\cdot\frac{43\cdot42}{2\cdot1}}{\frac{49\cdot48\cdot47\cdot46\cdot45\cdot44}{6\cdot5\cdot4\cdot3\cdot2\cdot1}} = \frac{3\cdot5\cdot43}{7\cdot47\cdot46\cdot44} = \frac{645}{665896} \approx \frac{1}{1000} = 0{,}001 = 0{,}1\,\%.$

Die Wahrscheinlichkeit beträgt etwa $0{,}1\,\%$.

26 Wahrscheinlichkeitsverteilung von Zufallsgrößen

26.1 Erwartungswert

a)

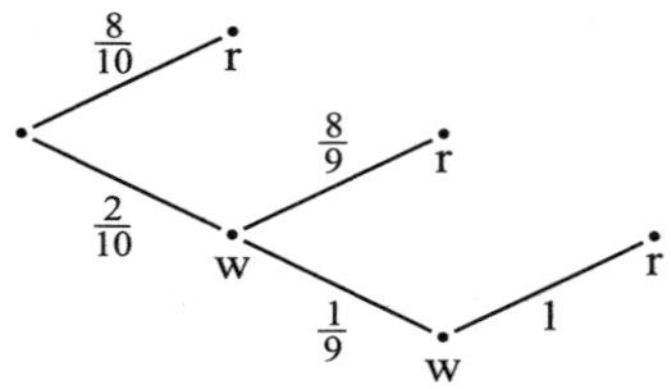

$P(r) = \frac{8}{10}$,
$P(wr) = \frac{2}{10} \cdot \frac{8}{9} = \frac{16}{90}$,
$P(wwr) = \frac{2}{10} \cdot \frac{1}{9} \cdot 1 = \frac{2}{90}$.

Ergebnis	Anzahl der Züge x_i	$P(x_i)$	$x_i \cdot P(x_i)$
r	1	$\frac{8}{10}$	$\frac{8}{10}$
wr	2	$\frac{16}{90}$	$\frac{32}{90}$
wwr	3	$\frac{2}{90}$	$\frac{6}{90}$
			$\frac{110}{90}$

Die Summe der letzten Spalte ergibt den Erwartungswert E(X):
$E(X) = \Sigma x_i \cdot P(x_i) = \frac{8}{10} + \frac{32}{90} + \frac{6}{90} = \frac{72+32+6}{90} = \frac{110}{90} = \frac{11}{9} = 1,\overline{2}$.
Man braucht durchschnittlich etwa 1,2 Züge.

b)

Augensumme	Auszahlung x_i in Euro	$P(x_i)$	$x_i \cdot P(x_i)$
2	4	$\frac{1}{36}$	$\frac{4}{36}$
3	1	$\frac{2}{36}$	$\frac{2}{36}$
4	1	$\frac{3}{36}$	$\frac{3}{36}$
5 bis 12	0	$\frac{30}{36}$	0
			$\frac{9}{36}$

Die Summe der letzten Spalte ergibt den Erwartungswert E(X):
$E(X) = \frac{4+2+3}{36} = \frac{9}{36} = \frac{1}{4} = 0,25$.
Man bekommt im Durchschnitt 25 Cent ausgezahlt.

c) I)

Entnommener Betrag x_i in Euro	$P(x_i)$	$x_i \cdot P(x_i)$
0,50	$\frac{6}{10}$	$\frac{3}{10}$
1	$\frac{3}{10}$	$\frac{3}{10}$
2	$\frac{1}{10}$	$\frac{2}{10}$
		$\frac{8}{10}$

Die Summe der letzten Spalte ergibt den Erwartungswert E(X):
$E(X) = \frac{3+3+2}{10} = \frac{8}{10} = 0,8$.
Man kann durchschnittlich 80 Cent erwarten.

II)

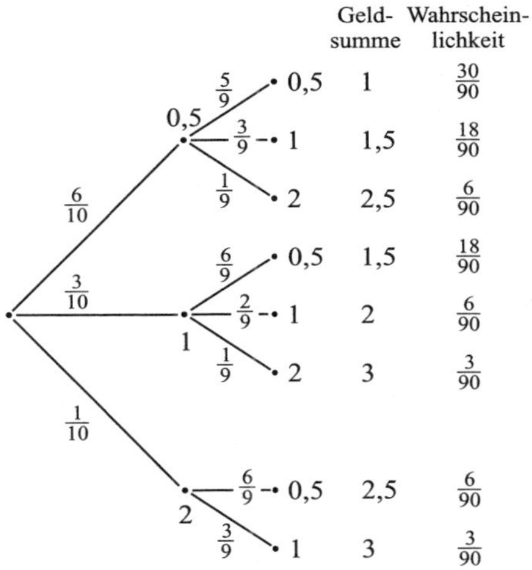

Zusammengefasst:

Entnommener Betrag x_i in Euro	$P(x_i)$	$x_i \cdot P(x_i)$
1	$\frac{30}{90}$	$\frac{30}{90}$
1,5	$\frac{36}{90}$	$\frac{54}{90}$
2	$\frac{6}{90}$	$\frac{12}{90}$
2,5	$\frac{12}{90}$	$\frac{30}{90}$
3	$\frac{6}{90}$	$\frac{18}{90}$
		$\frac{144}{90}$

Die Summe der letzten Spalte ergibt den Erwartungswert E(X):
$E(X) = \frac{30+54+12+30+18}{90} = \frac{144}{90} = \frac{16}{10} = 1{,}6.$
Man erhält im Durchschnitt 1,60 Euro.

d) Insgesamt gibt es $\binom{10}{3}$ Ausfälle.
Wenn man von 6 schwarzen (s) Kugeln 3 auswählt, gibt es $\binom{6}{3}$ günstige Ausfälle, also ist
$P(sss) = \frac{\binom{6}{3}}{\binom{10}{3}} = \frac{20}{120} = \frac{1}{6}.$
Wenn man von 6 schwarzen Kugeln 2 auswählt und von 4 weißen (w) Kugeln eine, so gibt es $\binom{6}{2} \cdot \binom{4}{1}$ günstige Ausfälle, also ist $P(ssw) = \frac{\binom{6}{2} \cdot \binom{4}{1}}{\binom{10}{3}} = \frac{15 \cdot 4}{120} = \frac{60}{120} = \frac{1}{2}.$
Wenn man von 6 schwarzen Kugeln eine auswählt und von 4 weißen Kugeln 2, so gibt es $\binom{6}{1} \cdot \binom{4}{2}$ günstige Ausfälle, also ist $P(sww) = \frac{\binom{6}{1} \cdot \binom{4}{2}}{\binom{10}{3}} = \frac{6 \cdot 6}{120} = \frac{36}{120} = \frac{3}{10}.$
Wenn man von 4 weißen Kugeln 3 auswählt, so gibt es $\binom{4}{3}$ günstige Ausfälle, also ist
$P(www) = \frac{\binom{4}{3}}{\binom{10}{3}} = \frac{4}{120} = \frac{1}{30}.$

Ereignis	Punkte x_i	$P(x_i)$	$x_i \cdot P(x_i)$
(sss)	3	$\frac{1}{6}$	$\frac{1}{2}$
(ssw)	4	$\frac{1}{2}$	2
(sww)	5	$\frac{3}{10}$	$\frac{3}{2}$
(www)	6	$\frac{1}{30}$	$\frac{1}{5}$
			$\frac{21}{5}$

Die Summe der letzten Spalte ergibt den Erwartungswert E(X):
$E(X) = \frac{1}{2} + 2 + \frac{3}{2} + \frac{1}{5} = 4 + \frac{1}{5} = 4{,}2.$
Man erhält durchschnittlich 4,2 Punkte.

26.2 Varianz und Standardabweichung

a) I)

Ereignis	Gewinn x_i	$P(x_i)$	$x_i \cdot P(x_i)$	$(x_i - E(X))^2$	$(x_i - E(X))^2 \cdot P(x_i)$
weiß	4	0,1	0,4	$2,8^2 = 7,84$	0,784
rot	8	0,1	0,8	$6,8^2 = 46,24$	4,624
schwarz	0	0,8	0	$(-1,2)^2 = 1,44$	1,152
			$E(X) = 1,2$		$V(X) = 6,56$

Die Varianz V(X) ergibt sich als Summe der letzten Spalte:
$V(X) = \Sigma (x_i - E(X))^2 \cdot P(x_i) = 0,784 + 4,624 + 1,152 = 6,56.$
Die Standardabweichung σ erhält man durch $\sigma(X) = \sqrt{V(X)} = \sqrt{6,56} \approx 2,56.$
Der Erwartungswert für den Gewinn beträgt 1,20 Euro, die Standardabweichung 2,56 Euro.

II)

Ereignis	Gewinn x_i	$P(x_i)$	$x_i \cdot P(x_i)$	$(x_i - E(X))^2$	$(x_i - E(X))^2 \cdot P(x_i)$
weiß	1	0,4	0,4	$(-0,2)^2 = 0,04$	0,016
rot	2	0,4	0,8	$0,8^2 = 0,64$	0,256
schwarz	0	0,2	0	$(-1,2)^2 = 1,44$	0,288
			$E(X) = 1,2$		$V(X) = 0,56$

Die Varianz V(X) ergibt sich als Summe der letzten Spalte:
$V(X) = 0,016 + 0,256 + 0,288 = 0,56.$
Die Standardabweichung σ erhält man durch $\sigma(X) = \sqrt{V(X)} = \sqrt{0,56} \approx 0,75.$

III) In beiden Spielen beträgt der durchschnittliche Gewinn, wenn man oft spielt, 1,20 Euro. Die Standardabweichung $\sigma(X)$ ist bei I) wesentlich größer als bei II); dies liegt daran, dass bei I) die Gewinne bis zu 8 Euro betragen (allerdings mit viel kleinerer Wahrscheinlichkeit), bei II) ist der höchste mögliche Gewinn nur 2 Euro. Wer das Risiko liebt und bei wenigen Spielen auf einen großen Gewinn spekuliert, wird Spiel I) bevorzugen. Wer eher «auf Nummer sicher geht», wird die 80 %ige Gewinnchance bei Spiel II) nutzen, auch wenn die Gewinne geringer sind. Wenn man sehr oft spielt, ist es sowieso egal, welches der beiden Spiele man wählt (wegen des gleichen Erwartungswertes E(X)).

b) Es bietet sich an, die Tabelle mit den absoluten Häufigkeiten $H(x_i)$ aufzustellen:

I)

Note x_i	1	2	3	4	5	6	
$H(x_i)$	3	7	11	6	2	1	
$x_i \cdot H(x_i)$	3	14	33	24	10	6	90*
$(x_i - E(X))^2$	$(-2)^2 = 4$	$(-1)^2 = 1$	0	$1^2 = 1$	$2^2 = 4$	$3^2 = 9$	
$(x_i - E(X))^2 \cdot H(x_i)$	12	7	0	6	8	9	42**

Den Erwartungswert E(X) erhält man, indem man $\Sigma x_i \cdot H(x_i)$ durch die Gesamtzahl der Schüler teilt:
$^*E(X) = \frac{90}{30} = 3.$

Die Varianz V(X) erhält man, indem man $\Sigma(x_i - E(X))^2 \cdot H(x_i)$ durch die Gesamtzahl der Schüler teilt:

$^{**}V(X) = \frac{42}{30} = 1,4.$

Die Standardabweichung σ ist $\sigma(X) = \sqrt{V(X)} = \sqrt{1,4} \approx 1,18.$

II)

Note x_i	1	2	3	4	5	6	
$H(x_i)$	5	8	5	8	2	2	
$x_i \cdot H(x_i)$	5	16	15	32	10	12	90*
$(x_i - E(X))^2$	$(-2)^2 = 4$	$(-1)^2 = 1$	0	$1^2 = 1$	$2^2 = 4$	$3^2 = 9$	
$(x_i - E(X))^2 \cdot H(x_i)$	20	8	0	8	8	18	62**

Den Erwartungswert E(X) erhält man, indem man $\Sigma x_i \cdot H(x_i)$ durch die Gesamtzahl der Schüler teilt:

$^{*}E(X) = \frac{90}{30} = 3.$

Die Varianz V(X) erhält man, indem man $\Sigma(x_i - E(X))^2 \cdot H(x_i)$ durch die Gesamtzahl der Schüler teilt:

$^{**}V(X) = \frac{62}{30} = 2,0\overline{6}.$

Die Standardabweichung σ ist $\sigma(X) = \sqrt{V(X)} = \sqrt{2,06} \approx 1,44.$

Der Notendurchschnitt E(X) ist bei beiden Klassenarbeiten derselbe, die Streuung V(X) ist bei der zweiten Klassenarbeit aber größer.

Stichwortverzeichnis

Änderungsrate, 41, 42

Aufstellen von Funktionen, 42

Baumdiagramm, 72

Differenzieren, 17

e-Funktionen
  Anwendungsaufgaben, 39
  aufstellen mit Randbedingung, 12
  differenzieren, 17
Ebenen
  gegenseitige Lage, 53, 67
  parallel zu Geraden, 53
  Schnitt von, 68
Ebenengleichung, 66
Ereignisse
  unabhängige, 73
Ergebnismenge, 70
Erwartungswert, 79
Extremwertaufgaben, 39
Extremwertberechung, 41

Fläche
  zwischen zwei Kurven, 37
Funktionen
  bestimmen aus dem Schaubild, 14
Funktionenscharen, 31

Ganzrationale Funktionen
  aufstellen mit Randbedingungen, 11, 41
  bestimmen des Funktionsterms, 14
  graphische Differentiation, 25
Geraden
  allgemeines Verständnis, 49, 65
  gegenseitige Lage, 47, 63
  mit Parameter, 48, 65
  parallel zu Ebenen, 53
  parallele, 47, 63
Gleichungen
  Bruchgleichungen, 20
  höherer Ordnung, 19
  lineare Gleichungssysteme, 22
  trigonometrische, 21

Häufigkeit
  absolute, 71
  relative, 71

Integration
  allgemeines Verständnis, 38
  bestimmen von Stammfunktionen, 36
  Flächeninhalt zwischen zwei Kurven, 37
Inverse Matrix, 55

Kombinationen, 77
Koordinatengleichung der Ebene, 52
Kosinus
  Gleichung, 21
Kreuzprodukt, 50
Kurvendiskussion
  verschiedene Aufgaben, 30

Längenwachstum, 42
Laplace-Wahrscheinlichkeit, 71
Lineare Abhängigkeit, 46, 62
Lineare Optimierung, 58

Matrizenmultiplikation, 55
Mittelwert, 28
  von Integralen, 42
Modellierung, 41
Multiplikationssatz, 73

Normale, 33

Orthogonalität
  von Kurven, 31

von Vektoren, 44, 60
Ortskurven, 34

Parallelität
zwischen Gerade und Ebene, 53
zwischen zwei Geraden, 47, 63
Parameter
Funktionen mit Parameter, 31
Pfadregel, 72
Punktprobe
bei Geraden, 47, 63

Rotationskörper, 38

Schaubild
graphische Differentiation, 23
Interpretation von Schaubildern, 28
Sinus
Gleichung, 21
Skalarprodukt, 44, 60
Stammfunktion, 27
Standardabweichung, 80
Stichprobe
geordnete
mit Zurücklegen, 76
ohne Zurücklegen, 76
ungeordnete
ohne Zurücklegen, 77
Symmetrie, 30

Tangente, 33
Trigonometrische Funktionen
aufstellen mit Randbedingung, 12
bestimmen des Funktionsterms, 16
differenzieren, 17

Ungleichung, 58

Varianz, 80
Variationen, 76
Vektoren
Addition und Subtraktion, 44, 60
Vektorprodukt, 50
Verflechtungsmatrix, 56
verkettete Prozesse, 57

Wachstumsprozesse, 39
Windschiefe Geraden, 47, 63
Winkel
zwischen Vektoren und Geraden, 49, 65

Zerfallsprozesse, 39
Zielfunktion, 39, 58

Ihr Feedback zu diesem Buch

Für Ihre Anregungen, Hinweise und Bewertungen sind wir dankbar und offen.
Sie helfen damit, dieses Buch noch weiter zu optimieren ... für einen bestmöglichen Erfolg im Mathe-Abi.

Als einfache und schnelle Verfahren bieten sich folgende Wege für Ihr Feedback an:

* per Post: einfach dieses Blatt im frankierten Umschlag zurücksenden;
* per Fax: an unsere Faxnummer 0761 45699 45;
* per E-mail: an info@freiburger-verlag.de;
* per Internet: unter www.erfolg-im-mathe-abi.de unter „Feedback".

Besten Dank für Ihre Mithilfe! Zudem erhalten Sie für alle Vorschläge, die in Folgeauflagen eingearbeitet werden, als Dankeschön eine kleine Aufmerksamkeit von uns.

Erfolg im Mathe-Abi Baden-Württemberg Berufliche Gymnasien Das Vorbereitungs- und Übungsbuch für das Mathematik-Abitur	
Seite	Anregung

Erfolg im Mathe-Abi Baden-Württemberg
Berufliche Gymnasien

Freiburger Verlag GmbH
›Erfolg im Mathe-Abi‹
Hartkirchweg 37

79111 Freiburg

Fax: 0761 45699 45

Absender:

Name / Vorname / Position	Kundennummer, falls bekannt
Straße / Nr.	Schule
PLZ / Ort	Klasse
Tel. für Rückfragen	Schuladresse
email-Adresse	

Besten Dank für Ihre Mithilfe!
Ihr Freiburger-Verlags-Team